教科書では
教えてくれない
HTML&
CSS

狩野祐東 著

技術評論社

はじめに

「HTMLはばっちり。CSSもわかってる。でも、いざゼロからページを作るとなると何から始めていいかわからなくて手が止まってしまう」そんな人、多いかもしれません。手が止まってしまうのはおそらく知識がないからではなくて、ページを作るときの考え方を知らないから。ゼロからページを作るときはHTMLやCSSがわかっているだけでなく、デザインを解読し、そこから的確なソースコードを書く力が必要になってきます。

本書は、デザイナーが作成した4ページ分のデザイン画像を見ながら、ゼロからHTMLとCSSを書いてWebページを完成させる、というシナリオで進行します。途中、扱うHTMLやCSSは詳しく、わかりやすく解説します。「こんなときにはこうする」というテクニックも最新のものを多数取り揃えました。でもそれは主役ではありません。デザイン画像をよく観察し、観察した結果を生かしてコーディング作業を進め、複雑なデザインからいかにシンプルなHTMLやCSSを書いていくか、その考え方と作業のプロセスこそが、本書の主役です。この1冊を読み終えるころには、コーディングのためのデザインの見方がわかって、そこからWebページを作り上げる実力と実践的なテクニックが身についていることを目指して、わたしはこの本を書きました。

本書は8章構成になっています。Chapter 1では、ゼロからWebページのコーディングをするときの基本的な考え方と完成までの大きな作業の流れを説明します。コーディングに必要な最低限のHTMLやCSSの知識にも触れますが、すでに理解している方はその部分を飛ばしてもかまいません。Chapter 2から、テキストが主体の比較的シンプルなページのコーディングを始めます。はじめにページの大まかなレイアウトを組み立ててから、続くChapter 3〜Chapter 5で細かい部分を少しずつ仕上げてページを完成させます。同じ考え方と作業手順で、Chapter 6ではWebサイトのホームのような複雑なレイアウトのページ、Chapter 7では2カラムレイアウトのページ、Chapter 8ではフォームが含まれるページを作成します。異なるデザインのページに触れることで、さまざまなバリエーションに対応する思考力とテクニックを磨ける設計にしました。この本を手に取ったみなさんのお力になれることを願っています。

この本がかたちになるまで、多くの人の協力を賜りました。細かいところまで内容を精査してくれた青砥愛子氏、美しいサンプルデータを作成してくれた狩野さやか氏、素晴らしい写真を提供してくれたKazumi Atsuta氏、なかなかできあがらない原稿を待ち続けてくださった編集者の荻原祐二氏、本当にありがとうございました。

目次

Chapter 8

本書の読み方

本書は、デザイナーが作成したデザイン画像をもとにゼロからWebページを作成するというシナリオで進行します。本番さながらの実習を通して、HTMLやCSSの知識とテクニックだけでなく、デザイン画像の見方、作業の方針の立て方など、コーディング以外のノウハウや考え方も身につけられるようになっています。一度はChapter 1から順番に読んで流れを把握し、2回目以降は解説など知りたいところだけ読むようにするとよいでしょう。

用意するもの

サンプルデータ

読み始める前にサンプルデータをダウンロードしておきましょう。サンプルデータは技術評論社のWebサイトからダウンロードできます。ダウンロード方法や使用上の注意についてはP.014をご覧ください。

Chapter 2以降の各章では、デザイン画像を見ながらHTML/CSSコーディング作業の方針を決める、事前準備の説明をしています。この事前準備の部分は、サンプルデータに含まれるデザイン画像（以降サンプルデザインと呼びます）を見ながら読み進めることをおすすめします。

▼ 事前準備ではデザインを細かく調査。サンプルデザインを見ながら読み進めよう

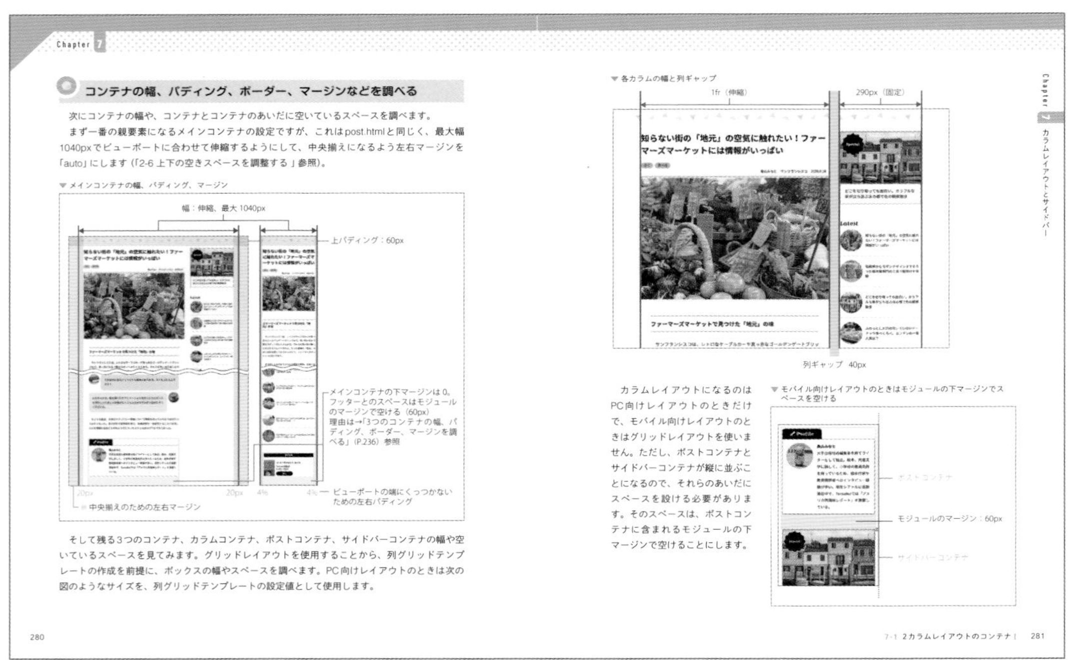

Chapter 7

コンテナの幅、パディング、ボーダー、マージンなどを調べる

次にコンテナの幅や、コンテナとコンテナのあいだに空いているスペースを調べます。

まず一番の親要素になるメインコンテナの設定ですが、これはpost.htmlと同じく、最大幅1040pxでビューポートに合わせて伸縮するようにして、中央揃えになるよう左右マージンを「auto」にします（「2-6 上下の空きスペースを調整する」参照）。

▼ メインコンテナの幅、パディング、マージン

そして残る3つのコンテナ、カラムコンテナ、ポストコンテナ、サイドバーコンテナの幅や空いているスペースを見てみます。グリッドレイアウトを使用することから、列グリッドテンプレートの作成を前提に、ボックスの幅やスペースを調べます。PC向けレイアウトのときは次の図のようなサイズを、列グリッドテンプレートの設定値として使用します。

280

▼ 各カラムの幅と列ギャップ

カラムレイアウトになるのはPC向けレイアウトのときだけで、モバイル向けレイアウトのときはグリッドレイアウトを使いません。ただし、ポストコンテナとサイドバーコンテナが縦に並ぶことになるので、それらのあいだにスペースを設ける必要があります。そのスペースは、ポストコンテナに含まれるモジュールの下マージンで空けることにします。

▼ モバイル向けレイアウトのときはモジュールの下マージンでスペースを空ける

Chapter 7 カラムレイアウトとサイドバー

7-1 2カラムレイアウトのコンテナ | 281

サンプルデザインは8枚のPNG形式と1枚のAdobe XD形式のファイルを用意しています。PNG形式のファイルは特別なアプリケーションがなくても開けますが、Adobe XD形式のファイルを開くにはAdobe XDアプリケーションが必要です。どちらの形式のファイルを開いて確認してもかまいません。ただし、事前準備ではデザイン要素のサイズを計測する作業があります。読み進めるうえでは実際にサイズを計測できる必要はありませんが、作業を試してみたいなら、Adobe XD形式のファイルのほうが便利です。Adobe XDアプリケーションは有料ですが、1週間なら無料で試用できるようです。

URL **UI/UXデザインと共同作業ツール | Adobe XD**
https://www.adobe.com/jp/products/xd.html

ダウンロードできるデータにはサンプルデザインのほかにも、HTML/CSSのソースファイルが多数収録されています。ソースコードを確認したり、ブラウザでの表示を見てみたいときには、紙面に書かれたパスを参考にファイルを開きます。

▼ソースコードを開くときはパスを確認しよう

CSS samples/chap03/14/css/style.css

```
/**
 * ----------------------------------------
 * ポストヘッダー
 */
...
/*  テキストの先頭にアイコン */
.post-info {
  margin-bottom: 3px;
  padding-bottom: 15px;
  font-size: .75rem;
  text-align: right;
  background: url(../images/post-line.svg) bottom repeat-x;
}
```

テキストエディタ

HTML、CSSを編集するテキストエディタは、どれでも好きなものを使ってかまいません。特に好みがなければ、Microsoft Visual Studio Codeをおすすめします。

URL **Visual Studio Code – コード エディター | Microsoft Azure**
https://azure.microsoft.com/ja-jp/products/visual-studio-code/

Webブラウザ

本書掲載のサンプルは、現在普及している主要なブラウザでテストしていますので、どれでもいつもお使いのものを使ってかまいません。ただし、IE11は一部の機能に対応していないため非対応です。

サンプルデータのダウンロード

本書で使用しているサンプルデータは、以下のURLのサポートページからダウンロードできます。ダウンロードしたときは圧縮ファイルの状態なので、展開してからご利用ください。

動作環境

- Windows10以上、macOS X 以上
- 主要なブラウザの最新版（Apple Safari、Google Chrome、Microsoft Edge、Mozilla Firefox）

https://gihyo.jp/book/2021/978-4-297-12193-8/support

デザインデータ、HTMLやCSSのソースコードはご自由にお使いください。ただし、デザインデータに含まれる写真は別のサイトで再利用するなど本書の学習目的以外に使用することはお控えください。

Chapter 1

デザインから HTMLを作る「流れ」

1枚のデザイン画像から1枚のWebページを作るには、もちろんHTMLやCSSを書かなければいけません。でもどこから手をつけてよいやら…。デザイン画像を漠然と見ているだけでは、作業の入り口を見つけることはできません。この章では、デザインを分析してコーディングの方針を立て、ページを完成させるまでの大まかな作業の流れを見ていきます。それに合わせて、ゼロからコーディングするのに必要な知識も確認しましょう。
後半では多くのページに共通するHTML/CSSを用意して、ページ作成の準備をします。

Chapter 1

1-1 ゼロからWebページを作る「第一歩」

いくらHTMLやCSSを学習しても、ゼロから、手本がない状態からページを作るのはなかなか難しいですね。そのためにはHTMLタグやCSSの知識があることはもちろんですが、コーディングに入る前の作業と考え方を理解している必要があります。ゼロからページを作れるようになる第一歩として、基本的なコンセプトを見ていくことにしましょう。

デザインを分割し、小さなパーツに分解する

実践的なWebサイト開発では、デザイナーから渡されたデザインを見ながら、正確にそれを再現するHTMLやCSSのソースコードをほぼゼロから書く能力が必要になります。どうすればゼロから書けるようになるのでしょう？

実は、HTMLやCSSを書くためのデザインの見方があります。その見方の一番重要な点は、コードが書けるようになるまでデザインを分割して、より小さくて、単純なパーツに分けることです。HTMLやCSSは、そうして分割したパーツごとに少しずつ書いていきます。

ページ全体のデザインを細かいパーツに分割することにより、このページをWebページにするにはどんなHTML/CSSを書けばよいかという大きくて漠然とした悩みを、このパーツをHTML/CSSにするにはどうすればよいかという、もっと小さくて手のつけやすい、具体的な作業目標に変えることができます。このデザインの分割作業ができることこそが、ゼロからHTML/CSSを書くのに必要な能力なのです。

コンテナとモジュール

本書では、デザインを分割してできたパーツのことを「コンテナ」や「モジュール」と呼んでいます。コンテナやモジュールについては1冊を通して詳しく説明しますが、ここでは、このように考えておいてください。

- コンテナ　→　複数のモジュールをまとめ、ページレイアウトの大まかな外枠を作るもの
- モジュール　→　ページを構成する最小単位のパーツ

▼デザインの分割例

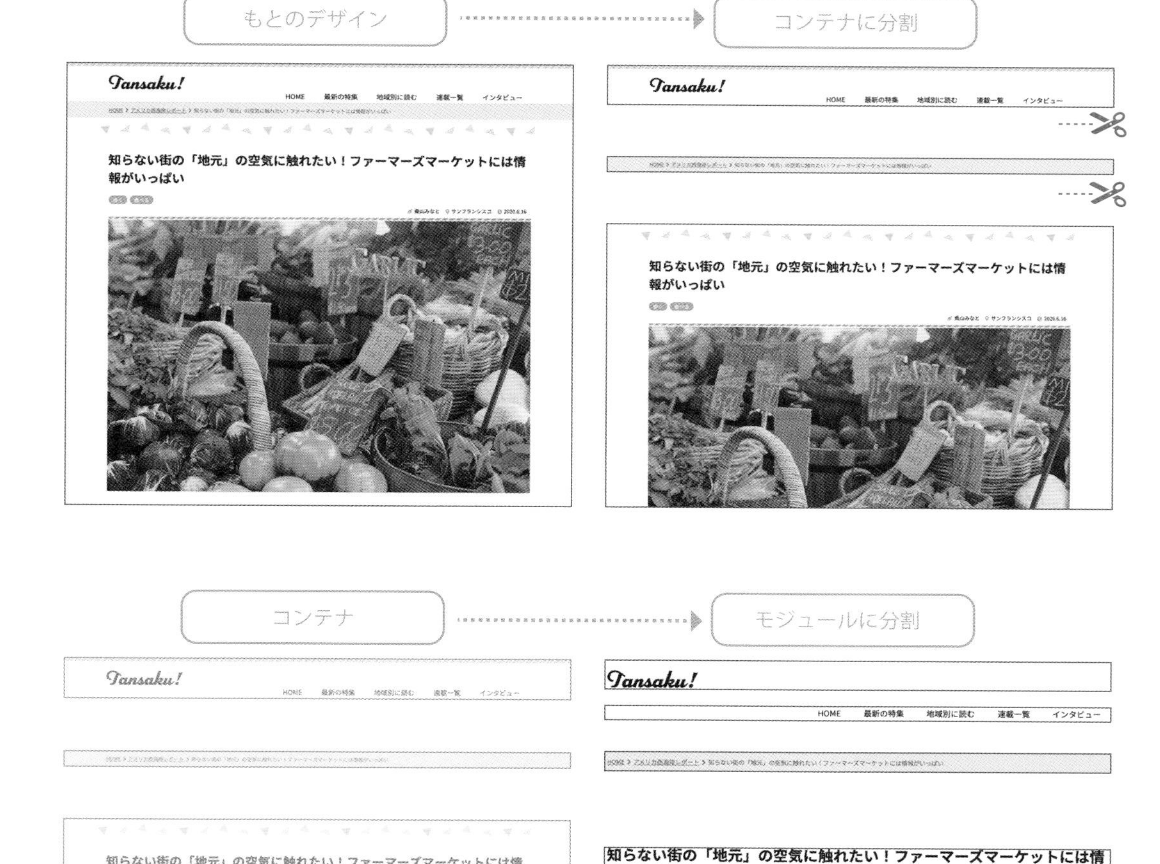

デザインをコンテナやモジュールに分割し、それらをもとにHTMLやCSSをコーディングしていくと、必然的にHTMLやCSSのソースコードもパーツ化されるようになります。ソースコードがパーツ化されるようになるとコードが書きやすくなるだけでなく、ほかにもいろいろな利点が生まれます。

ソースコードを使い回せる

ソースコードがパーツ化できると、似たような部分に使い回せるようになります。作業効率がアップします。

レスポンシブデザインに不可欠

モバイル端末でもPCでも、画面サイズに合わせて最適のレイアウトでページを表示するのが**レスポンシブデザイン**です。レスポンシブデザインでは画面サイズに応じてページの一部のレイアウトを変更したり、部分的に表示・非表示を切り替えたりすることがあります。こうした処理をするにはHTML/CSSがパーツ化されていることが不可欠です。

最新のWebサイト開発・運営に対応しやすい

最新のWebサイト開発や運営では、アクセス状況などに応じてコンテンツの順番を入れ替えたり、部分的にデザインを作り替えたりすることがあります。HTMLやCSSが分割されていると、こうした変更にも柔軟に対応できます。

本書で取り上げるページの概要

本書では、デザインからWebページを完成させるまでの作業プロセスを紹介します。デザインを分割するときの考え方や、分割してできたコンテナやモジュールをHTML/CSSにする際のテクニックを中心に、ページを作るために必要な知識を取り上げています。

作例として4種類のページを用意してあります。すべてのページがレスポンシブデザインに対応しています。それぞれのページを簡単に見てみましょう。

記事ページ（post.html）

テキスト主体の記事ページです。現在のWebサイトではよく見かけるタイプの、シングルカラムの比較的シンプルなレイアウトです。標準的なテキストの配置や装飾、画像と組み合わせるテクニックなど、多種多様なモジュールを取り上げています。本書ではこのpost.htmlを作成する手順を、Chapter 2～5で紹介します。

▼記事ページ

Tansaku!
HOME
最新の特集
地域別に読む
連載一覧
インタビュー
知らない街の「地元」の空気に触れたい！ファーマーズマーケットには情報がいっぱい
桑山みなと
サンフランシスコ
2020.6.16
GARLIC
ファーマーズマーケットで見つけた「地元」の味
サンフランシスコは、レトロなケーブルカーや真っ赤なゴールデンゲートブリッジなど、青い空に似合う観光スポットがたくさんある。それらを思い切り楽しむのももちろんいいけれど、もっと普通の「地元」っぽい空気を感じてみたかったので、ファーマーズマーケットに行ってみた。
地域の子供たちでいつもにぎわっていますよ。
それは特に面白そう！とても興味があります。大人も入れるんですか？
もちろんです。絵を描いたりアニメーションを作ったりロボットを操作したり楽しい体験がたくさんできますからぜひ訪れてみてくださいね。
ちょうど最近、子供のテクノロジー体験について興味を持っていたのでぜひ行ってみたくなった。思いがけず新情報を得て、急遽旅程を一部変更することに決定。こんな情報に出会えたのもふらりと入ったカフェのおかげでとてもうれしい。
Profile
桑山みなと
大手出版社の編集者を経てライターとして独立。絵本、児童文学に詳しく、小学校の教員免許を持っているため、絵本作家や教育関係者へのインタビュー経験が多い。現在シアトルに長期滞在中で、Tansaku!では「アメリカ西海岸レポート」を連載している。
探索情報募集中！
10th Anniversary
Follow Us!
Tansaku!
HOME
最新の特集
地域別に読む
連載一覧
インタビュー
このサイトについて
運営会社
© Tansaku! All rights reserved.

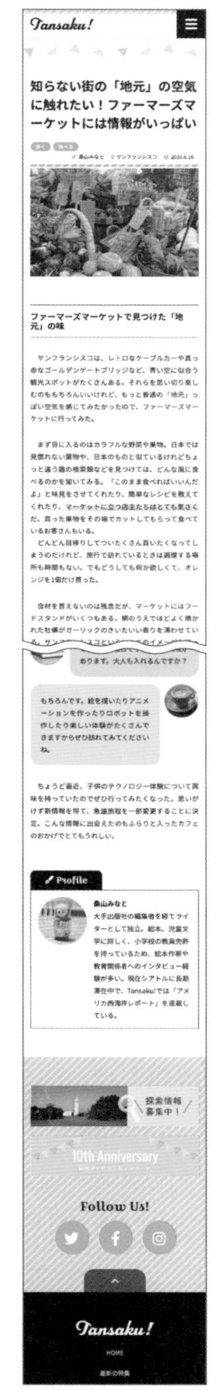

Tansaku!
知らない街の「地元」の空気に触れたい！ファーマーズマーケットには情報がいっぱい
ファーマーズマーケットで見つけた「地元」の味
ありります。大人も入れるんですか？
もちろんです。絵を描いたりアニメーションを作ったりロボットを操作したり楽しい体験がたくさんできますからぜひ訪れてみてくださいね。
Profile
桑山みなと
探索情報募集中！
10th Anniversary
Follow Us!
Tansaku!
HOME
最新の特集

ホームページ(index.html)

Webサイトのホーム（トップ）ページです。大きな画像を表示したり、写真とテキストを組み合わせた「カード」を縦横に並べたり、典型的なホームのページでよく使われるテクニックを多数使用しています。index.htmlはChapter 6で取り上げます。

▼ホームページ

Tansaku!
Tansaku!
行ったことのない街を歩いたり、知らなかった技術を学んだり、食べたことのないもの見つけたり。好奇心いっぱいの探索を。
Latest
Popular
News

2カラムレイアウトのページ(sidebar-post.html)

sidebar-post.htmlは、パソコンのブラウザで表示するとき、つまり画面幅が広いときに、2カラムレイアウトになるページです。画面幅が狭いモバイルで表示したときはシングルカラムになります。情報量が多いページで使われるテクニックを紹介しています。sidebar-post.htmlはChapter 7で取り上げます。

▼ 2カラムレイアウトのページ

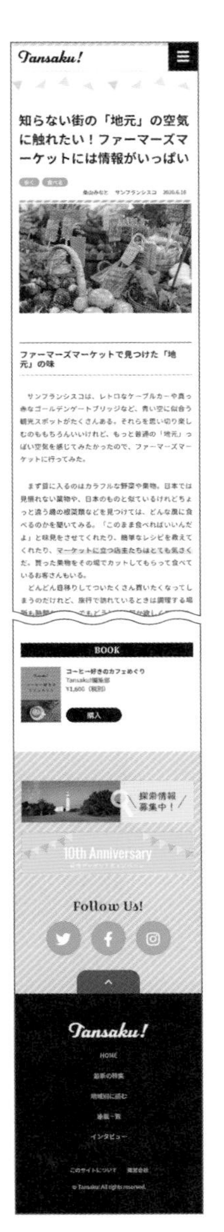

フォームのページ（form.html）

入力フォームが含まれるページです。テキストフィールドやラジオボタンなどのフォーム部品の作成手順を紹介します。form.htmlはChapter 8で取り上げます。

▼フォームのページ

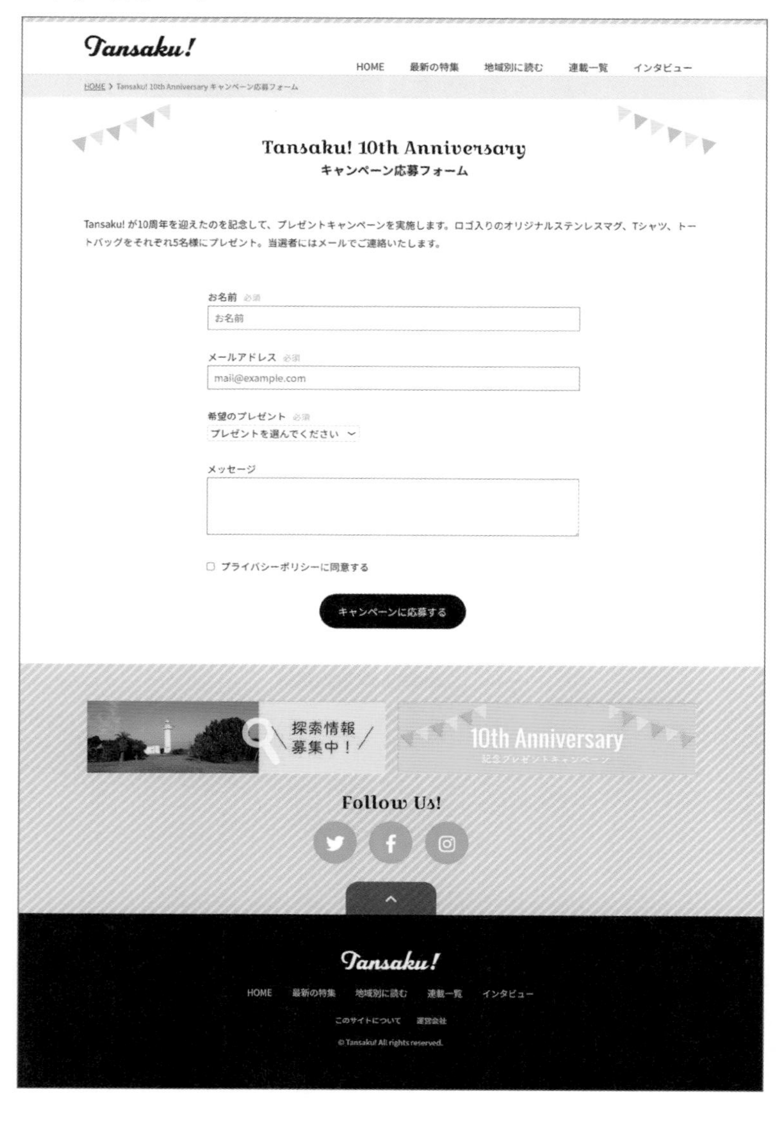

Chapter 1

1-2 HTMLの書式と用語

デザイン画像を分割し、それに合わせてWebページを作るには、ある程度のHTMLやCSSの知識、特にブラウザに表示される際の仕組みを理解している必要があります。実際のHTMLコーディングに入る前に、基本的なHTMLの書式と、関連する用語を確認しましょう。本節1-2と次の1-3は、HTML/CSSの書式や仕様を理解していれば読み飛ばしてかまいません。

一般的なタグの書式と呼び名

HTMLは、Webページに載せるテキストや画像、動画などの**コンテンツ**を、あらかじめ定義されている**タグ**で囲んでブラウザの画面に表示できるようにする言語です。定義されているタグにはそれぞれ意味があり、的確なタグを選んでテキストや画像を囲みます※1。

一般的なタグの書式と各部の呼び名を確認しておきましょう。

▼ HTMLの基本的な書式

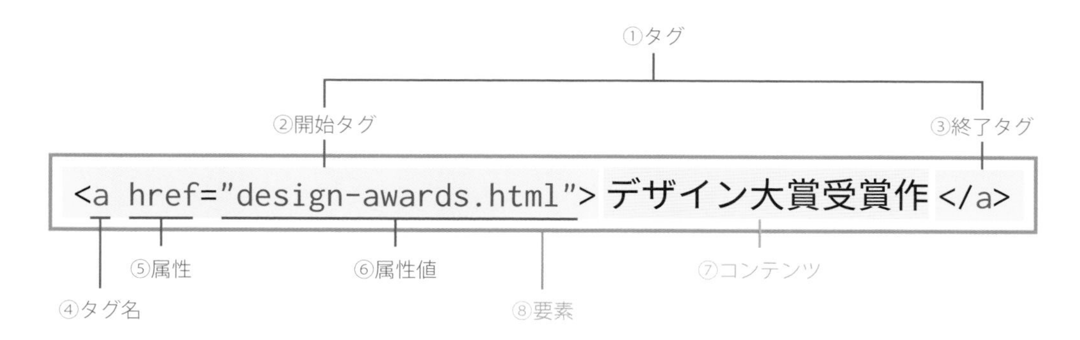

①タグ（②開始タグと③終了タグ）

「<」と「>」で囲まれた部分がHTMLタグです。コンテンツを開始タグと終了タグで囲むのが、HTMLの基本的な書式です。

※1　本書はHTMLそのものよりも実践で「書ける力」を学習することに主眼を置いているので、個別のタグの意味などは原則として説明していません。

④タグ名

タグ名は、そのタグの意味を表します。例で示している「a」は、リンクを表すタグです。HTMLにはいくつものタグ（名）が定義されていて、使い分けることでコンテンツに適切な意味合いを持たせることができます。

⑤属性

開始タグには属性が追加されることがあります。属性はそのタグに付加的な情報を追加するために使います。1つのタグに複数の属性が付くこともありますし、逆に1つも属性が付かないこともあります。タグ名や属性は半角スペースで区切ります。また、タグや属性を区切るとき、特にタグに付く属性の数が多かったり、値が長かったりするときには改行することもあります。

▼ タグ名や属性の区切り方

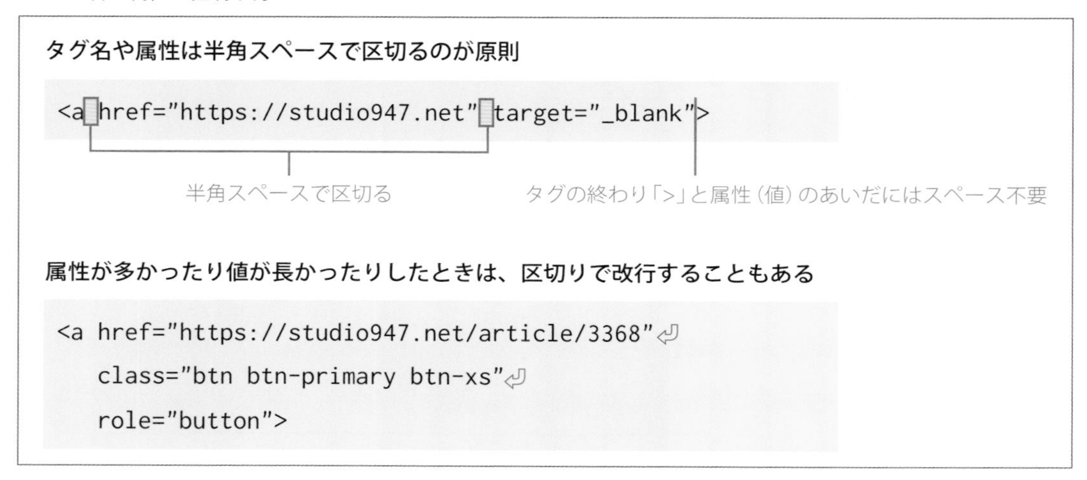

⑥値（属性値）

多くの場合、属性には値が必要です。属性と値は半角のイコール（=）でつなげます。また、属性値はダブルクォート（"）で囲みます。

▼ 属性の基本的な書き方

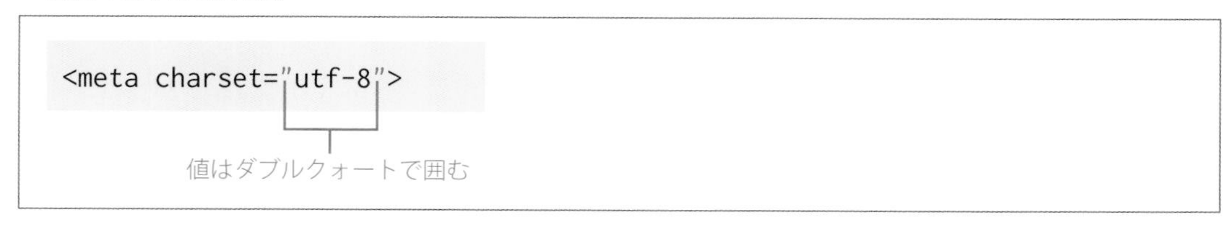

class属性など、一部の属性には複数の値を割り当てることができます。その場合は値と値のあいだを半角スペースで区切ります。

▼ 1つの属性に複数の値を割り当てるときは半角スペースで区切る

```
<div class="container center">
```

半角スペースで区切る
containerとcenterという2つの値を割り当てている

⑦コンテンツ

コンテンツはブラウザのウィンドウに表示される部分で、開始タグと終了タグに囲まれています。コンテンツにはテキスト、もしくは別のタグが含まれます。

⑧要素

開始タグ、終了タグ、コンテンツをまとめて要素といいます。

空要素

1つのタグは開始タグと終了タグがセットになっていて、それらでコンテンツを囲むのが基本です。しかし、中には終了タグがなく、コンテンツを囲まないものもあります。こうした、終了タグのないタグのこと**空要素**といいます。

空要素には、画像を表示する<img>タグや、テキストフィールドなどのフォーム部品を表示する<input>などがあります。また、メタデータを記述するための<link>タグや<meta>タグも空要素です。

▼ 空要素の例。終了タグがない

```
<img src="photo.jpg" alt="tokyo">
<input type="text" name="name">
<link href="style.css" rel="stylesheet">
```

なお、空要素にはタグの終わり「>」の前にスラッシュ（/）を追加することがあります。これはXHTML1.0という、古いHTML規格の書式の名残です。現在のHTML5書式ではこのスラッシュはあってもなくてもよいことになっていて、一般的には記述しないことのほうが多くなっています。

▼ 空要素は「>」の前にスラッシュを付けることがある

```
<img src="happy-weekend.jpg" />
```

コメント文

「<!--」で始まり、「 -->」で終わるのがコメント文です。コメント文はウィンドウに表示されないので、制作時のメモなどを残すのに使います。

▼コメント文の例

```
<!-- フッター開始 -->
```

HTMLの階層構造

⑧要素で説明したように、コンテンツの中に別のタグが含まれることがあります。ある要素のコンテンツに別の要素が含まれることにより、要素間で階層構造ができます。

この階層構造を把握していることが、HTMLを書くにもCSSを適用するにも極めて重要です。階層構造を表す用語がいくつかあるので、覚えておきましょう。

親要素／子要素

ある要素に別の要素が含まれるとき、含むほうを**親要素**、含まれるほうを**子要素**といいます。

▼親要素と子要素

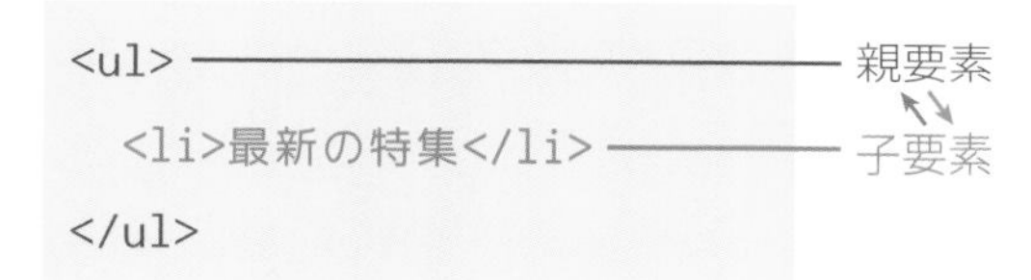

祖先要素／孫要素

ある要素の親要素、その親要素というように、階層を上にたどっていける要素のことを**祖先要素**といいます。逆に、ある要素の子要素、その子要素というように、階層を下にたどっていける要素のことを**孫要素**といいます。

▼祖先要素と孫要素

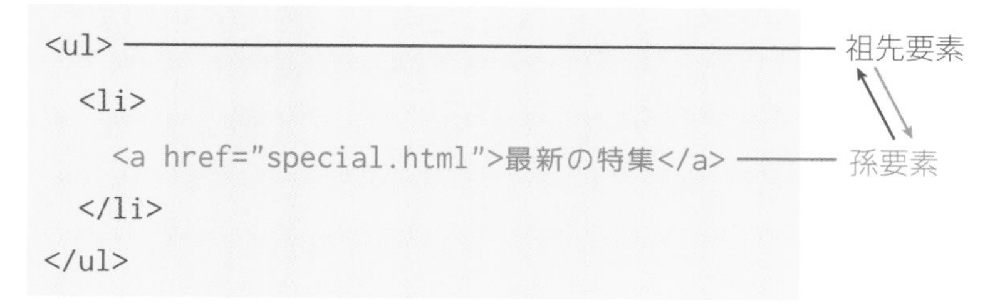

兄弟要素

ある要素と同階層にある要素を**兄弟要素**といいます。特に、ある要素から見てすぐ次、もしくはすぐ前の要素を**隣接要素**と呼ぶことがあります。

▼ 兄弟要素

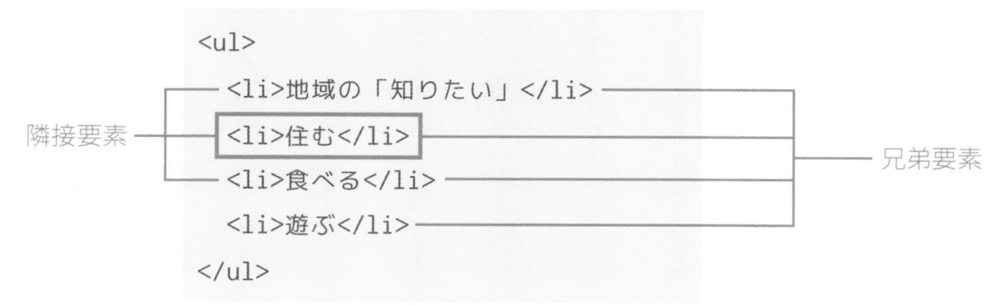

コラム

HTMLの階層構造はなぜ重要なの？

HTMLの階層構造を把握しておく利点は多数ありますが、その中でも一番効果があるのは、CSSのセレクタを選びやすくなることでしょう。CSSのセレクタの中には子孫セレクタや子セレクタなど、要素の親子関係を利用して要素を選択するものがあります。こうしたセレクタをうまく利用するには、HTMLの階層構造を把握していることが大事です。

また、本書では扱いませんが、JavaScriptでHTMLを操作するときもHTMLの階層構造を利用します。より高度な技術を使うときほど、もとになるHTMLの階層構造をしっかり把握している必要がある、というわけですね。

Chapter 1

1-3 CSSの書式と用語

HTMLと並んで重要なのがCSSです。まずはCSSの基本的な動作の仕組み、使い方、書式や名称を把握しておきましょう。

HTMLタグはページ上に「ボックス」という表示領域を確保する

HTMLはページに表示するコンテンツを記述できるだけで、それをどのように見せるかを制御する機能は持っていません。HTMLがブラウザに表示されるときの見た目は、**CSS**（カスケーディング・スタイルシート）を使って調整します。

HTMLとCSSがどのように関係し合うのかを理解するために、まずはHTML要素がページに表示されるときの仕組みを知っておきましょう。

HTMLに書かれた要素のうち、<div>や<a>など開始タグと終了タグのある要素は、そのコンテンツ部分がブラウザのウィンドウに表示されます。逆に、終了タグがなく、コンテンツを持たない空要素は原則としてウィンドウに表示されません。ただし、空要素でも<img>タグはsrc属性で指定した画像を、<input>タグはtype属性に指定したフォーム部品を表示するようになっています。

▼ ブラウザのウィンドウに表示される部分

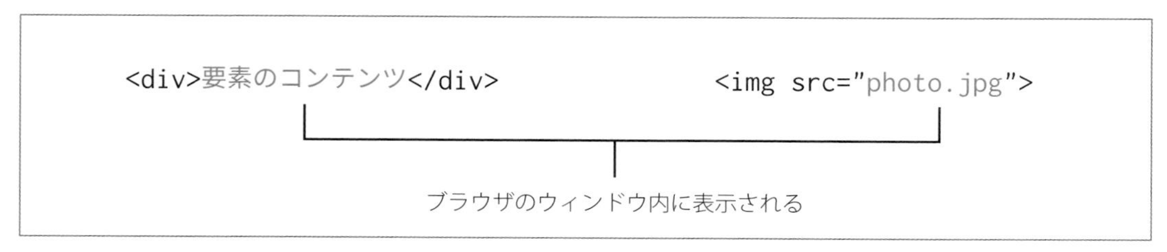
<div>要素のコンテンツ</div>
<img src="photo.jpg">
ブラウザのウィンドウ内に表示される

表示するものがある要素は、自身のコンテンツを表示するために、ブラウザのウィンドウ内に表示領域を確保します。この表示領域のことを**ボックス**といいます。各要素のボックスは原則としてウィンドウの左上から順に配置され、重なり合うことはありません。

しかし、ボックスの配置はCSSを使って調整することができます。本来横に並ばないはずの要素を横に並べたり、順番を入れ替えたり、2つ以上のボックスを重ねて配置したりすることもできます。次の図は、CSSでボックスの配置を調整してデザインを整えたページの表示例です。

▼線で囲まれた部分が「ボックス」

CSSはHTMLの各要素が作るボックスの1つひとつに働きかけて、見え方を調整します。ボックスの見え方を調整する機能には次のようなものがあります。

- ボックスのサイズを設定する
- ボックスの周囲のスペースを調整したり、ボックスの周囲にボーダーライン（枠線）を引いたりする
- ボックスの背景色や背景画像を設定する
- ボックスが配置される場所や配置の仕方を制御する

ページを自在にレイアウトするためには、ボックスの見え方を調整するさまざまな機能を使います。またそれ以外にも、CSSにはコンテンツの見え方を調整する次のような機能もあります。

- テキストのフォントの種類、サイズ、ウェイト（太字か標準の太さか）などを設定する
- テキスト色を設定する
- テキストの行揃えを設定する

CSSの書式

CSSの基本的な書式と各部の呼び名は次のとおりです。

▼ CSSの書式と各部の呼び名

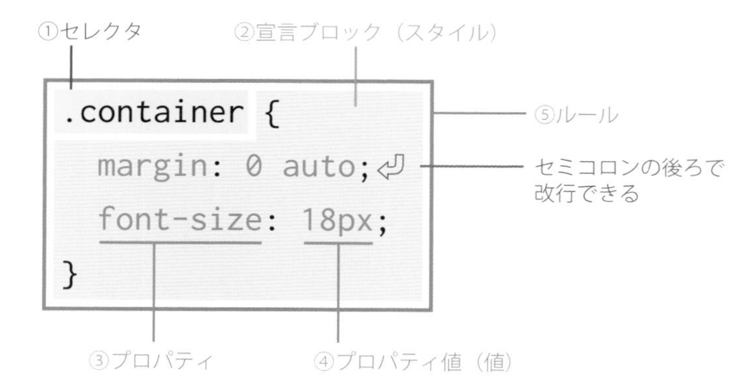

セレクタで選択される要素に、宣言ブロック（スタイル）で設定されたスタイル情報を適用することで、ある要素が確保しているボックスやコンテンツの見た目を変えるのが、CSSの基本的な動作の仕組みです。

①セレクタ

HTMLドキュメント内から、特定の要素を選択する部分です。セレクタには40種類以上の書き方があり、選択したい要素の名前（タグ名）やHTMLの階層構造の関係によって使い分けます。セレクタについてはあとでもう一度詳しく取り上げます。

②宣言ブロック（スタイル）

半角の波カッコ（{ }）で囲まれた部分が**宣言ブロック**です。宣言ブロックという呼び方はあまりなじみがないため、本書ではこの部分を**スタイル**と呼ぶことにしています。セレクタで選択した要素に適用するスタイル情報を書く部分です。

③プロパティ、④プロパティ値（値）

プロパティとはスタイル情報のことで、要素をどのように表示するかを設定するのに使います。それぞれのプロパティには値を指定します。指定する値はプロパティによって異なり、たとえばフォントサイズを設定するfont-sizeプロパティにはフォントサイズを、要素の背景を設定するbackgroundプロパティには背景色や背景画像を指定します。プロパティと値はコロン（:）で区切って続けて書き、値の後ろにはセミコロン（;）を書きます。

ソースコードを読みやすくするために、セミコロンの後ろで改行することができます。また、コロンやセミコロンの前後に半角スペースを入れることも可能です。

▼プロパティと値の書き方

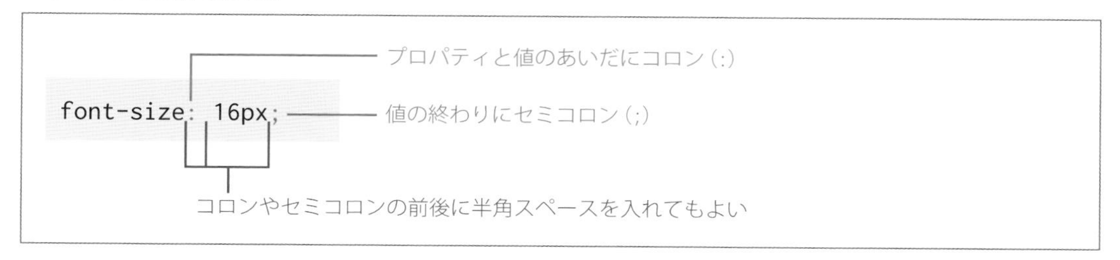

プロパティと値のあいだにコロン（:）
font-size: 16px;
値の終わりにセミコロン（;）
コロンやセミコロンの前後に半角スペースを入れてもよい

⑤ルール

セレクタと宣言ブロック（スタイル）を合わせて**ルール**といいます。

CSSのそのほかの書式

CSSにはルールを書く以外にもいくつかの書式があります。

コメント文

コメント文は「/*」で始まり、「*/」で終わります。コメント文の中にはどんなものを書いてもかまいませんが、「/*」や「*/」を含めることはできません。

▼コメント文の例

単一行のコメント

```
/* 最新記事（カードレイアウト） */
```

複数行のコメント

```
/*
    post.html 記事ページ
    下マージンに3px入れている
*/
```

コメントの中にコメント記号（/*、*/）を書いてはいけない

```
/* あとで修正！ /* 最新記事（カードレイアウト）*/ */
```

@ルール

アットマーク（@）で始まるルールのことを**@ルール**と呼びます。CSSファイルの文字エンコード方式を宣言する「@charset」ルールや、画面サイズやページを閲覧している端末によってスタイルを切り替える「@media」ルール（メディアクエリ）などがあります。

▼ @ルールの例

@charset

```
@charset "UTF-8";
```

@media メディアクエリ

```
@media (min-width: 768px) {
    .post-contents {
        max-width: 680px;
        margin: 0 auto 60px auto;
    }
}
```

Chapter 1

1-4 セレクタと優先順位

CSSを使いこなすにはセレクタの知識が必要です。基本的なセレクタさえ知っていればページを作ることができますが、大規模なWebサイトを構築するときや既存サイトを修正する際にはより深い知識があったほうが有利です。ここでは、よく使うおもなセレクタと、セレクタの違いによって生じるスタイル適用の優先順位について解説します。

セレクタ

Webサイトは、一度作ったらある程度の期間、基本的なデザインを維持しながら常に更新します。数年ごとにデザインの一部をリニューアルするケースも多いため、HTMLやCSSをメンテナンスしやすい状態に維持できることが、効率的な更新・部分的なリニューアル作業のカギになります。そのため、新たにサイトを作るときからメンテナンスのしやすさを考えてCSSを書くことが重要です。

メンテナンス性のよいCSSを書くために気にすべきことはいくつかありますが、その中でもセレクタの選び方は大事です。ここでは、各種セレクタをよく使うものから順に紹介します。

classセレクタ

数あるセレクタでもっともよく使うのがclassセレクタです。セレクタで指定した「クラス名」と同じclass属性の値が付いている要素をすべて選択し、スタイルを適用します。

classセレクタは、ドット(.)に続けて選択したい要素のクラス名を書きます。

書式：classセレクタ

```
.クラス名 {
    選択された要素に適用するスタイル
}
```

▼ classセレクタで選択される要素

```
<h1>旅の2日目には驚きがあった！</h1>
<div class="date">2022/2/22</div>
<div class="category">日記</div>
<div class="tag-list">
  <span class="tag">旅</span>
  <span class="tag">サンフランシスコ</span>
</div>
```

```
.tag {
  background-color: orange;
}
```

class属性は使い方が簡単なだけでなく、優先順位（後述）が比較的低くあとからスタイルの調整がしやすいため、あらゆる場面で使用します。

タイプセレクタ

指定した「タグ名」の要素をすべて選択して、スタイルを適用するのがタイプセレクタです。セレクタには、選択したい要素のタグ名を書きます。

書式：タイプセレクタ

```
タグ名 {
    選択された要素に適用するスタイル
}
```

▼ タイプセレクタで選択される要素

```
<h1>旅の2日目には驚きがあった！</h1>
<div class="date">2022/2/22</div>
<div class="category">日記</div>
```

```
h1 {
  font-size: 2.15rem;
}
```

タイプセレクタはおもに、ブラウザのデフォルトCSSで定義されている、各要素の初期設定のスタイルを変更するときに使います。また、class属性が付いていない要素を選択するときなどに、後述する子孫セレクタと組み合わせて使います。

コラム

デフォルトCSS

すべてのタグには、ブラウザにあらかじめ設定されているCSSが適用されています。このCSSのことを**デフォルトCSS**といいます[※2]。見出しタグが太字で大きなフォントサイズで表示されるのも、箇条書きのリストの先頭に中黒（・）が付いたり番号が付いたりするのも、すべてデフォルトCSSが適用されているからです。

子孫セレクタ

ある要素の子孫要素を選択するときは子孫セレクタを使います。**子孫要素**を選択するところがポイントで、子要素でも孫要素でも選択します。親要素を選択するセレクタと、子孫要素を選択するセレクタを半角スペースで区切って指定します。

書式：子孫セレクタ

```
親要素のセレクタ 子孫要素のセレクタ {
    選択された要素に適用するスタイル
}
```

▼子孫セレクタで選択される要素

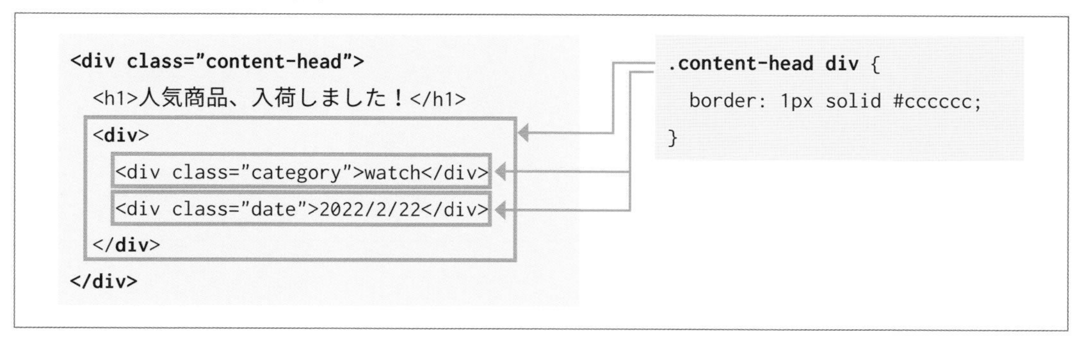

子セレクタ

子孫要素とは違い、**ある要素の子要素のみを選択**し、孫要素は選択しないのが子セレクタです。子孫セレクタほど頻繁には使いませんが、大規模サイトや複雑なCSSを編集するときに役立ちます。

親要素を選択するセレクタと、子要素を選択するセレクタのあいだに大なり記号（>）を入れます。大なり記号の前後に半角スペースがあってもなくてもかまいません。

書式：子セレクタ

```
親要素のセレクタ > 子孫要素のセレクタ {
    選択された要素に適用するスタイル
}
```

※2　正式には「ユーザーエージェント・スタイルシート（User Agent Stylesheet）」といいます。

▼子セレクタで選択される要素

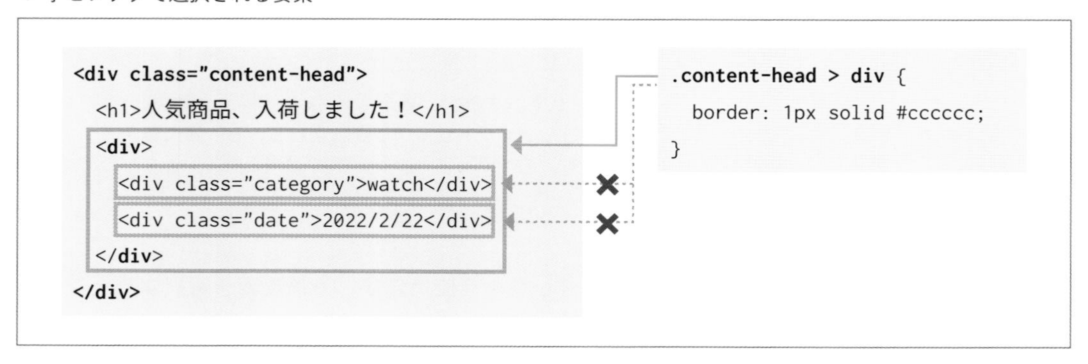

リンクに使用する擬似クラス

擬似クラスとは、**要素がある特殊な状態**にあるときにだけ選択されるセレクタです。擬似クラスのセレクタはすべて、先頭にコロン（:）が1つ付きます。

いくつかの擬似クラスが定義されているのですが、なかでもよく使うのがリンクに使用する擬似クラスです。次の4種類があります。

種類	機能
:link	<a>タグで、かつhref属性が設定されている要素をすべて選択する
:visited	<a>タグで、リンク先のページを閲覧したことがある要素（訪問済みリンク）をすべて選択する
:hover	マウスポインタが重なっている（ホバーしている）要素にスタイルが適用される
:active	クリックして、ボタンが押された状態の要素にスタイルが適用される

書式：リンクに使用する擬似クラス

```
:link {
    リンクに適用するスタイル
}
:visited {
    訪問済みリンクに適用するスタイル
}
:hover {
    ホバーしている要素に適用するスタイル
}
:active {
    クリックされている要素に適用するスタイル
}
```

▼ 4つの擬似クラスで選択される要素

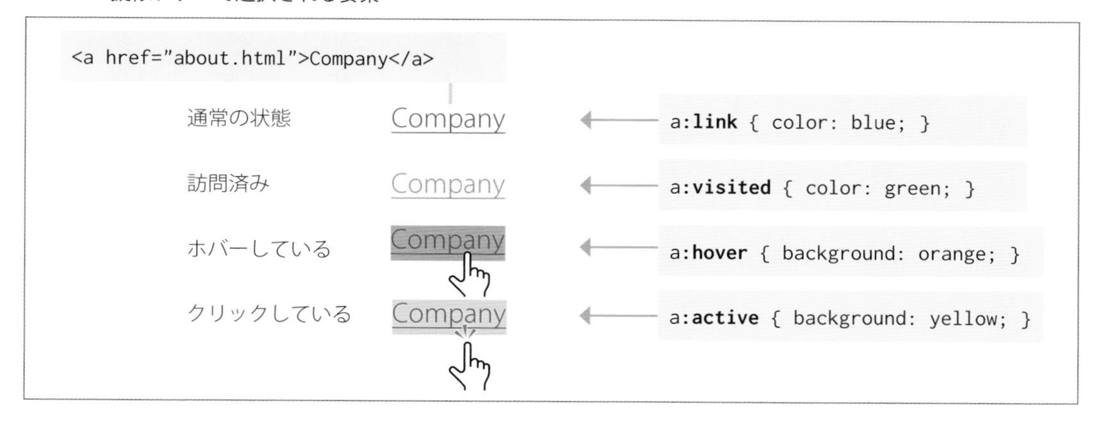

リンクに使用する擬似クラスは、リンクの状態に合わせてテキスト色を変えたり、テキストに下線を引いたりするのに使います。

実際のWebデザインでよく使われるのは「:hover」擬似クラスで、ほかは省略されることが多いです。省略しない場合は、先の書式のように「:link」→「:visited」→「:hover」→「:active」の順に記述します。そうしないとうまくスタイルが適用されません。

Note タッチ端末の:hoverが発生するタイミング

スマートフォンやタブレット（タッチ端末）は指で操作するため、:hoverの状態がありません。しかし、最近のタッチ端末はリンクにタップした直後に:hoverが、リンク先のページに移る前までのあいだに:activeが反応するようになっていることが多いようです。ただし、この動作は端末やOSによって若干異なります。

最初の要素、最後の要素だけを選択する擬似クラス

「:first-child」擬似クラスは兄弟要素のうち最初のもの、「:last-child」擬似クラスは最後のものを選択し、スタイルを適用します。通常は子孫セレクタなどと組み合わせて使います。

書式：「:first-child」擬似クラス、「:last-child」擬似クラス

```
:first-child {
    最初に出てくる要素に適用するスタイル
}

:last-child {
    最後に出てくる要素に適用するスタイル
}
```

▼ :first-child、:last-childセレクタで選択される要素

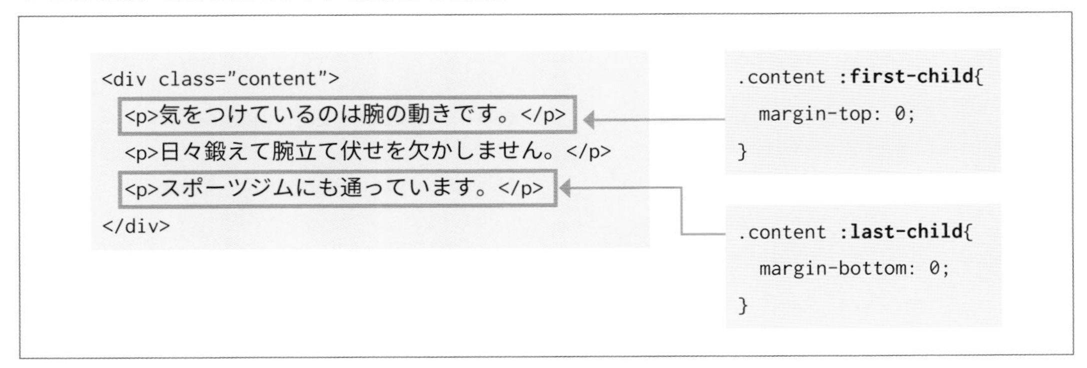

たとえばブログサイトの記事ページで、最初の段落（<p>～</p>）の上のスペースをなくしたり、最後の段落の下のスペースをなくしたりするときなどに使います。知っていると便利なセレクタです。

ときどき使うセレクタ

よく使うセレクタほどではありませんが、ときどき使う、知っておいたほうがよいセレクタがあります。

• 全称セレクタ（ユニバーサルセレクタ）

タグ名問わず、class名なども問わず、**すべての要素を選択**するのが全称セレクタ（ユニバーサルセレクタ）です。ただし、後述する擬似要素は選択しません。全称セレクタはアスタリスク（*）1つです。

書式：全称セレクタ

```
* {
    すべての要素に適用するスタイル
}
```

▼ 全称セレクタで選択される要素

```
<div class="content">
  <h1>ワインの印象と生産者の人柄は似ている</h1>
  <p>気をつけているのは腕の動きです。</p>
  <p>日々鍛えて腕立て伏せを欠かしません。</p>
</div>
```

```
* {
  font-size: 16px;
}
```

全称セレクタはおもにデフォルトCSSを書き換えたいときに使いますが、用途はそれだけではありません。子孫セレクタなどと組み合わせてある要素に含まれる子孫要素すべてを取得するときにも使います。

▼全称セレクタを使って、<div class="content">の子孫要素すべてを選択する

```
<div class="content">
  <h1>ワインの印象と生産者の人柄は似ている</h1>
  <p>気をつけているのは腕の動きです。</p>
  <p>日々鍛えて腕立て伏せを欠かしません。</p>
</div>
```

```
.content * {
  font-size: 16px;
}
```

・属性セレクタ

タグに付いている**属性に応じて要素を選択**するセレクタです。現在7パターンの属性セレクタが定義されていて、それぞれ少しずつ書き方は変わりますが、中カッコ([ ])の中に、属性や属性値を書くという点はどれも同じです。詳しい使い方はChapter 8で取り上げます。

書式:代表的な属性セレクタの書式。<a>タグに「target="_blank"」が付いている要素を選択する場合

```
a[target="_blank"] {
    target="_blank" 属性が付いている<a>タグに適用するスタイル
}
```

▼属性セレクタで選択される要素

```
<p><a href="..." target="_blank">ショップサイトへ</a></p>
<p><a href="...">製品一覧へ戻る</a></p>
```

```
a[target="_blank"] {
  font-weight: bold;
}
```

フォーム部品のスタイルを調整するときなどに使われることが多いのですが、リンクテキストの前後にアイコンを付けるなど、工夫次第でさまざまな用途に利用できます。

コンテンツの前後を選択するセレクタ

::before、::afterは擬似要素と呼ばれていて、それぞれある**要素のコンテンツの前、後ろを選択**します。擬似要素には先頭にコロンが2つ付きます(古いブラウザとの互換性を確保するため、コロン1つでも動作します)。

■ **書式**：::before擬似要素

```
::before {
    要素のコンテンツの前の部分に適用するスタイル
}
```

■ **書式**：::after擬似要素

```
::after {
    要素のコンテンツの後ろの部分に適用するスタイル
}
```

▼ ::beforeセレクタ、::afterセレクタで選択される場所。contentプロパティで指定したコンテンツが挿入される

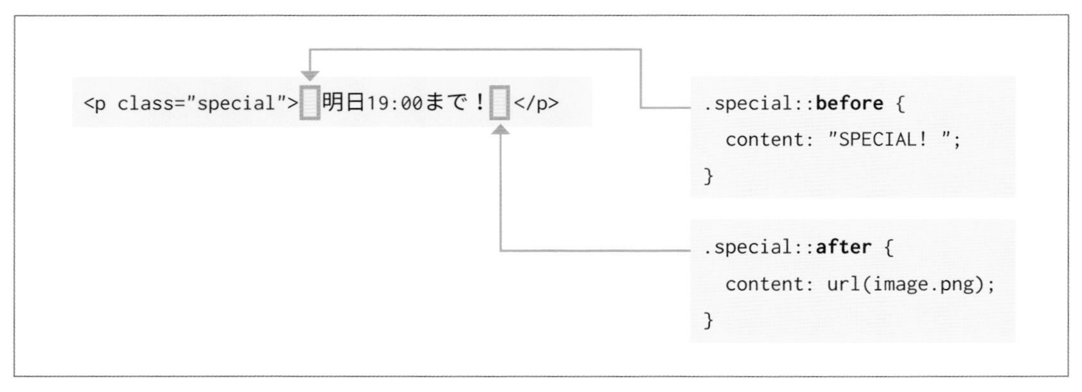

おもにコンテンツの前後にテキスト、もしくは記号やアイコンなどを挿入するのに使いますが、レイアウトを調整するために使用することもあります。

使用を避けるべきセレクタ

セレクタの中には極力使わないほうがよいものもあります。

• idセレクタ

セレクタで指定した「id名」と同じid属性の値が設定されている要素を選択するものです。1つのHTMLドキュメント内で同じid名は一度しか使えないため、idセレクタで要素を選択すると、常に1つだけ要素が選択されることになります。id名の前にシャープ(#)を付けるとidセレクタになります。

■ **書式**：idセレクタ

```
#id名 {
    選択された要素に適用されるスタイル
}
```

▼ idセレクタで選択される要素

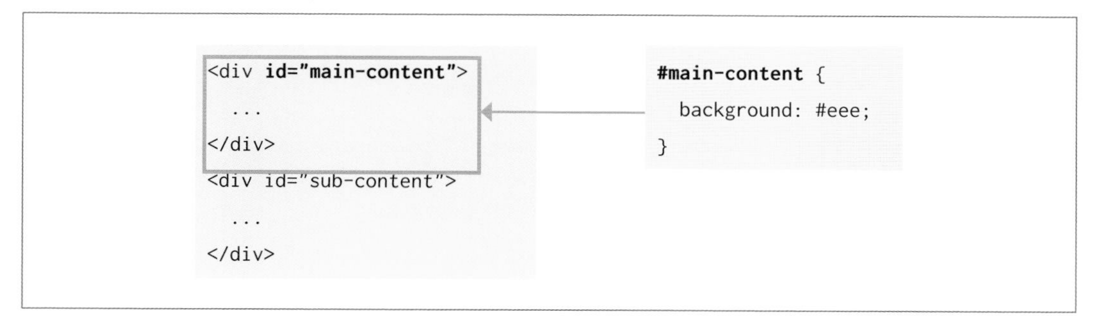

<div id="main-content">
...
</div>
<div id="sub-content">
...
</div>
#main-content {
background: #eee;
}

idセレクタは、実践的なWebサイト制作では特別な理由がないかぎり使わないようにします。なぜなら優先順位が非常に高くあとからスタイルを書き換えることが難しくなって、著しくメンテナンス性が落ちるからです。詳しくは「解説　CSSのスタイルが適用される順序」(P.043) をご覧ください。

そのほかのセレクタ

ここまでに紹介してきた以外にもたくさんのセレクタが定義されています。どのセレクタも使いこなせれば便利なので、まずは本節で紹介したセレクタをマスターしたのち、状況に応じてそのほかのセレクタを使うことを検討するとよいでしょう。

▼ セレクター覧

セレクタ	選択される要素	セレクタの名称	使用例
*	すべての要素	ユニバーサルセレクタ(全称セレクタ)	*
E	タグ名がEの要素	タイプセレクタ	p
E[属性]	要素がEで、かつ「属性」が付いているもの	属性セレクタ	input[checked]
E[属性="値"]	要素がEで、かつ「属性」=「値」の要素	属性セレクタ	input[type="text"]
E[属性~="値"]	要素がEで、かつ「属性」に指定されている複数の値の中に「値」が含まれている要素	属性セレクタ	a[class~="nav"]
E[属性^="値"]	要素がEで、かつ「属性」の値が「値」で始まる要素	属性セレクタ	a[href^="https://"]
E[属性$="値"]	要素がEで、かつ「属性」の値が「値」で終わる要素	属性セレクタ	a[href$=".pdf"]
E[属性*="値"]	要素がEで、かつ「属性」の値の一部に「値」が含まれている要素	属性セレクタ	ins[datetime*="2017"]
E[属性¥|="値"]	要素がEで、かつ「属性」の値にハイフンが含まれていて、その前半部分が「値」の要素	属性セレクタ	html[lang="en"]
E:root	常に <html>	擬似クラス	:root
E:nth-child(n)	要素Eの親要素から見て、n番目の要素	擬似クラス	tr:nth-child(2n)
E:nth-last-child(n)	要素Eの親要素から見て、最後から数えてn番目の要素	擬似クラス	tr:nth-child(1)

セレクタ	選択される要素	セレクタの名称	使用例
E:nth-of-type(n)	要素Eと同じタグ名の兄弟要素で、n番目のもの	擬似クラス	tr:nth-of-type(even)
E:nth-last-of-type(n)	要素Eと同じタグ名の兄弟要素で、最後から数えてn番目のもの	擬似クラス	tr:nth-of-type(2)
E:first-child	要素Eの親要素から見て、最初の子要素	擬似クラス	.container:first-child
E:last-child	要素Eの親要素から見て、最後の子要素	擬似クラス	.container:last-child
E:first-of-type	要素Eと同じタグ名の兄弟要素で、最初のもの	擬似クラス	li.first-of-type
E:last-of-type	要素Eと同じタグ名の兄弟要素で、最後のもの	擬似クラス	li.last-of-type
E:only-child	要素Eの親要素に、要素Eしか含まれていないとき	擬似クラス	li.only-child
E:only-of-type	要素Eと同じタグ名の兄弟要素がないとき	擬似クラス	li.only-of-type
E:empty	要素Eに子要素が含まれていないとき	擬似クラス	div:empty
E:link	リンク先のURLが指定されている<a>	擬似クラス	a:link
E:visited	リンク先が訪問済みの<a>	擬似クラス	a:visited
E:active	リンクをクリックした状態	擬似クラス	a:active
E:hover	要素にホバーしている状態	擬似クラス	div:hover
E:focus	要素にフォーカスしている状態（フォーム部品が入力可能な状態）	擬似クラス	input:focus
E:target	ページ内リンクのリンク先要素	擬似クラス	h2:target
E:lang(言語)	要素Eのlang属性が「言語」になっている要素	擬似クラス	html:lang(ja)
E:enabled	要素Eが入力可能な状態	擬似クラス	input[enabled]
E:disabled	要素Eにdisabled属性が付いている	要素擬似クラス	fieldset[disabled]
E:checked	ラジオボタンまたはチェックボックスで、チェックが付いている要素	擬似クラス	input[type="radio"]:checked
E:invalid	テキストフィールドなどで、入力された値が正しくない要素	擬似クラス	input[type="text"]:invalid
E:valid	テキストフィールドなどで、入力された値が正しい要素	擬似クラス	input[type="text"]:valid
E:required	フォーム部品で、required属性（入力必須）が付いている要素	擬似クラス	input[type="text"]:required
E::first-line	要素Eに含まれるテキストの1行目	擬似要素	p::first-line
E::first-letter	要素Eに含まれるテキストの1文字目	擬似要素	p::first-letter
E::before	要素Eのコンテンツの前	擬似要素	div::before
E::after	要素Eのコンテンツの後ろ	擬似要素	div::after
E.クラス名	要素Eで、かつclass属性が「クラス名」の要素	クラスセレクタ	.container
E#id名	要素Eで、かつid属性が「id名」	IDセレクタ	#email
E:not(s)	要素Eで、かつセレクタsに適合しないもの	擬似クラス	div:not(.container)
E F	要素Eの子孫要素F	子孫セレクタ	.info li
E > F	要素Eの子要素F	子セレクタ	.header > h1
E + F	要素Eのすぐ後ろに続く兄弟要素	隣接セレクタ	h3 + p
E ~ F	要素Eの弟要素F	兄弟セレクタ	.container ~ .footer

解説 CSSのスタイルが適用される順序

CSSのスタイルには適用される順序があります。少しでもWebデザインの経験がある方は「CSSが適用されない」と、悩んだ経験があるかもしれません。それは多くの場合、CSSの適用順序のせいです。

ここではCSSに書かれたプロパティが要素に適用される、大まかな順序の規則を説明します。少し難しいトピックなので、初めてWebデザインに取り組む方はとりあえず飛ばして、あとで戻ってきてもかまいません。

継承

CSSのプロパティには**継承**という概念があります。継承とは、親要素に設定されたスタイルが子要素、そのまた子要素にも適用されることです。

継承するかどうかはプロパティによって異なります。多くのプロパティは**継承しない**のですが、フォントファミリー、フォントサイズ、テキスト色などを調整するプロパティは継承します。

たとえば次の図のCSSでは、<html>要素に対して「font-size:10px;」を適用しています。すると、<html>の子要素、そのまた子要素に「font-size:10px;」が設定されます。

▼ font-sizeプロパティの継承。すべての要素のフォントサイズが10pxになる

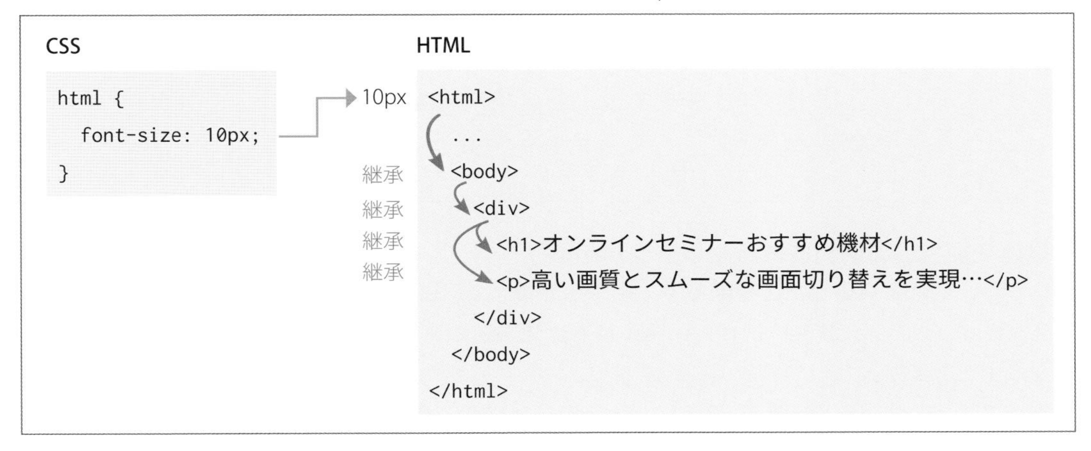

継承されたプロパティは、ページに表示される実際のフォントサイズの計算に使われます。たとえば<h1>の場合を見てみましょう。<h1>のデフォルトCSSには「font-size: 2em;」というスタイルが適用されています。2emという値は設定されているフォントサイズの2倍という意味ですから、最終的に<h1>のテキストは10px × 2=20pxで表示されることになります。

CSSが適用される順序

継承を頭に入れたうえで、ある要素に、どんなスタイルが適用されるかをもう少し詳しく見てみましょう。

スタイルは、原則としてソースコードの上のほうから順に適用されます※3。そして、同じプロパティのスタイルが出てきたら、あとから出てきたほうが先に出てきたほうの設定内容を上書きします。

簡単な例を見てみましょう。次の図に出てくるCSSのスタイルは「<p>お使いになる前に</p>」に適用されます。順に適用されるスタイルの中に、font-sizeプロパティが2回出てきますね。この場合、あとから出てきたほうが先にあったものを上書きするので、最終的にフォントサイズは14pxになります。

▼ CSSは上から順に適用され、あとから出てきたプロパティが上書きする

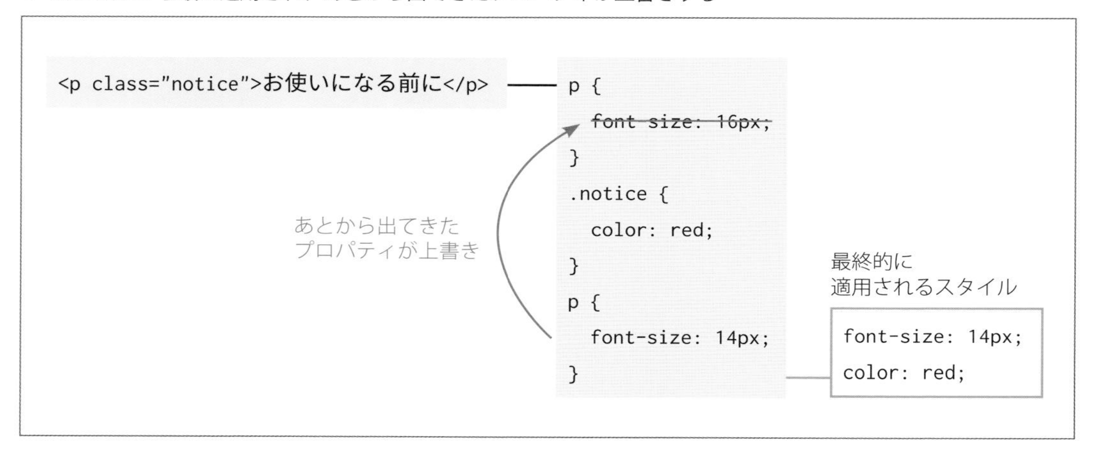

順序を無視して優先されるセレクタがある

しかし、話はもう少しだけ複雑です。順序を無視して、優先して適用されるセレクタがあるのです。classセレクタはタイプセレクタよりも優先順位が高く、出てきた順序に関係なくスタイルが適用されます。

先ほどと似たような例を見てみましょう。CSSだけ少し変わっていて、セレクタ「.notice」のスタイルにfont-sizeとcolorプロパティが設定されています。

※3　もし、ある1ページのHTMLファイルに複数のCSSファイルを読み込んでいるのだとしたら、上のほうの<link>タグで読み込まれたCSSファイルのスタイルから順に適用されます。

▼ classセレクタの優先順位が高いため、「.notice」のスタイルが優先的に適用される

```
<p class="notice">お使いになる前に</p> ― p {
  font-size: 16px;
}
.notice {
  font-size: 22px;
  color: blue;
}
p {
  font-size: 14px;
  color: red;
}
```

classセレクタの優先順位が高いため、あとから出てきても上書きできない

最終的に適用されるスタイル

```
font-size: 22px;
color: blue;
```

font-sizeプロパティとcolorプロパティが2回出てきています。上から順に適用されるだけなら「font-size: 14px;」と「color: red;」が適用されるはずですが、「.notice」セレクタ（classセレクタ）が使われているスタイルは優先順位が高くなるので、「font-size: 22px;」「color: blue;」が適用されることになります。

セレクタの優先順位（正確には詳細度といいます）は次のように決まっていて、右に行くほど高くなります。

全称セレクタ < タイプセレクタと擬似要素 < classセレクタなど※4 < idセレクタ < タグのstyle属性

なお、子孫セレクタなど複数のセレクタを使って作るセレクタは、使うセレクタの数が多いほど優先順位が高まります。あとで述べるとおりセレクタの優先順位は可能なかぎり低く保っておいたほうがよいので、子孫セレクタを使う場合は、その中で使用するセレクタの数をできるだけ少なくするようにします。

※4　idセレクタ、タイプセレクタ、擬似要素を除く、classセレクタをはじめとする多くのセレクタがここに含まれます。

▼子孫セレクタの優先順位。クラスセレクタを3つ使うよりも、1つで済むならそのほうがよい

たとえばこんなHTMLがあって、<li class="item">にスタイルを適用したいとき
<div class="block">
<ul class="list">
<li class="item">...</li>
</ul>
</div>
可能なかぎり優先順位が低いセレクタを選ぶ
.item {
.list.item {
.block .list .item {
○
△
×

CSSの適用順序を知っていると何の役に立つの？

CSSの適用順序を知っていると、管理しやすく変更にも強いソースコードを書けるようになります。Webサイトは、公開してからもデザインを修正したり、新しいページを作るためにスタイルが必要になったりするケースが多く、そのたびにCSSも更新します。CSSの書き方によってはあとから変更するのがすごく難しくなったり、どんなスタイルがどこで適用されているのかわかりにくくなったりします。CSSのソースコードをできるだけシンプルに保つには、適用順序をよく理解しておいたほうがよいのです。

更新しやすいCSSを作るには、2つのポイントがあります。

- より多くの要素に適用されるスタイルを上のほうに、特定の要素にだけ適用されるスタイルを下のほうに書く

CSSファイルには、上のほうにタイプセレクタなどの、より多くの要素に適用される優先順位の低いセレクタを使ったスタイルを書くようにします。そして、下のほうに行けば行くほど、クラスセレクタや子孫セレクタなど、特定の要素にだけ適用されるスタイルを書きます。

- セレクタの優先順位はできるだけ低く保つ

スタイルを書き換えやすいように、セレクタの優先順位はできるだけ低く保つようにします。id属性や、タグのstyle属性を使ってスタイルを適用するのは、どうしてもそうしなければならない理由がないかぎり避けましょう。

Chapter 1

1-5 ボックスモデル

ボックスモデルとは各要素が確保する表示領域についての取り決めで、セレクタと並んでCSSのとても重要な規格のひとつです。ページのデザインやレイアウトに直接関係することなので、正しい理解が欠かせません。

ボックスモデル

要素がページ上に確保する表示領域（ボックス）には、次の2つの特徴があります。

- ボックスには、大きく分けて「インラインボックス」と「ブロックボックス」の2種類がある
- すべてのボックスは「ボックスモデル」という規格で定義された構造をしている

インラインボックスとブロックボックスはコンテンツを表示するためのボックスの種類で、どちらのボックスで表示されるかはタグごとにあらかじめ決められています※5。それぞれのボックスの特徴を見てみましょう。

インラインボックス

インラインボックスは、コンテンツが収まるぴったりの大きさで作られるボックスです。長いテキストの一部を囲むようなタグや、フォーム部品、画像など、タグでいえば<strong>、<span>、<input>、<img>などがインラインボックスで表示されます。

インラインボックスはテキストの中に紛れ込むことができます。また、コンテンツが改行したとき、ボックスも一緒に改行します。

※5　displayというCSSプロパティを使えば、ボックスの種類を変更することもできます。

▼インラインボックス。テキストが改行するときインラインボックスも一緒に改行する

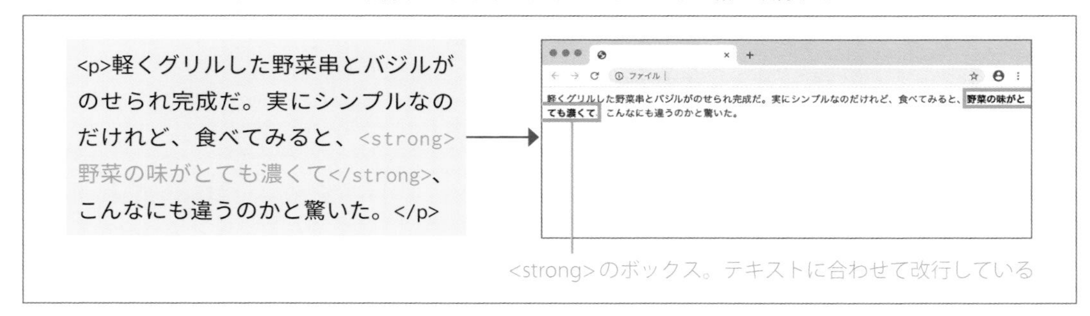

ブロックボックス

ブロックボックスは、コンテンツを表示するための領域が親要素の幅いっぱいの大きさで作られるボックスです。インラインボックスと違ってテキストの中に紛れ込むことはありませんし、あるブロックボックスの横に別のブロックボックスが並ぶこともありません※6。

ブロックボックスで表示するように定義されているおもなタグには、<div>、<p>、<h1>～<h6>、<ul>などがあります。

▼ブロックボックス。親要素の幅いっぱいに表示領域を確保する

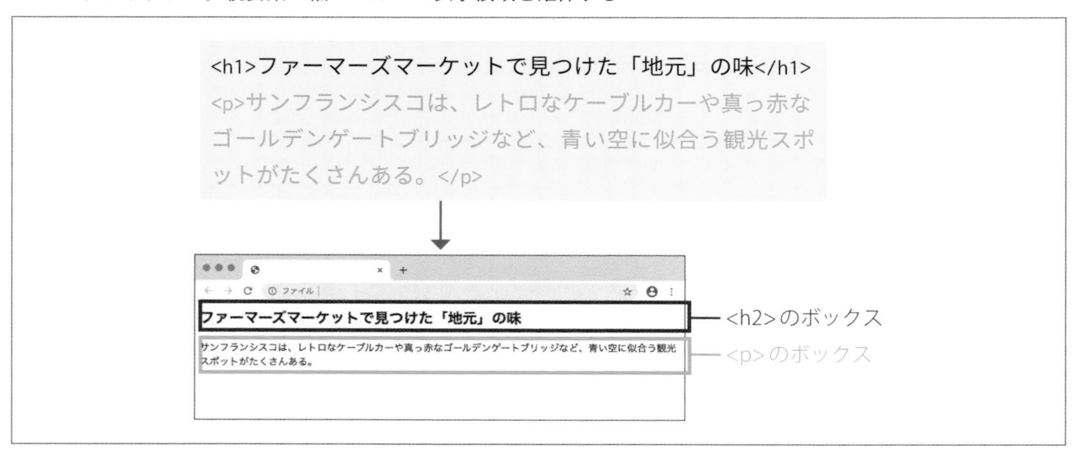

親要素の幅いっぱいに表示領域を確保するということは、言い換えれば親要素の幅に合わせて伸び縮みするということです。この伸び縮みするという特性は、ビューポート（P.058参照）に合わせて伸縮するレイアウトを作るのにとても重要で、レスポンシブデザインを実現するために欠かせないものです。

※6　ただし、CSSを使って幅を設定したり、ブロックボックスの横にブロックボックスを配置したりすることはできます。

ボックスモデル

ボックスモデル（またはCSSボックスモデル）は、コンテンツを表示するボックスの規格です。

ページに表示される各要素のコンテンツ領域には、その外側にパディング、ボーダー、マージンという余白を作ったり枠線を描いたりするための3つの領域があります。各領域はそれぞれpaddingプロパティ、borderプロパティ、marginプロパティでサイズを設定できます。

▼ボックスモデルと使用できるCSSプロパティ

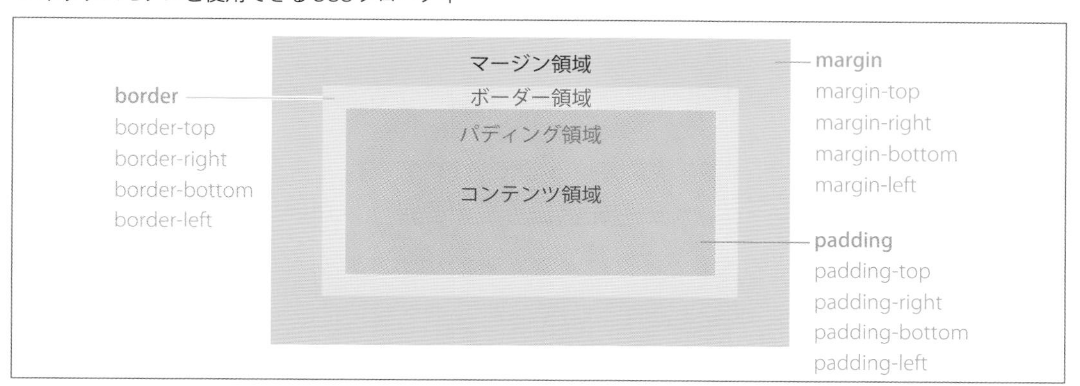

これらボックスモデル関連のプロパティの使い方を、一番イメージしやすいボーダー領域の操作から説明します。

● ボーダー領域を操作するborderプロパティ

borderプロパティを使えば、ボーダー領域にボーダーラインを引くことができます。ボックスの四辺を四角く囲むことも、一辺にだけ線を引くこともできます。調整できる項目は次の3つです。

- ボーダーラインの太さ（線の太さ）
- 線の形状
- 線の色

borderプロパティの書式は次のとおりで、太さ、線の形状、線の色を半角スペースで区切って指定します。

書式：borderプロパティ

```
border: 太さ＋単位 線の形状 線の色;
```

太さの単位にはおもに「px」を使います。emなども使えますが、％は使えません。

なお、ボックスに背景色や背景画像を適用するとボーダー領域の内側が塗りつぶされます（「3-

14 ボックスに背景画像を適用」参照)。

▼ 背景色、背景画像を適用するとボーダー領域の内側が塗りつぶされる

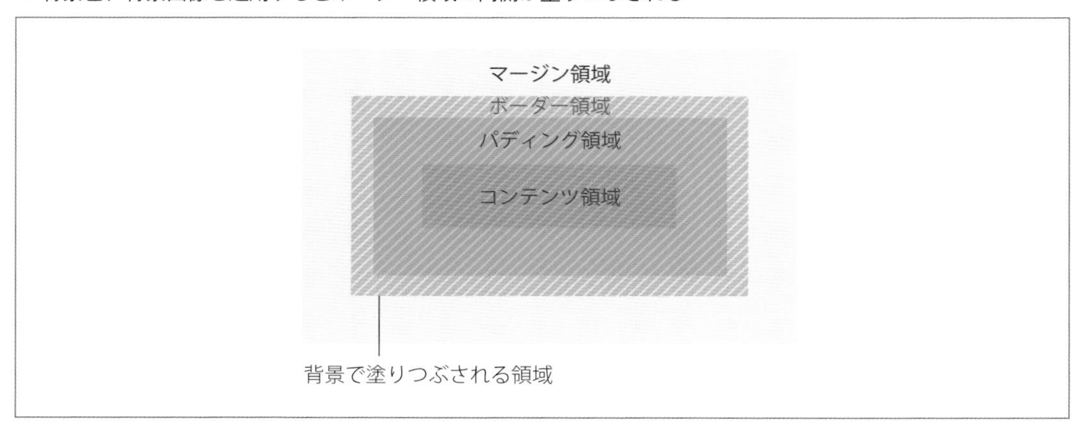

• パディング領域を操作するpaddingプロパティ

パディングは、コンテンツとボーダーのあいだのスペースです。コンテンツの周囲にスペースを作りたいとき、あるいはコンテンツとボーダーラインとのあいだを空けたいときに使います。

パディングを作るにはpaddingプロパティを使います。書式は以下のとおりで、各辺のパディングの大きさを「数値+単位」で指定し、それぞれを半角スペースで区切ります。単位にはpxのほか、emや%なども使えます。

書式：paddingプロパティ

```
padding: 上パディング 右パディング 下パディング 左パディング;
```

各辺のパディングを個別に指定できるプロパティも用意されています。それが、padding-top(上)、padding-right(右)、padding-bottom(下)、padding-left(左)プロパティです。padding-topを例に書式を載せておきますが、ほかのプロパティの書き方も同じです。

書式：padding-topプロパティ

```
padding-top: 上パディング;
```

Note パディングは「詰めもの」

パディング(padding)とは「詰めもの」という意味です。通販でものを買ったときをイメージして、中身が「コンテンツ」、送られてきた段ボール箱を「ボーダー」と考えると、パディングはプチプチや新聞紙などの緩衝材が詰められた空きスペースといえます。

マージン領域を操作するmarginプロパティ

コンテンツ領域の一番外側にあるマージン領域は、上下左右に隣接する別のボックスや、親要素のボックスとのあいだにスペースを設けたいときに使用します。

マージンを作るにはmarginプロパティを使います。書式はパディングと同じで、値を指定するときに使う単位もパディングと同じものが使えます。

書式：marginプロパティ

```
margin: 上マージン 右マージン 下マージン 左マージン;
```

パディング同様、各辺のマージンを個別に指定できるプロパティも用意されています。上から時計回りに、margin-top（上）、margin-right（右）、margin-bottom（下）、margin-left（左）プロパティがあります。margin-topを例に書式を載せておきますが、ほかのプロパティの書き方も同じです。

書式：margin-topプロパティ

```
margin-top: 上マージン;
```

なお、マージンには**たたみ込み**というルールがあります。マージンのたたみ込みについては「解説 マージンのたたみ込み」（P.216）で詳しく取り上げます。

marginプロパティ、paddingプロパティの値の省略

marginプロパティやpaddingプロパティは4つの値を指定することになっていますが、これら4つの値は省略することができます。

marginプロパティに値を1つだけ指定すると、4つの辺すべてに同じマージンが適用されます。値を2つ指定すると、1つ目の値が上下マージンに、2つ目の値が左右マージンに適用されます。値を3つ指定すると、1つ目のマージンが上マージンに、2つ目の値が左右マージンに、3つ目の値が下マージンに適用されます。ここではmarginプロパティのみ説明しましたが、paddingプロパティも同じです。

▼ marginプロパティの値を省略したときの変化

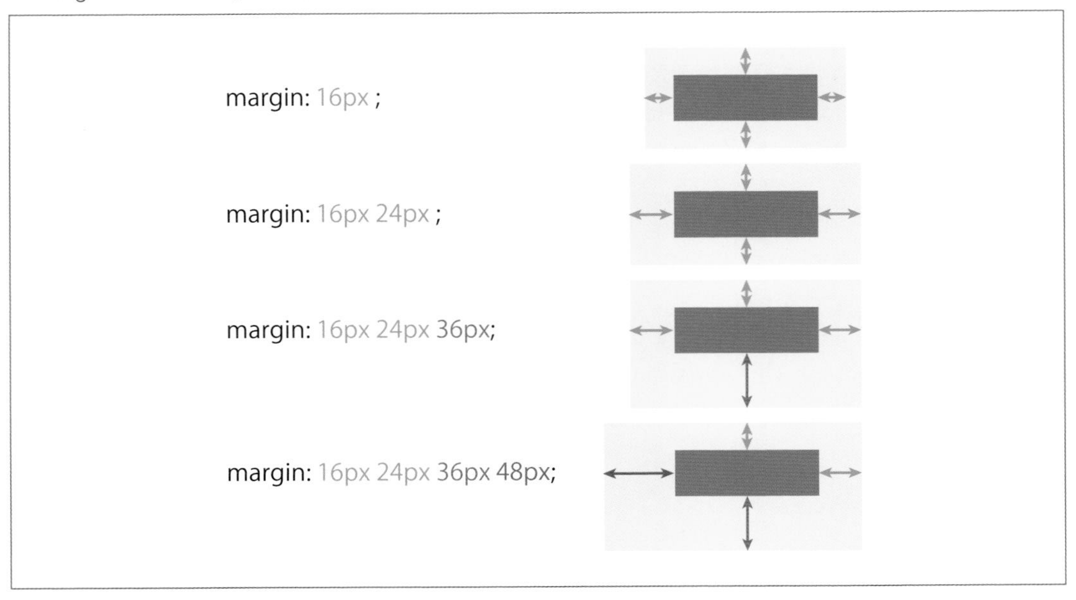

実践的なCSS記述のポイントとして、マージンやパディングを設定するときは、原則として個別のプロパティ（margin-topなど）ではなく、まとめて指定するmarginプロパティ、paddingプロパティを使用します。そのほうが行数が少なくなり、読みやすいCSSになります。

ボックスの大きさを設定するwidthプロパティ、heightプロパティ

ここまで、コンテンツ領域の外側にある3層のボックスについての説明をしてきました。次は、コンテンツ領域を含むボックスの大きさを設定する方法を見ていきます。

ボックスの幅や高さは自動的に決まります。しかし、CSSのwidthプロパティ（幅）、heightプロパティ（高さ）を使ってサイズを手動で設定することもできます。どちらも値は「数値＋単位」で指定します。

書式：widthプロパティとheightプロパティ

```
width: 幅の大きさ＋単位;
height: 高さの大きさ＋単位;
```

widthプロパティやheightプロパティで指定する幅や高さが、パディング領域やボーダー領域を含むのか、それとも含まないのかによって、ボックスモデルには2種類の定義があります。それがコンテントボックスとボーダーボックスです。

コンテントボックスとボーダーボックスの違い

この2種類のボックスモデルのうち**コンテントボックス**は、widthプロパティやheightプロパティで指定したサイズが、コンテンツ領域のみの幅や高さを設定するボックスモデルです。

もう一方の**ボーダーボックス**は、widthプロパティやheightプロパティで指定したサイズに、コンテンツ領域に加え、パディング領域、ボーダー領域までが含まれます（マージンは含まれません）。ボックスモデルの違いを図に表すと次のようになります。

▼ 2種類のボックスモデル。widthプロパティ、heightプロパティに含まれる領域が違う

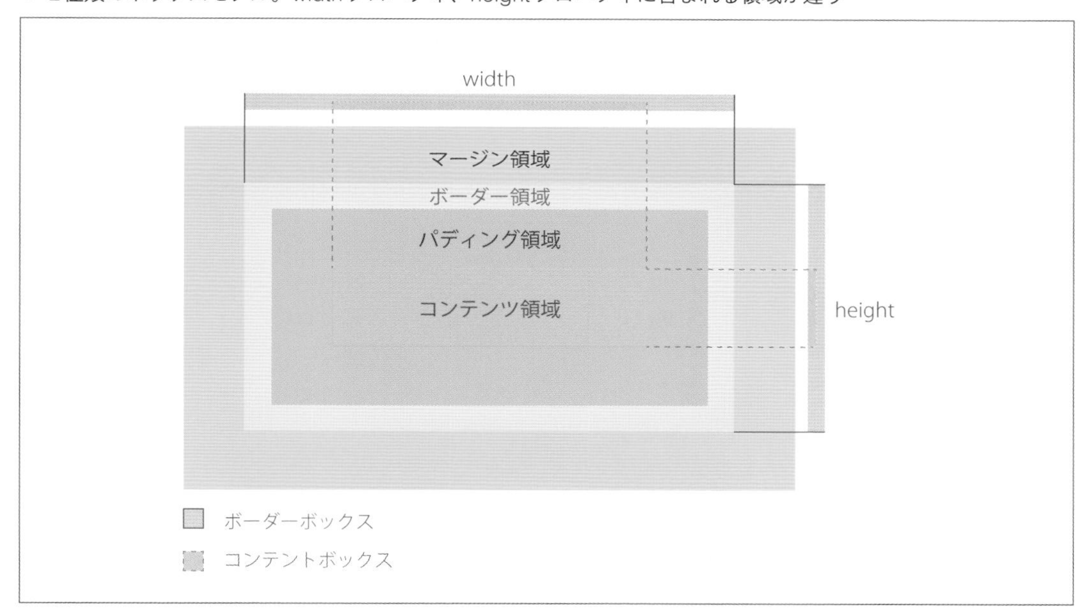

レスポンシブデザインに対応したページを作るときは、すべての要素のボックスモデルをボーダーボックスにします。ボックスモデルの切り替えにはbox-sizingプロパティを使用し、次のようなCSSを記述します（「1-7 共通テンプレートをレスポンシブデザイン対応にする」参照）。

CSS すべての要素のボックスモデルを「ボーダーボックス」に変更する

```
html *,
::before,
::after {
  box-sizing: border-box;
}
```

インラインボックスのボックスモデル

ここまでボックスモデルに関する各種プロパティを見てきましたが、インラインボックスには設定できないものがあります。<img>タグ、<input>タグなど一部の要素を除き、インラインボックスには次のプロパティが設定できません。

- widthプロパティ
- heightプロパティ
- margin-topプロパティ
- margin-bottomプロパティ

つまり、幅と高さ、上下マージンが設定できません。上下にパディングやボーダーを設定することはできますが、1行の高さを超える大きさを設定してしまうと上下の行に重なります。

▼インラインボックスのボックスモデル　extra/1-03/inline-box.html

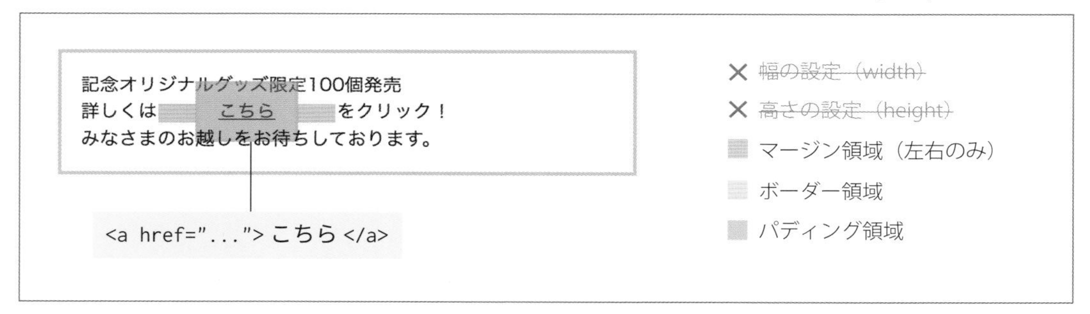

Chapter 1

1-6 すべてのページに共通するテンプレートを作る

それではここから実践的なトレーニングに移ります。コンテナやモジュールを作成する本格的な作業に入る前に、すべてのページに共通するファイルを用意します。ファイルの作成と同時に、今後の作業に最低限必要なCSSの知識も確認することにしましょう。

▼すべてのページに共通するテンプレート。表示確認のためにダミーテキストを入れてある

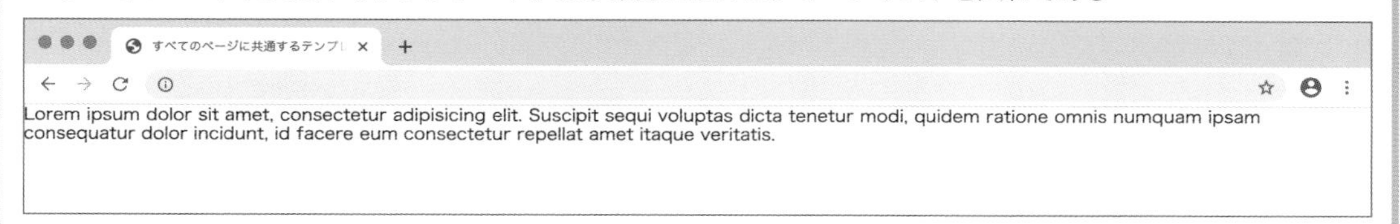
すべてのページに共通するテンプレ
Lorem ipsum dolor sit amet, consectetur adipisicing elit. Suscipit sequi voluptas dicta tenetur modi, quidem ratione omnis numquam ipsam consequatur dolor incidunt, id facere eum consectetur repellat amet itaque veritatis.

テンプレートファイルを作成する

どんなデザインのWebページを作るときであっても共通するHTMLやCSSがあります。新しいページを作るたびに何度も同じソースコードを書くのは面倒なので、はじめにテンプレートとなるファイルを作成しましょう。作成するのはHTMLファイルとCSSファイルのセットで、レスポンシブデザインにも対応させます。

これから作成するテンプレートには次のような特徴があります。

- HTMLファイル（base.html）とCSSファイル（style.css）を用意する
- いわゆるリセットCSSとしてNormalize.cssを使用する
- style.cssにはページ全体で使用するフォントの種類と、リンクのテキスト色を設定する

全体のファイル構造は図のようになります。

▼フォルダとファイルの構成

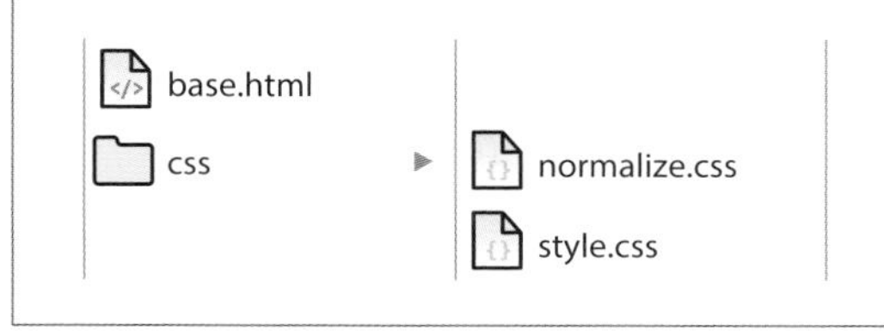
base.html
css
normalize.css
style.css

Note リセットCSSとは

現在のHTMLやCSSの規格は厳格に定められていて、ブラウザもそれに準拠して作られています。そのため、どのブラウザを使ってもほぼ同じようにページが表示されるのですが、それでもわずかな違いがあります。
リセットCSSとは、そうした表示誤差を少なくするために作られたCSSライブラリ※7です。使い方は簡単で、HTMLにファイルを読み込むだけです。
本書ではリセットCSSに「Normalize.css」を使用します。付属サンプルにはあらかじめファイルを用意してありますが、次のURLからダウンロードすることもできます。

URL Normalize.cssのダウンロード
https://necolas.github.io/normalize.css/

HTML

samples/chap01/06/base.html

```
<!doctype html>
<html lang="ja">
<head>
<meta charset="utf-8">
<meta name="viewport" content="width=device-width, initial-scale=1">
<title>すべてのページに共通するテンプレートを作る</title>
<link href="css/normalize.css" rel="stylesheet">
<link href="css/style.css" rel="stylesheet">
</head>
<body class="post">
  Lorem ipsum dolor sit amet, consectetur...
</body>
</html>
```

CSS

samples/chap01/06/css/style.css

```
@charset "utf-8";

/**
 * ****************************************
 * ページ全体に関わるCSSの設定
 * ****************************************
 */
body {
  font-family: sans-serif;
}
/* 標準的なリンクのテキスト色 */
a {
  color: #f30;
}
```

※7 ライブラリとはプログラミング用語で、よく使われる機能がまとめられた補助プログラムのことをいいます。CSSライブラリの場合は、よく使うスタイルが1つのファイルとしてまとめられているものを指します。

なお、サンプルのbase.htmlにはブラウザでの表示がわかるように<body>～</body>の中にテキストが含まれています。実際のページ制作には不要なので、テンプレートとして使用する際には削除します。

▼表示例。<body>～</body>の中のテキストがウィンドウの端にくっついていることに注目

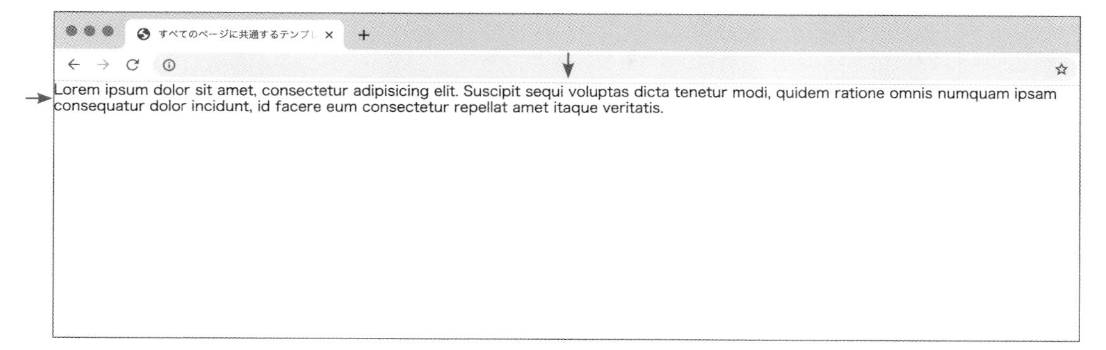
すべてのページに共通するテンプレ
Lorem ipsum dolor sit amet, consectetur adipisicing elit. Suscipit sequi voluptas dicta tenetur modi, quidem ratione omnis numquam ipsam consequatur dolor incidunt, id facere eum consectetur repellat amet itaque veritatis.

解説 <meta name="viewport">

スマートフォンのブラウザは、初期設定ではHTMLを横幅980pxで表示しようとします。ページよりも画面のほうが小さいため、横にスワイプしないと見ることができない大きさで表示されることになります。この動作はスマートフォンが登場したころの、WebサイトといえばPC向けに作られたものばかりだった時代の名残です。

しかし、画面サイズ（ビューポート）に合わせてページのサイズを伸縮させるレスポンシブデザインではこの表示設定が邪魔になります。そこで、この設定を無効にするために、HTMLの<head>～</head>の中に1行追加します。

HTML モバイル用ブラウザの表示設定を変更する

```
<meta name="viewport" content="width=device-width, initial-scale=1">
```

content属性の値を書き換えればいろいろな表示設定ができますが、現在はこの書き方に落ち着いています。ほかの書き方をすることはほぼないと思ってよいでしょう。

コラム

ビューポートとは

ビューポートとは、Webページが表示されるエリアのことを指します。PCであればブラウザのウィンドウ、スマートフォンやタブレット端末では画面全体がビューポートです。Webデザインにかぎらず、アプリケーションの画面デザインなどでもよく使われる言葉です。

▼ビューポート

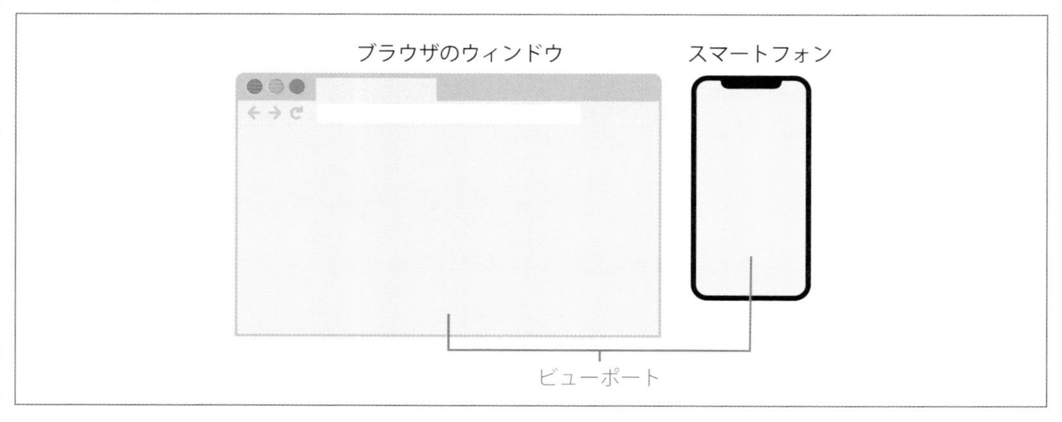

ちなみに<meta name="viewport">を書かないと、スマートフォンではページ全体がものすごく小さく表示されます。

▼<meta name="viewport">を書いたときと書かないときの表示

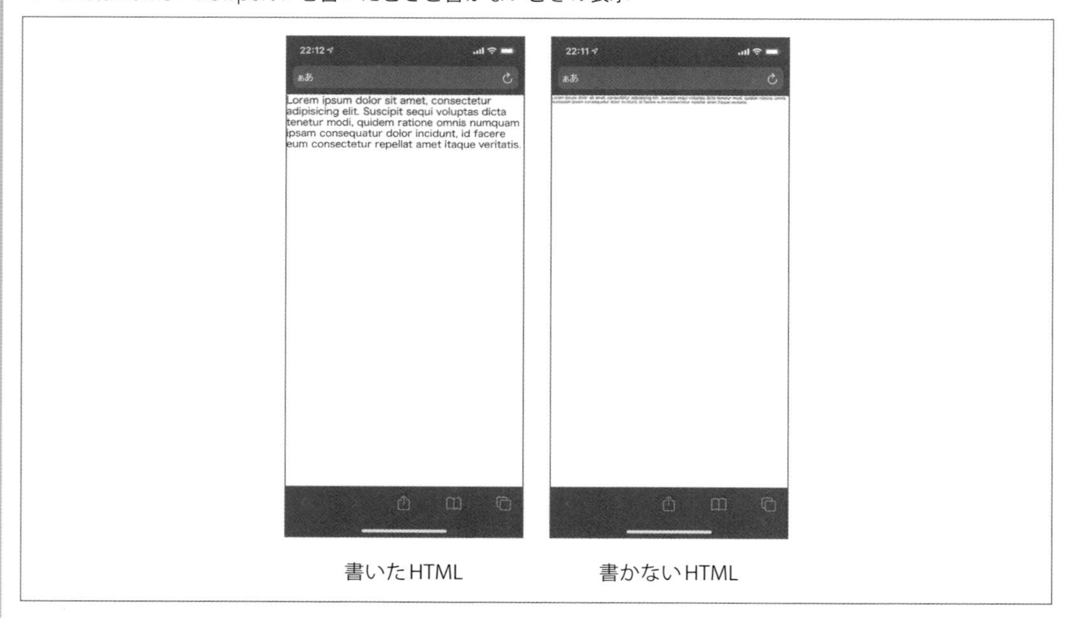

Chapter 1

1-7 共通テンプレートをレスポンシブデザイン対応にする

1枚のHTMLを、スマートフォンからPCまで画面サイズが異なる多くの端末に対応させるのが「レスポンシブデザイン」です。CSSを編集して、共通テンプレートをレスポンシブデザインに対応させます。

レスポンシブデザインのためのCSSを追加する

前節の共通テンプレートを改良して、レスポンシブデザインに対応するための基本的なCSSを追加します。追加するCSSの機能は2つあります。

- すべての要素のボックスモデルをボーダーボックスに変更する
- スマートフォンで表示するときとPCで表示するときとでページ全体の標準的なフォントサイズを変更する

本節ではこのうちの「すべての要素のボックスモデルをボーダーボックスに変更する」ためのCSSを追加します。HTML（base.html）のソースコードは編集しないので、CSSのソースコードだけを掲載します。

CSS samples/chap01/07/css/style.css

```
/**
 * ****************************************
 * ページ全体に関わるCSSの設定
 * ****************************************
 */
html *,
::before,
::after {
  box-sizing: border-box;
}
```

▼表示例

Lorem ipsum dolor sit amet, consectetur adipisicing elit. Suscipit sequi voluptas dicta tenetur modi, quidem ratione omnis numquam ipsam consequatur dolor incidunt, id facere eum consectetur repellat amet itaque veritatis.

Lorem ipsum dolor sit amet, consectetur adipisicing elit. Suscipit sequi voluptas dicta tenetur modi, quidem ratione omnis numquam ipsam consequatur dolor incidunt, id facere eum consectetur repellat amet itaque veritatis.

Chapter 1

1-8 フォントサイズを調整する

前節に引き続き、共通テンプレートをレスポンシブデザインに対応させます。今回は、ページ全体の標準的なフォントの種類とサイズを設定します。また、標準的なリンクテキストの設定もします。

フォントの種類とサイズを設定する

本節ではページに表示されるフォントの設定をします。設定内容は次の3つです。

- 標準的なフォントの種類（フォントファミリー）を「ゴシック」にする
- 標準的なフォントサイズを設定する
- スマートフォン表示の場合は本文テキストのフォントサイズを14pxに、PC表示の場合は16pxにする

編集するのはCSSのみです。

CSS

samples/chap01/08/css/style.css

```
/**
 * ****************************************
 * ページ全体に関わるCSSの設定
 * ****************************************
 */
html *,
::before,
::after {
  box-sizing: border-box;
}
html {
  font-size: 14px;
}
@media (min-width: 768px) {
  html {
    font-size: 16px;
  }
}
body {
  font-family: sans-serif;
}
...
```

▼表示例。画面が広いPCで開いたときと狭いモバイルで開いたときでわずかだがフォントサイズが変わる

Lorem ipsum dolor sit amet, consectetur adipisicing elit. Suscipit sequi volup
consequatur dolor incidunt, id facere eum consectetur repellat amet itaque

PC向け表示（16px）

Lorem ipsum dolor sit amet, consectetur adipisicing elit. Suscipit sequi voluptas dicta tenetur modi, quidem ratione omnis numquam ipsam consequatur dolor incidunt, id facere eum consectetur repellat amet itaque veritatis.

モバイル向け表示（14px）

解説 ページ全体のフォントサイズを設定する

ページ全体で使用する標準的なフォントサイズは、<html>に対して設定するのがポイントです。<html>にフォントサイズを設定しておけば単位remを使えるようになるため、ページ全体のフォントサイズを決めやすく、管理しやすくなるからです。

フォントサイズの設定にはfont-sizeプロパティを使用します。<html>に標準的なフォントサイズを設定するときは、単位を**px（ピクセル）**にします。

サンプルでは、PC向けデザインのときのフォントサイズを16px、モバイル向けレイアウトのときは14pxに設定しています。

書式：font-sizeプロパティ

```
font-size: フォントサイズ＋単位;
```

サンプルでは標準のフォントサイズを14pxに設定し、PCやタブレット向けの表示（画面の幅が768px以上）のときには16pxにしています。

CSS ページ全体の標準的なフォントサイズを設定する

```css
html {
  font-size: 14px;
}
@media (min-width: 768px) {
  html {
    font-size: 16px;
  }
}
```

単位rem

rem（ルート・エム）はCSSの単位の1つで、<html>要素に設定されているフォントサイズを1remとして、その倍数で大きさを指定します※8。おもにフォントサイズを設定するときに使用します。

remを使用すれば、常に<html>に設定されたフォントサイズの倍数で指定できるようになるので、最終的な大きさがわかりやすく、管理がしやすいという利点があります。

次の図は<p>のフォントサイズに「0.75rem」を指定した例です。<html>のフォントサイズに16pxが指定されているので、<p>のフォントサイズは16px × 0.75=12pxになります。

※8 <html>に明示的にフォントサイズを指定しなかった場合、ブラウザの初期値（通常は16px）のフォントサイズが1remになります。

▼ 単位remの使用例

猫と鼠
適用前（**16px**）

猫と鼠
適用後（16px×0.75=**12px**）

```
html {
  font-size: 16px;
}
p {
  font-size: 0.75rem
}
```

解説 レスポンシブデザインとメディアクエリ

現在のWebデザインではすっかりおなじみになったレスポンシブデザイン。CSSのボックスの仕組みを理解していれば、レスポンシブデザインに対応したページ作りは難しくありません。

1枚のHTMLでどんな端末にも対応できるのが「レスポンシブデザイン」

スマートフォンやタブレット、PCなど、どんな端末でも閲覧できるページを作るにはいくつかの手法があり、レスポンシブデザインはそのうちの1つです※9。

レスポンシブデザインとは、どんな端末でページを閲覧していても、原則として常に同じファイル（HTMLファイル、CSSファイル、画像ファイル、JavaScriptファイル）を見せる手法です。特に「常に同じHTMLを見せる」ことが重要で、それによって次のようなメリットがあります。

- どんな端末で閲覧してもページのURLが変わらないので、ユーザーがページをSNSでシェアしたり、途中で端末を切り替えたり（移動中にスマートフォンで見て、行き先に着いたら続きをPCで見るなど）しやすい
- Googleなどの検索エンジンが、常に同じURLのHTMLを検索対象にするため、検索結果が安定する可能性がある
- 端末ごとにHTMLを作る必要がないので、ファイルの管理が楽になる

常に同じファイルを見せるのがレスポンシブデザインの特徴ですが、常に同じ見た目のページを見せるわけではありません。どんな端末にも同じHTMLを見せながら、画面サイズに合わせて最適のレイアウトになるようにCSSを工夫するのが、レスポンシブデザインです。

※9　レスポンシブデザイン以外にどのような方法があるか知りたい方は、Googleが公開する開発者向けドキュメントが役に立ちます。
https://developers.google.com/search/mobile-sites/mobile-seo/?hl=ja

それでは、同じHTMLを、画面サイズに合わせて最適なレイアウトで表示するにはどうしたらよいでしょうか？ ポイントは2点あります。

- 端末の画面サイズはまちまちなので、柔軟に伸縮できるレイアウトにする
- 画面サイズが小さいとき（あるいは大きいとき）で、伸縮させるだけでは対応しきれない場合に「特別の対応」をする

端末の画面サイズはまちまちなので、縦にも横にも柔軟に伸縮できるレイアウトにする

Webページというのはもともと、縦の長さは内容量によって勝手に長くなっていきます。問題なのは横の長さ、つまり幅のほうです。

ここで「1-5 ボックスモデル」で取り上げた2種類のボックスのうち、ブロックボックスの特徴を思い出してみてください。このブロックボックスは、CSSで幅を指定しないかぎり、親要素の幅いっぱいに広がります。

実は<body>もブロックボックスで表示されるので 、CSSで幅を指定しないかぎり常にビューポートいっぱいに広がります。結果的に画面幅に合わせて伸縮するわけです※10。そして<body>の子要素のブロックボックス（<div>など）も幅を指定しないかぎり、親要素（つまり<body>）の幅いっぱいに広がります。結果的に画面幅に合わせて伸縮することになるのです。

▼ 幅を指定しないかぎりブロックボックスは親要素の幅いっぱいに広がる

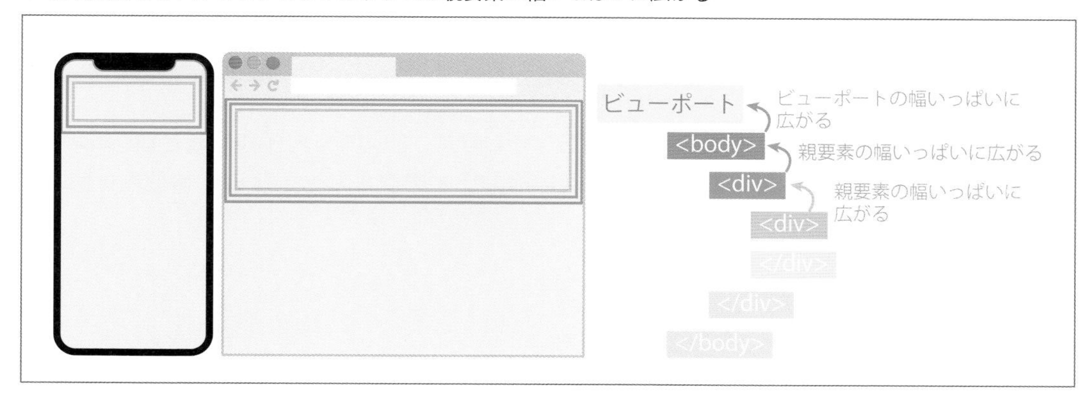

ということはブロックボックスの幅を一切指定しなければ、もうそれだけで画面サイズにフィットしたレスポンシブデザインのWebページができあがります。

Note　レスポンシブデザインの心得①

ビューポートに合わせてページ全体を伸縮させるため、ブロックボックスの特性を利用する。やたらとブロックボックスに幅を指定しない。

※10 https://html.spec.whatwg.org/#the-css-user-agent-style-sheet-and-presentational-hints

画面サイズを拡張伸縮させるだけでは対応しきれない場合に特別の対応をする

そうはいっても、ビューポートに合わせて伸縮するだけでは難しいときもあります。たとえば、PC向けのデザインで2カラムレイアウトになっているときです。2カラムレイアウトのままビューポートに合わせて伸縮させることはできますが、スマートフォンでは小さすぎて見づらくなります。

▼ 2カラムレイアウトのまま伸縮するとスマートフォンでは見づらくなる

このような、伸縮するだけでは見やすくならないときに、初めてモバイル端末とPCでレイアウトを切り替える特別対応をします。切り替えには**メディアクエリ**というCSSの機能を使います。

Note　レスポンシブデザインの心得②

画面サイズに合わせてレイアウトを切り替える必要があるときだけ、メディアクエリを使う

心得を2つ挙げました。この2つが、レスポンシブデザインのHTML/CSSを書くうえでの大原則になります。

特別対応のための機能、メディアクエリ

ページを画面サイズに合わせて伸縮させるだけでは対応しきれない場合の特別対応をするには、CSSのメディアクエリを使います。

メディアクエリとは、「画面サイズが○○以上なら」「画面サイズが○○以下なら」など、設定した条件を満たしたときだけ適用されるCSSを作る機能です。基本的な書式は次のとおりです。

■ **書式**：メディアクエリ

```
@media (条件) {
  /*
  「条件」を満たすときだけ適用されるCSSをここに書く
  */
}
```

メディアクエリの具体的な使用例を見てみましょう。本節で取り上げたCSSでは、モバイル向けレイアウトでは標準的なフォントサイズを14pxに、PC向けレイアウトでは16pxに設定しています。

■ **CSS** メディアクエリの例

```
html {
  font-size: 14px;
}
@media (min-width: 768px) {
  html {
    font-size: 16px;
  }
}
```

画面サイズが小さいモバイル端末向けと大きいPC向けで適用するスタイルを切り替えるには、まずスマートフォンを含むすべての端末に適用されるCSSを先に書き、それからメディアクエリを使ってPCなど画面サイズの比較的大きい端末だけに適用されるCSSを追加します。そのとき、メディアクエリの条件は「min-width: 768px」にします。こうしておくと、画面幅が768px以上のときだけ、メディアクエリ内のCSSが適用されます。

768pxは標準的なタブレット（iPadなど）の画面の短いほうの長さです。つまり、iPadを縦長に持ったときを最小として、それ以上の画面幅があるときはPC向けのスタイルが適用されることになります。

■ **書式**：モバイル端末とPCで適用するスタイルを切り替える、標準的なメディアクエリ

```
セレクタ {
  スマートフォンを含むすべての端末向けのスタイル
}
@media (min-width: 768px) {
  セレクタ {
    PC向けのスタイル
  }
}
```

Note ブレイクポイント

適用されるスタイルが切り替わる境界、つまりメディアクエリの条件を満たすとき、満たさないときの境目のことをブレイクポイントといいます。例では「画面幅が768px」のときが、ブレイクポイントになります。一般に、タブレットを縦に持ったときを境目として、モバイル向けレイアウトとPC向けレイアウトを切り替えるように作ることが多いです。
デザインによっては、より細かくブレイクポイントを設定することもあります。まずは画面幅768pxをスタートラインとして、必要があればメディアクエリを増やしながら仕上げていく、というのが標準的な作業の流れです。
　必要に応じて増やす場合、大きなディスプレイでの表示を想定したブレイクポイント（おおむね1200～1300px以上）や、特に小さなスマートフォンを想定したブレイクポイント（おおむね320px以下）を設定するケースも少なくありません。ただ、ブレイクポイントが増えれば増えるほどコーディングの負担が増えますし、修正などへの対応も手間がかかるようになります。実践的なWebデザインでは、ブレイクポイントを増やすのは慎重に行うべきでしょう。

Chapter 1

1-9 レスポンシブデザインに対応した画像のスタイル

レスポンシブデザインに対応するために、画面サイズに合わせて画像が伸縮して表示されるようにします。

▼ウィンドウ幅に合わせて画像を伸縮させる

画像を伸縮させる

レスポンシブデザインに対応するためには、ページに含まれる画像が画面サイズに合わせて伸縮するようにします。また、現在のスマートフォンや一部のPCには高精細ディスプレイが搭載されています。高精細ディスプレイで通常サイズの画像を表示させると、画像がぼやけて鮮明に映りません。

▼画像を伸縮できるようにしないとレイアウトからはみ出てしまう

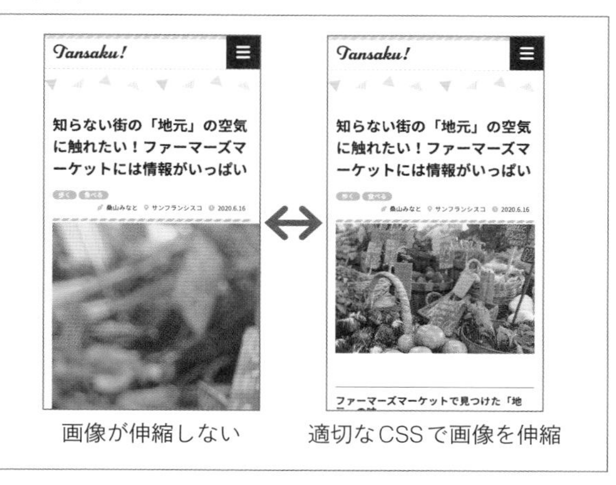

画像が伸縮しない　適切なCSSで画像を伸縮

こうした理由で現在は、使用する実際のサイズよりも大きな画像を用意して、それを縮小して表示させるのが一般的です。そのうえで、2つの特徴を持ったCSSを追加します。

- 画像を伸縮させて、常に親要素に収まるようにする
- ただし、実際の画像のサイズより拡大しないようにする

本節で紹介するサンプルのソースコードは以下のとおりです。CSSの動作がわかるように、HTMLには画像を1つだけ表示させています。

HTML samples/chap01/09/base.html

```
<body class="post">

<img src="post-headerimage.jpg" alt="">

</body>
```

CSS samples/chap01/09/css/style.css

```
/* レスポンシブイメージと画像下スペース防止 */
img {
  max-width: 100%;
  height: auto;
  vertical-align: bottom;
}
```

▼ページに組み込まれたときの表示例。ウィンドウの幅に合わせて画像が縦横比を維持したまま伸縮する

Note 「height: auto;」の役割

現在のブラウザでは、画像は縦横比を維持して伸縮します。つまり幅を縮めると高さも同じ比率で縮むようになっています。しかし、古いブラウザの中にはそうならないものもあるため、確実に縦横比を維持してするように「height: auto;」を追加しています。

解説 max-widthプロパティ

max-widthは、要素の最大幅を指定するプロパティです。親要素の幅がmax-widthプロパティで指定した値よりも小さいときは、親要素に収まる幅に縮小して表示されます。

<img>に「max-width: 100%;」を適用すると、画像の実際のサイズ以上には拡大せず、親要素の幅が画像サイズ以下のときは、親要素の幅に合わせて縮小するようになります。

書式：max-widthプロパティ

```
max-width: 最大幅;
```

解説 画像の下に空くスペースを消す

正確にデザインを再現するために、画像を表示するときは伸縮以外にも気をつけることがもう1つあります。それは、画像の下にわずかなスペースが空いてしまうことです。

次の図のように、<img>を親要素（ここでは<div>）で囲むと、ほかには要素が何もないのに画像の下にスペースが空きます。

▼初期状態では画像の下にスペースが空く　extra/1-05/img-space.html

```
<div class="box">
    <img src="test.jpg" alt="">
</div>
```

画像の下にスペースが空いてしまう

このスペースを消すにはいくつか方法がありますが、本書ではテキストの垂直方向の行揃えを「bottom」に変更する方法を採用しています。

HTML テキストの垂直方向の行揃えを「bottom」にする

```
vertical-align: bottom;
```

コラム

画像の下に空くスペースを消す、もうひとつの方法

画像の下に空くスペースを消す方法は、本書ではvertical-alignプロパティを使用していますが、もう1つ有名な方法があります。それは、<img>タグにdisplayプロパティを適用して、画像をブロックボックスで表示させてしまう方法です。すべての<img>に適用されるCSSのスタイルを次のようにします。

CSS 画像の下に空くスペースを消す別の方法

```
img {
  display: block;
  max-width: 100%;
  height: auto;
}
```

vertical-alignを使う方法とdisplayを使う方法、どちらを使ってもかまいません。公開されているWebサイトのソースコードを見ても、どちらも同じくらい使われているようです。ただし、displayプロパティを使う場合は、画像にテキストを回り込ませるときにもう一度displayプロパティを使う必要があります。とはいえ、現在のWebデザインで画像にテキストを回り込ませることはそう多くないので、どちらでも大きな違いはないでしょう。

CSS 画像にテキストを回り込ませたいときは、該当の<img>に次のスタイルを適用する

```
display: inline;
```

Chapter 2

レイアウトの大枠を組み立てる

ゼロからHTMLを書くときはまず、デザインを見ながら大まかなグループ（コンテナ）に分割します。この章では、デザインをコンテナに分割するところから始めて、コンテナをもとにHTMLを書き、大まかなレイアウトを組むところまで取り組みます。

Chapter 2

2-1 「ゼロ」からWebページを組み立てるには

複雑なデザインのページのHTMLをゼロから書くには、はじめにデザインを細かいグループに分けて、小さなパーツを作ります。そうすることで作業内容が明確になってHTMLやCSSが書きやすくなると同時に、サイト公開後もメンテナンスのしやすいソースコードになります。

デザインを「小さなパーツの集合」と考える

デザイナーからWebページのデザイン画像が送られてきました。その画像をもとにHTMLとCSSを書いて、Webページを作らないといけません。さあどうしましょう？

Chapter 1で紹介したとおり、デザインにはコーディングするための見方があります。その見方とは、ページ全体を細かく分けて、**HTMLがすんなり書けるくらいにまで、小さなパーツを作る**ということです。デザインを小さなパーツの集合と考えるわけです。

小さなパーツを作るための分割作業は2段階に分けて行います。第1段階ではデザインを大きく分割してコンテナというグループを作り、第2段階ではそのコンテナをさらに分割してモジュールを作成します。それぞれの作業でどんなことをするのか、ざっと見てみましょう。

コンテナの作成 ～デザインを大きく分割する～

分割の第1段階では、デザインを大きく分割し、ページ全体をいくつかのグループに分けます。このグループのことを本書では**コンテナ**と呼びます。分割してグループを分けることによって、HTMLやCSSを書くための方針を立てやすくするのが目的です。

一般的なデザインのWebページであれば、この段階で、デザインを3～8個程度のグループに分割します。グループ数はデザインによるので、数の多い少ないは気にしなくてかまいません。

次の図はページ全体を大きく分割してコンテナを作成した例です。Chapter 2～5で扱う記事ページのサンプルデザインを、5つのコンテナに分割しています。

▼デザインをコンテナに分割する

ページ全体のデザインをコンテナに分割するのは、ルールに従って、ある程度機械的な作業でできます。なかでも重要なのは次の2点です。

- 横幅が変わるところで分割する
- 背景の塗りつぶし方法が変わるところで分割する

コンテナは原則としてページの上から縦に順に積み上がるかたちになります。コンテナが横に並んだり、重なったりすることはありません。

モジュールの作成 ～コンテナに含まれるコンテンツをさらに分割する～

第2段階では、コンテナに含まれる中身を、情報の内容やレイアウトに合わせてさらに分割し、パーツを作ります。このパーツのことを、本書では**モジュール**と呼びます。

たとえばページのヘッダー部分の中身を分割すると、次の図のようになります。

▼ヘッダー部分の分割例

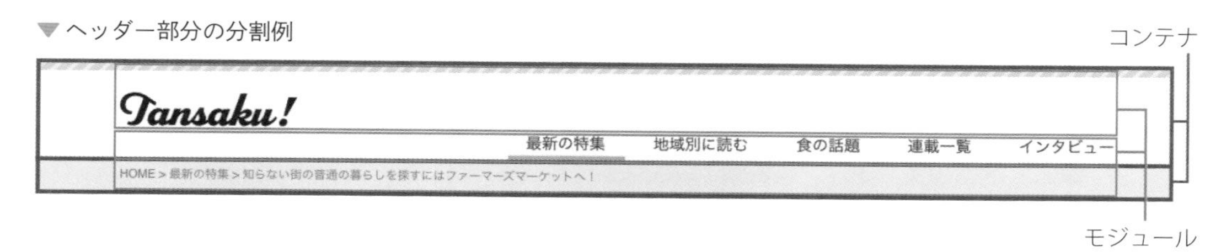

コンテナに含まれるコンテンツをモジュールに分割する際は、どこが情報のまとまりかを見極めながら、実際にコーディングするときにどんなHTMLにするか、レイアウトを実現するためにはどのCSSテクニックを使うかを考えます。

コンテナやモジュールごとにHTML/CSSを書く

デザインをモジュール単位にまで分割できたら、いよいよHTMLコーディング作業開始です。HTMLを書くときは、コンテナ単位、モジュール単位で作業を進めます。新しいHTMLファイルを作ったら、そこにまず、ページに含まれるすべてのコンテナのHTMLを書きます。

▼コンテナをHTMLにする例

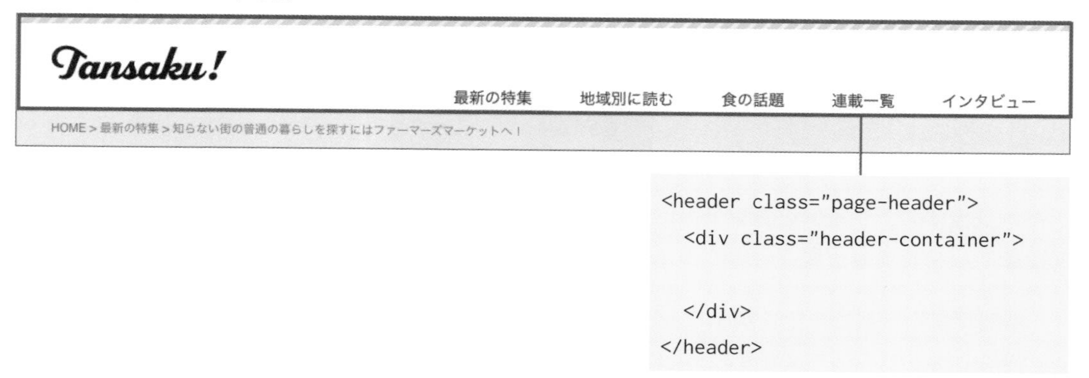

コンテナのHTMLができたら、その中にモジュールのHTMLを追加していきます。

▼モジュールをHTMLにする例

まずコンテナを作り、それからモジュールを1つずつ追加するという作業を繰り返して、だんだんページを仕上げていきます。

CSSは、HTMLと同時に書く場合と、HTMLが完成してから書く場合があります。どちらでも作業のしやすいほうでかまいませんが、本書では結果のわかりやすさを重視してHTMLとCSSを同時に書くことにします。

コンテナやモジュールに分割してからHTML、CSSを書くのは、コードが書きやすくなるからだけでなく、次のようなメリットがあります。

- 各部品をモジュール化し、お互いにできるだけ独立させておくことで、Webサイト完成後も管理がしやすくなる
- 共通して使える部品を作ることにより、HTMLやCSSのソースコードを使い回せるようになる

これらのメリットは、現在のWebデザインではとても重要です。

近年のWebサイトでは、書いたHTMLやCSSをそのまま使用するとはかぎりません。CMS[※1]と呼ばれる、HTMLやCSSを追加で書かなくてもサイトの更新ができるアプリケーションなどに組み込むケースがあります。そうしたシステムに組み込む場合には、HTMLがパーツごとに分解できることが大きな威力を発揮します。

また、一度作ったWebサイトをリニューアルするときも、まるまる作り替えるのではなく、部分的にデザインを変更することがよくあります。そういうときも、できるだけモジュール化されていて、部品が独立しているほうが、部分的な変更に対応しやすくなります。

書きやすさのためにも、いまのWebサイトの構築事情のためにも、デザインをコンテナ、そしてモジュールに分割して、HTML/CSSを書く方法をぜひ身につけましょう。

コラム

デザイン作成に使用するツール

Webサイトのデザインをするときは、まずデザイナーがデザイン画像を作成し、そのデータをHTML/CSSコーダーに渡す、という流れで作業が進むケースがほとんどです。デザイン画像の作成には、現在の制作ではAdobe XDやSketchなどのアプリケーション、もしくはFigmaというWebサービスを使うことが多いでしょう。その一方で、PhotoshopやIllustraotorをWebデザインに用いるケースは減ってきています。

XDやSketch、Figmaは、Webサイトやアプリケーションの画面デザイン構築に特化しているため、Webページのデザイン作成が素早く行えるだけでなく、コーディングにも便利な機能が多数用意されています。デザイナーとHTML/CSSコーダーの共同作業がしやすいように、使用している素材の共有ができるほか、画像や要素のサイズ、色の値など、コーディングに必要な情報も簡単に調べられるようになっています。また、CSSのソースコード例も表示されるので、コーディング時の参考にできるでしょう。

本書付属のダウンロードデータには、PNG形式とXD形式の2つのデザインファイルが含まれています。どちらでも利用しやすいほうを開いて実習を進められます。

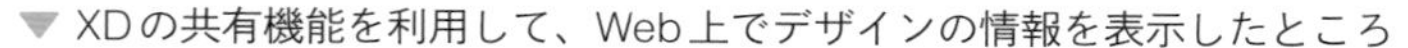
▼ XDの共有機能を利用して、Web上でデザインの情報を表示したところ

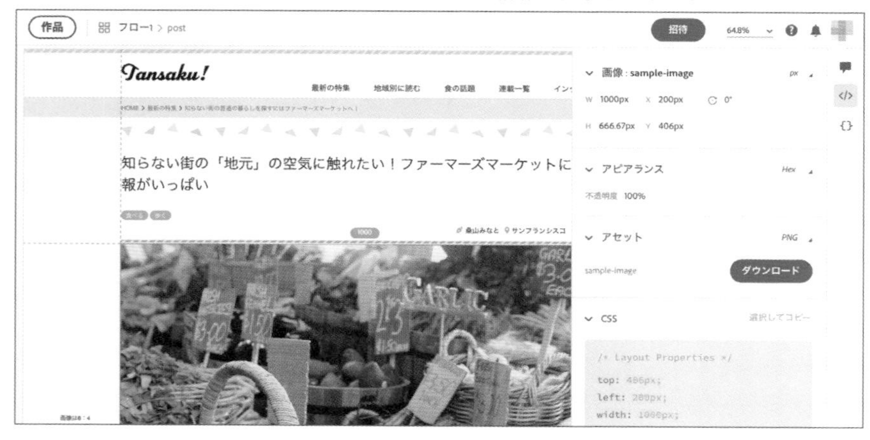

※1 Content Management System（コンテンツ管理システム）の略。代表的なCMSにWordPressがあります。

Chapter 2

2-2 コンテナに分割する

実際のデザインに即して、デザインの分割をしてみましょう。まずはデザインを大きく分割して、コンテナを作成します。

デザインファイルを確認しよう

これから記事ページ（post.html）を作成します。サンプルデータに付属のファイル（design/post-pc.png、design/post-mob.png）を開いてデザインを確認し、コンテナに分割する方法を考えていきましょう。

▼記事ページのサンプルデザイン

▼ post.htmlのフォルダ／ファイル構成

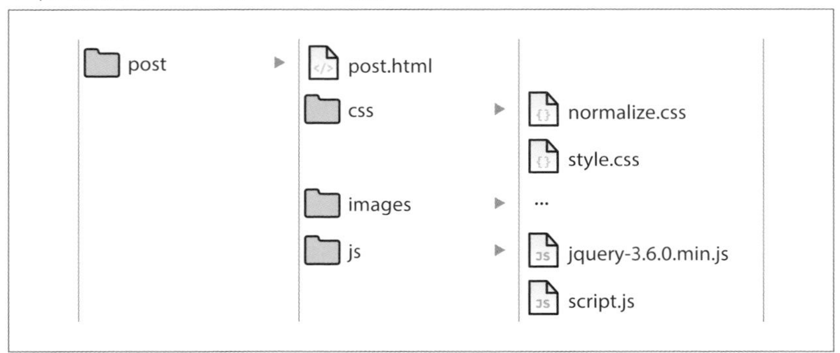

デザインを大まかに分割する

デザインを分割する最初のステップは、対象となるデザインを大まかに分割してコンテナを作成することです。

この作業ではデザイン画像に線を引き、視覚的に分割します。慣れれば頭の中で考えるだけでコンテナに分割できるようになりますが、はじめのうちはデザインに直接線を描いたほうがよいでしょう。サンプルの「記事ページ」を例に、分割作業を見ていきます。

コンテナに分割してみよう

これから作成するページのデザインは「シングルカラムレイアウト」と呼ばれているレイアウトの例です。シングルカラムレイアウトとは、画面サイズの大きいPCなどの端末で見たときページの中心的なコンテンツを表示する部分が1カラム（1列）になっているレイアウトのことで、現在のWebサイトでは非常によく見る典型的なものです。

このサンプルデザインをもとにコンテナへ分割する方法を説明します。コンテナへ分割する方法は難しくありません。本質的な考え方は、**CSSを書きやすいようにページを小さなグループに分割する**ことです。そこで、背景色、背景画像、ボーダーラインに着目します。

背景色、背景画像、ボーダーラインを探して分割する

まず注目するのは、ページ全体を塗りつぶす背景色や背景画像、ページを横につらぬくようなボーダーラインです。デザイン画像を見ながら、次のルールで分割します。

- ページ全体を塗りつぶす背景色または背景画像が切り替わるところで分割
- ページを横につらぬくようなボーダーラインがあるときは、そのすぐ上か下で分割

1つのコンテナにつき、1個または0個の背景が含まれるようにデザインを分割します。また、デザインの中にページをつらぬくようなボーダーラインがある場合には、そのすぐ上、もしくはすぐ下でコンテナを分割します。

ページの上部、いわゆるヘッダー部分は少し複雑なのと、判断が少し難しいためあと回しにして、ページ固有の写真やテキストが多数含まれる、コンテンツの部分を先に見ることにしましょう。

コンテナに分割するときは、PC向けのデザインとモバイル向けのデザインを同時に見ることがポイントです。そして同じ場所で分割することが重要です。

背景を1つだけ含むように分割すると、図のようにコンテンツが含まれる大きな領域ができます。この部分を**メインコンテナ**と呼ぶことにします。

▼ メインコンテナ

分割したところを詳しく見てみましょう。上部はPC向けデザインではグレーの背景色が切れるところ、モバイル向けデザインではボーダーラインのすぐ下で分割しています。

また、下部は斜線の背景画像が始まる直前で分割し、メインコンテナには背景画像が1つだけ含まれるようにしています。

▼ メインコンテナの上部。PC向けデザインは背景色の変わり目で、モバイル向けデザインはボーダーラインで分割している

コンテナに分割するときはコンテンツの背景を無視する

ところで、最初の大きな写真の上に背景画像があります。この背景の部分でもコンテナを分割すべきでしょうか？　いいえ、この背景はコンテンツの要素にCSSを指定すればよいので、コンテナを分割しているときは無視します。

▼ コンテンツの要素に適用される背景は、コンテナに分割するときは無視してよい

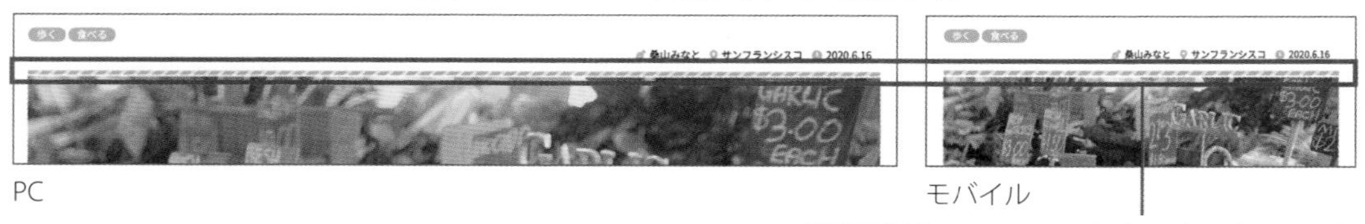

ページ下部の分割

次に、メインコンテナより下の部分を分割しましょう。この部分は、斜線の背景画像と黒の背景色ではっきり分かれており分割は簡単です。PC向けとモバイル向けでデザインの違いも小さいため、簡単に分割できるでしょう。

ページ下部を分割した2つのコンテナのうち、上のコンテナを**ページ下部コンテナ**、下のコンテナを**フッターコンテナ**と呼ぶことにします。

▼ ページ下部、ページ下部コンテナとフッターコンテナ

ページ上部の分割

それではページ上部を分割します。一般的にページ上部にはさまざまな情報が集中してレイアウトも複雑なため、狭い面積を細かく分割することになります。

それでも背景とボーダーラインに注目して分割することに変わりはありません。まずは分割前のデザインを確認します。次の図はページ上部のPC向けデザイン、モバイル向けデザインでメニューが閉じているときと開いているとき、3つの状態を表しています。

▼ ページ上部のデザイン

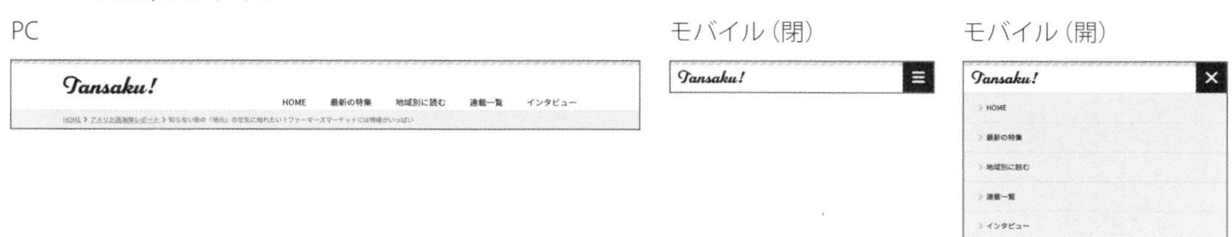

ページの一番上の部分に背景画像があり、パンくずリストには背景色が塗られています。この2箇所は明らかに分割されます。しかし、さらによく見てみると、パンくずリストの背景色のすぐ上にボーダーラインが引かれています。このボーダーラインを上のコンテナに含めるか下のコンテナに含めるか、さあどうしましょう。

▼ このボーダーラインを上下どちらに含めるか

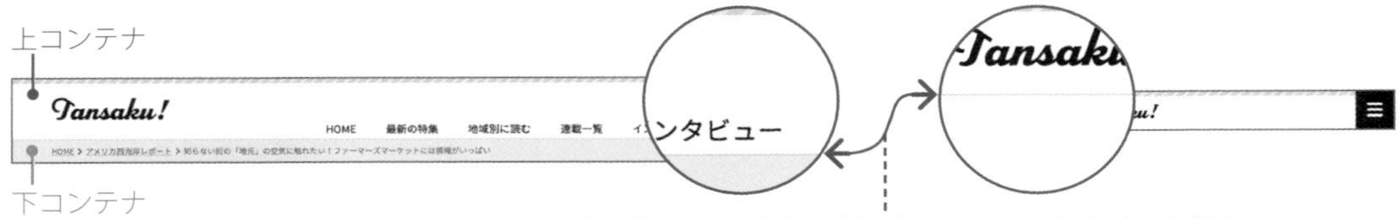

ここでパンくずリストが含まれる下コンテナの表示を考えます。パンくずリストは、モバイル向けデザインでは非表示になっています。ということは、このボーダーラインを下コンテナに含めてしまうと、ボーダーラインも一緒に消えてしまいます。そこで、消えてしまわないようにこのボーダーラインは上コンテナに含めることにします。

これで、2つのコンテナの分割方法が決まりました。上コンテナを**ヘッダーコンテナ**、下コンテナを**パンくずリストコンテナ**と呼ぶことにします。

これで1つ問題をクリア。ですが、もう1つあります。

ナビゲーションの部分は、モバイル表示のときだけ背景色とボーダーラインが付いています。このナビゲーションを、ヘッダーコンテナから分離するかどうかを決断する必要があります。

▼ ナビゲーション部分。モバイルのときは背景色とボーダーラインが付いている

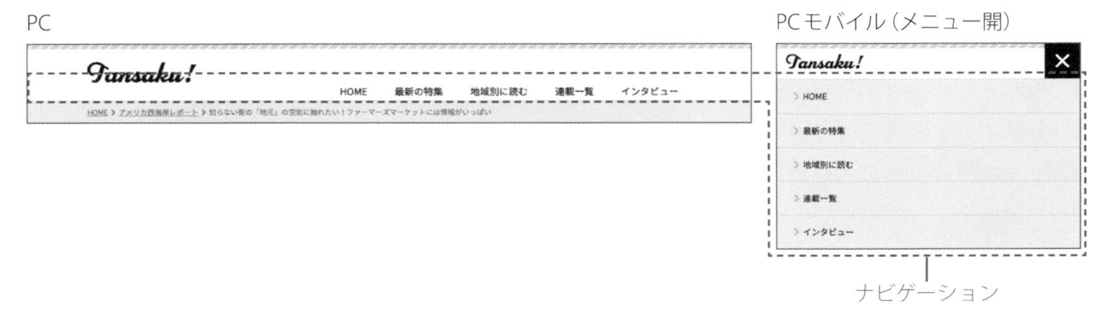

モバイル向けデザインをよく観察して、CSSを書くときのイメージをします。「これしかない」という答えはありませんが、サンプルでは次のように考えました。

- 背景色はナビゲーションの各項目（おそらく<li>か<a>）に適用すればよい
- ボーダーラインはナビゲーションの各項目に上ボーダーを適用すればよい
- 一番下の項目（インタビュー）の下ボーダーは、ヘッダーコンテナの下ボーダーを利用する

▼モバイル向けデザイン、メニューが表示されているときを詳しく見る

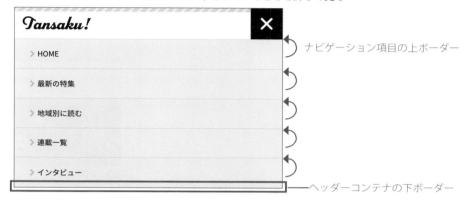

コンテナとして分割しなくてもCSSがうまく適用できそうなので、ナビゲーションはヘッダーコンテナから分離しないことにします。これでページ全体をコンテナに分割する作業が終わりました。結果的に、ページ全体を5つのコンテナに分割することになります。

▼コンテナに分割し終わった状態。5つのコンテナに分割される

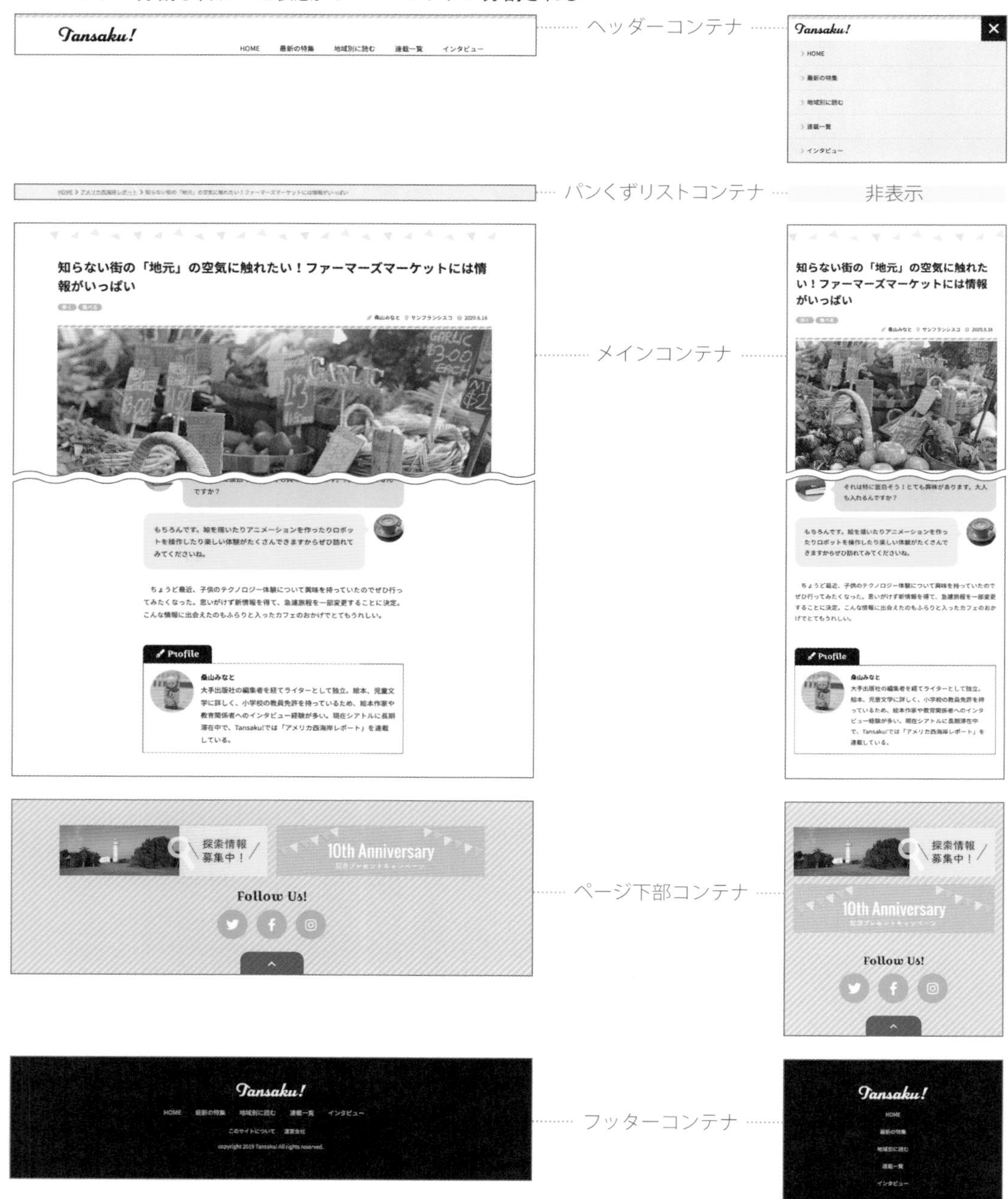

Chapter 2

2-3 コンテナのHTMLを書く

デザインをコンテナに分割し終わったら、いよいよHTMLコーディングに入ります。コンテナを表現するためのHTMLはシンプルで、しかもパターンが決まっているため簡単です。

▼ コンテナのHTML

ヘッダーコンテナ

Lorem ipsum dolor sit amet, consectetur adipisicing elit. Voluptatum, aspernatur fuga iusto debitis eaque eius provident libero suscipit quam! Suscipit amet dignissimos id soluta quae, veniam fuga consequuntur placeat magni!

パンくずリストコンテナ

Lorem ipsum dolor sit amet, consectetur adipisicing elit. Voluptatum, aspernatur fuga iusto debitis eaque eius provident libero suscipit quam! Suscipit amet dignissimos id soluta quae, veniam fuga consequuntur placeat magni!

メインコンテナ

Lorem ipsum dolor sit amet, consectetur adipisicing elit. Voluptatum, aspernatur fuga iusto debitis eaque eius provident libero suscipit quam! Suscipit amet dignissimos id soluta quae, veniam fuga consequuntur placeat magni!

ページ下部コンテナ

Lorem ipsum dolor sit amet, consectetur adipisicing elit. Voluptatum, aspernatur fuga iusto debitis eaque eius provident libero suscipit quam! Suscipit amet dignissimos id soluta quae, veniam fuga consequuntur placeat magni!

フッターコンテナ

Lorem ipsum dolor sit amet, consectetur adipisicing elit. Voluptatum, aspernatur fuga iusto debitis eaque eius provident libero suscipit quam! Suscipit amet dignissimos id soluta quae, veniam fuga consequuntur placeat magni!

コンテナのHTMLはパターン化している

デザインを分割してできた1つひとつのコンテナは、その中身にどんなコンテンツが含まれているかに関わらず、右のようなHTMLになります。

ポイントは<div>要素①の子要素に<div>要素②が入る、二重の構造になっているということです。二重にすることで、CSSを書き換えるだけで多くのデザイン、レイアウトに対応できる柔軟なHTMLを作ることができます。このコンテナの二重構造は非常に重要なので覚えておいてください。本書ではこれ以降、①を「コンテナ要素（親）」、②を「コンテナ要素（子）」、親要素と子要素を合わせて、コンテナ全体の構造を指すときを「コンテナHTMLセット」と呼ぶことにします。

HTML

1つのコンテナを作るHTMLの基本形

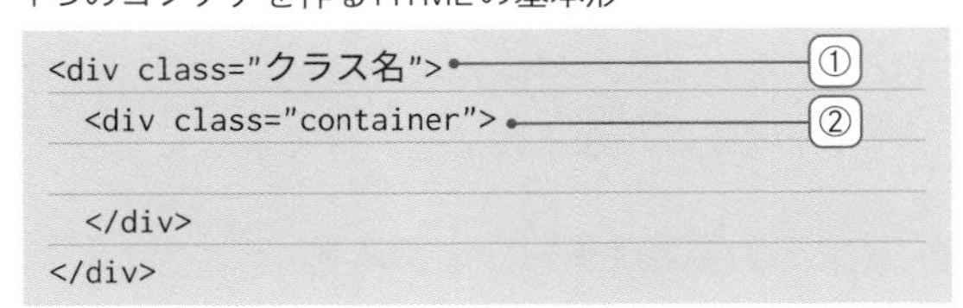

```
<div class="クラス名">      ①
  <div class="container">  ②

  </div>
</div>
```

なお、コンテナ要素（親）には<div>以外のタグを使うこともあります。<div>というのは特に意味を持たない、コンテンツをグループ化するためだけのタグですが、それよりもっとふさわしいタグが使える場合はそちらを使います。たとえばヘッダーコンテナなら<header>タグを使います。

コンテナ要素（親）で使う可能性があるタグを次の表に挙げておきました。ここで紹介するタグを本書では**グループ化タグ**と呼んでいます※2。

▼ コンテナ親要素①に使われるグループ化タグ

タグ	タグの意味
<header>～</header>	ヘッダー
<footer>～</footer>	フッター
<main>～</main>	そのページの中心となるコンテンツ。1つのページで1回しか使えない※3。また、親要素になれるのは<body>か<div>のみ
<article>～</article>	<main>と似ているが、そのページの中心となるコンテンツ。同じページで何度でも使える
<section>～</section>	コンテンツのセクション（ひとまとまりのグループ）
<nav>～</nav>	ナビゲーション
<div>～</div>	特に意味が決まっていない、コンテンツをグループ化するためのタグ。コンテナ要素（親）に使う場合は、コンテンツの内容が上記タグのどれにも当てはまらないときに使う

もう一方のコンテナ要素（子）には必ず<div>タグを使い、ほかのグループ化タグにすることはありません。

要素のクラス名の付け方

コンテナ要素（親）、コンテナ要素（子）にはCSSを適用しやすくするため、またコンテナであることがHTMLだけ見てもわかりやすいようにクラス名を付けます。名前付けのルールを確認しましょう。

コンテナ要素（親）のクラス名

コンテナ要素（親）には、何のコンテナかがわかるような名前を付けます。たとえば、ヘッダーコンテナなら「page-header」、パンくずリストコンテナなら「breadcrumb」など、コンテンツの内容が明確にわかる名前を付けるようにします。

コンテナ要素（子）のクラス名

コンテナ要素（子）には、本書では「container」または「○○-container」など、containerという名前が付くようにしています。そうすることで「この<div>タグがコンテナの一部だ」ということを明確にしています。

前節でサンプルデザインを5つのコンテナに分解したので、HTMLには5つのコンテナセットを作ることになります。ここではまだCSSは編集しません。

※2　ここに挙げたタグには、正式の仕様では「セクションタグ」と「グループ化タグ」と呼ばれているものが含まれています。しかし、実践的なWeb開発では両者を区別する必要性がないため、本書ではまとめて「グループ化タグ」と呼ぶことにしています。

※3　JavaScriptで操作するなど、条件によっては2回以上使えるときもあります。https://html.spec.whatwg.org/multipage/grouping-content.html#the-main-element

HTML

samples/chap02/03/post.html

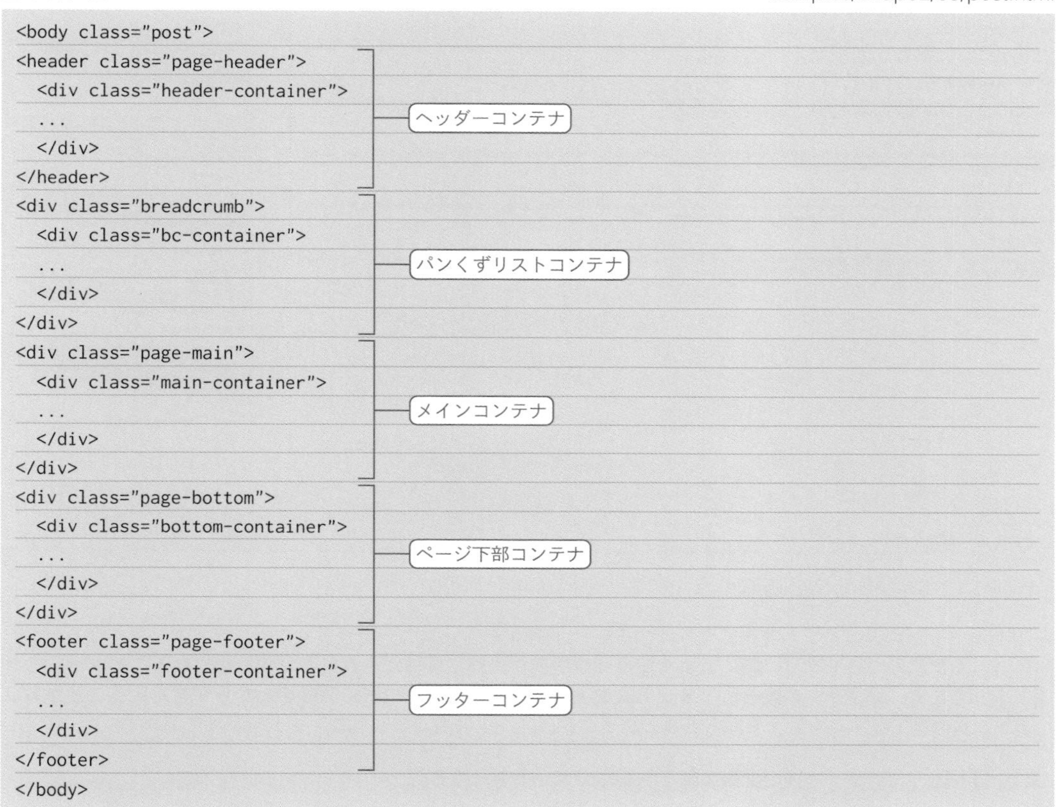

```
<body class="post">
<header class="page-header">
  <div class="header-container">
  ...
  </div>
</header>
<div class="breadcrumb">
  <div class="bc-container">
  ...
  </div>
</div>
<div class="page-main">
  <div class="main-container">
  ...
  </div>
</div>
<div class="page-bottom">
  <div class="bottom-container">
  ...
  </div>
</div>
<footer class="page-footer">
  <div class="footer-container">
  ...
  </div>
</footer>
</body>
```


結果が見えるように、サンプルデータでは各コンテナのHTMLに次のソースコードのようなダミーのテキストを入れてあります。

HTML 結果がわかりやすいように入れてあるダミーテキストの例

```
<div class="page-main">
  <div class="main-container">
    <p><strong>メインコンテナ</strong></p>
    Lorem ipsum dolor sit amet, consectetur adipisicing elit. Voluptatum, aspernatur fuga iusto debitis eaque eius provident libero suscipit quam! Suscipit amet dignissimos id soluta quae, veniam fuga consequuntur placeat magni!
  </div>
</div>
```

▼ ページに組み込まれたときの表示例

ヘッダーコンテナ

Lorem ipsum dolor sit amet, consectetur adipisicing elit. Voluptatum, aspernatur fuga iusto debitis eaque eius provident libero suscipit quam! Suscipit amet dignissimos id soluta quae, veniam fuga consequuntur placeat magni!

パンくずリストコンテナ

Lorem ipsum dolor sit amet, consectetur adipisicing elit. Voluptatum, aspernatur fuga iusto debitis eaque eius provident libero suscipit quam! Suscipit amet dignissimos id soluta quae, veniam fuga consequuntur placeat magni!

メインコンテナ

Lorem ipsum dolor sit amet, consectetur adipisicing elit. Voluptatum, aspernatur fuga iusto debitis eaque eius provident libero suscipit quam! Suscipit amet dignissimos id soluta quae, veniam fuga consequuntur placeat magni!

ページ下部コンテナ

Lorem ipsum dolor sit amet, consectetur adipisicing elit. Voluptatum, aspernatur fuga iusto debitis eaque eius provident libero suscipit quam! Suscipit amet dignissimos id soluta quae, veniam fuga consequuntur placeat magni!

フッターコンテナ

Lorem ipsum dolor sit amet, consectetur adipisicing elit. Voluptatum, aspernatur fuga iusto debitis eaque eius provident libero suscipit quam! Suscipit amet dignissimos id soluta quae, veniam fuga consequuntur placeat magni!

ヘッダーコンテナ

Lorem ipsum dolor sit amet, consectetur adipisicing elit. Voluptatum, aspernatur fuga iusto debitis eaque eius provident libero suscipit quam! Suscipit amet dignissimos id soluta quae, veniam fuga consequuntur placeat magni!

パンくずリストコンテナ

Lorem ipsum dolor sit amet, consectetur adipisicing elit. Voluptatum, aspernatur fuga iusto debitis eaque eius provident libero suscipit quam! Suscipit amet dignissimos id soluta quae, veniam fuga consequuntur placeat magni!

メインコンテナ

Lorem ipsum dolor sit amet, consectetur adipisicing elit. Voluptatum, aspernatur fuga iusto debitis eaque eius provident libero suscipit quam! Suscipit amet dignissimos id soluta quae, veniam fuga consequuntur placeat magni!

ページ下部コンテナ

Lorem ipsum dolor sit amet, consectetur adipisicing elit. Voluptatum, aspernatur fuga iusto debitis eaque eius provident libero suscipit quam! Suscipit amet dignissimos id soluta quae, veniam fuga consequuntur placeat magni!

フッターコンテナ

Lorem ipsum dolor sit amet, consectetur adipisicing elit. Voluptatum, aspernatur fuga iusto debitis eaque eius provident libero suscipit quam! Suscipit amet dignissimos id soluta quae, veniam fuga consequuntur placeat magni!

コラム

HTMLにコメントを入れる？入れない？

Webページのデザインが複雑になればなるほど、HTMLのソースコードが長くなってきます。長くなるとソースコードが読みづらくなり、特に、よく使う<div>タグの終了タグがどれだかわからなくなることが増えてきます。そこで、終了タグの後ろにコメント文を入れて、開始タグとの対応関係をわかりやすくすることがあります。次の例では、コンテナを囲む要素の終了タグに、クラス名がわかるコメントを付けています。

HTML コンテナを囲む要素の終了タグにコメントを付ける例

```
<header class="page-header">
  <div class="header-container">

  </div>
</header><!-- /.page-header -->
<div class="breadcrumb">
  <div class="bc-container">

  </div>
</div><!-- /.breadcrumb -->
```

しかし、現在のテキストエディタや、ブラウザの開発ツールは進化していて、終了タグ探しで困ることは少なくなってきています。そのためこうしたコメントを付けないケースも多く、必須ではありません。本書で紹介するサンプルでは、こうしたコメントを付けていません。

解説 ブラウザの開発ツールを使いこなそう

すべての主要なブラウザには、Webページのソースコードや状態を確認できる「開発ツール」が搭載されています。非常に多機能で役に立つので、ぜひ使い方をマスターしておきましょう。

開発ツールを開くには、ブラウザで調べたいページを開いてから、Windowsなら F12 キーまたは Ctrl + shift + I キー、macOSなら Ctrl + option + I キーを押します※4。

▼本書の完成サンプルのソースコードを開発ツールで確認しているところ

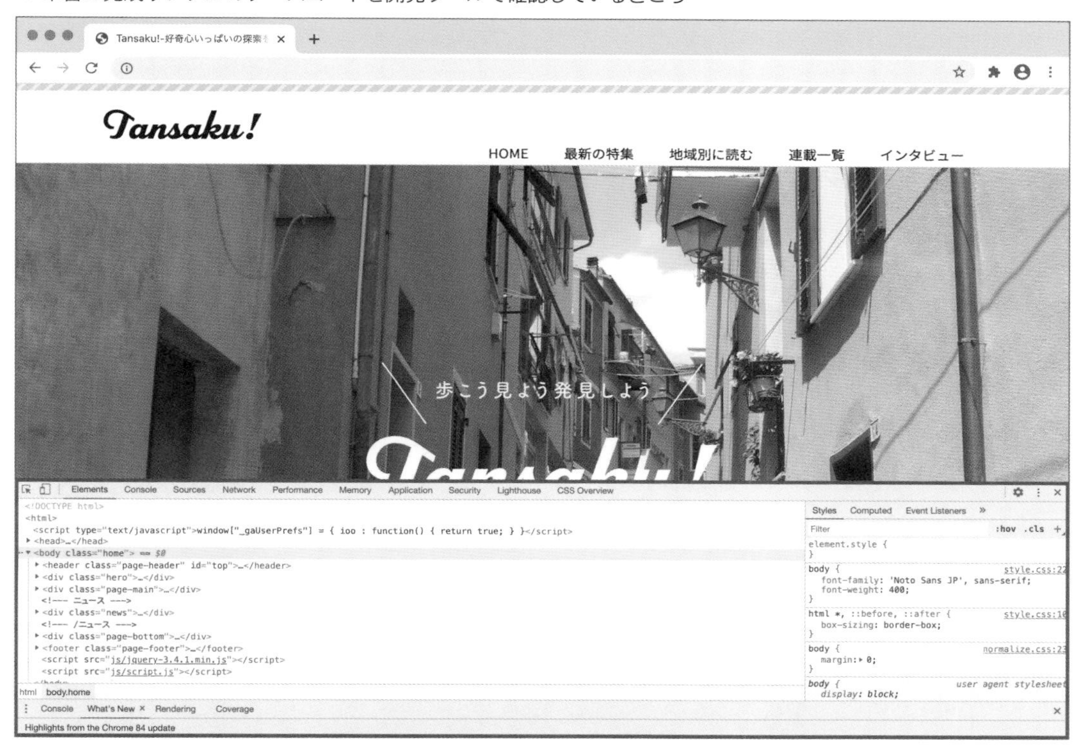

開発ツールにはさまざまな機能があり、Webページのソースコードからファイルのダウンロード速度、JavaScriptプログラムのエラー表示などがあります。ここではHTML/CSSコーディングをする際に便利な機能に絞って紹介します。

※4 Safariは最初に一度だけ環境設定を変更する必要があります。[Safari] メニュー→ [環境設定] を選んで環境設定を開き、[詳細] タブをクリックしてから、「メニューバーに"開発"メニューを表示」にチェックを付けます。

ソースコードを確認する

ページのHTMLやCSSのソースコードを確認するのは、開発ツールのもっとも基本的な使い方です。ソースコードを確認したいページにアクセスしてから開発ツールを開き、[Elements] タブをクリックします※5。左側にHTMLソースが、右側にはCSSが表示されます。

▼ [Elements] タブをクリックしてソースコードを表示

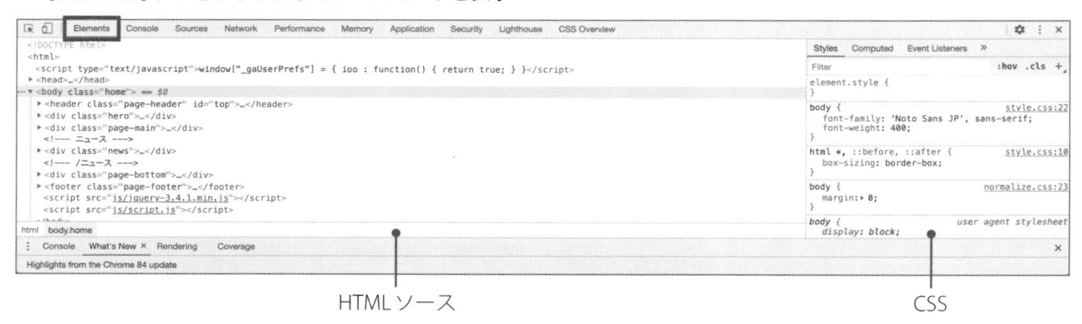

HTMLソースコードの1行をクリックして選択すると、その要素に適用されているCSSが表示されます。

表示されているページから要素を探索することもできます。開発ツール左上のボタン (Select an element in the page to inspect it) をクリックしてから、ページ上の調べたい要素をクリックします。すると該当のHTMLソースコードが選択され、適用されているCSSを確認することができます。

▼ ページの調べたい場所からHTML要素を探す方法

右側の、CSSが表示されている部分をもう少し詳しく見てみましょう。CSSの上にあるタブのうち［Styles］をクリックすると、要素に適用されているCSSのソースコードとそれが書かれているCSSファイル、行数を確認できます。

［Computed］タブをクリックすると、適用されているCSSプロパティとその値を見られるほか、ボックスモデルの状態も確認できます。

▼［Styles］タブと［Computed］タブ

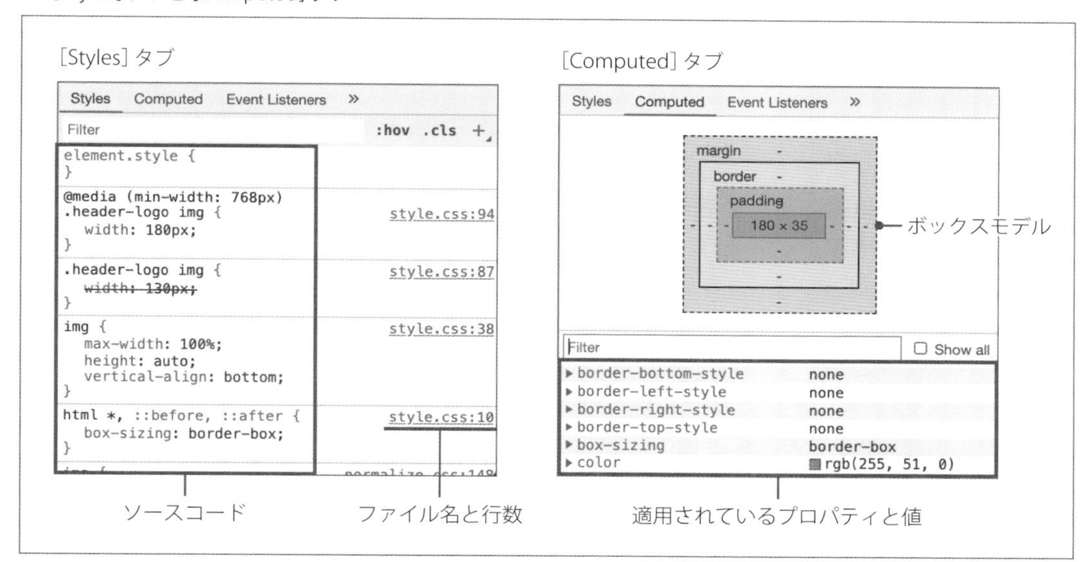

［Styles］タブで表示されるファイル名と行数をクリックすると開発ツールの［Sources］タブに切り替わり、CSSファイルのソースコード全体が表示されます。この［Sources］タブには、ページで使用しているすべてのリソース※6が表示されます。

※5 Google Chromeの場合。ほかのブラウザでは［要素］や［インスペクター］という名前のタブをクリックします。以降、Chromeの開発ツールを例に操作方法などを紹介します。

※6 ファイルを表示するために使われているCSSファイル、JavaScriptファイル、画像ファイル、リンクしている外部サービスのファイルなど、すべての素材データのことです。

▼ ファイル名と行数のテキストをクリックすると、ソースコード全体が表示される

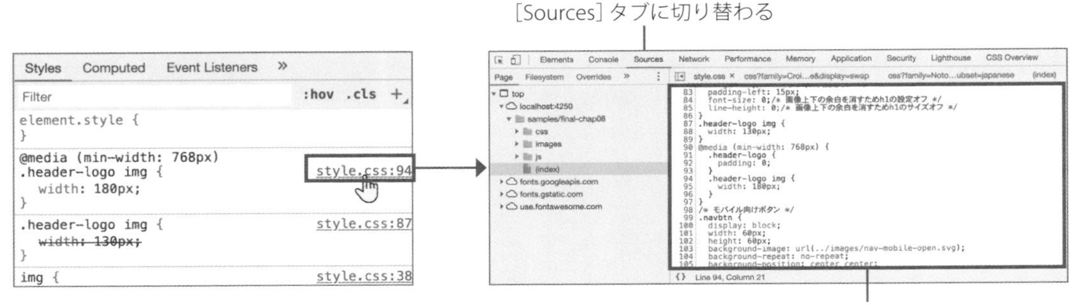

CSSの働きを確認する／値を変えて様子を見る

「ソースコードを確認する」操作方法はほかにもありますがこのくらいにして、ほかの機能も見てみましょう。[Styles] タブでは1つひとつのCSSプロパティをオン／オフして、働きを確認することもできます。

たとえば、要素を選択してみたら「transform」プロパティが適用されていることに気づいたとします。「これはどんな役割を果たしているのだろう？」と思ったら、そのプロパティの横に出てくるチェックを外してみます。そうすると、そのプロパティが書かれていなかった場合の表示を試すことができます。

▼ プロパティのチェックを付けたり外したりして、表示の変化を確認できる

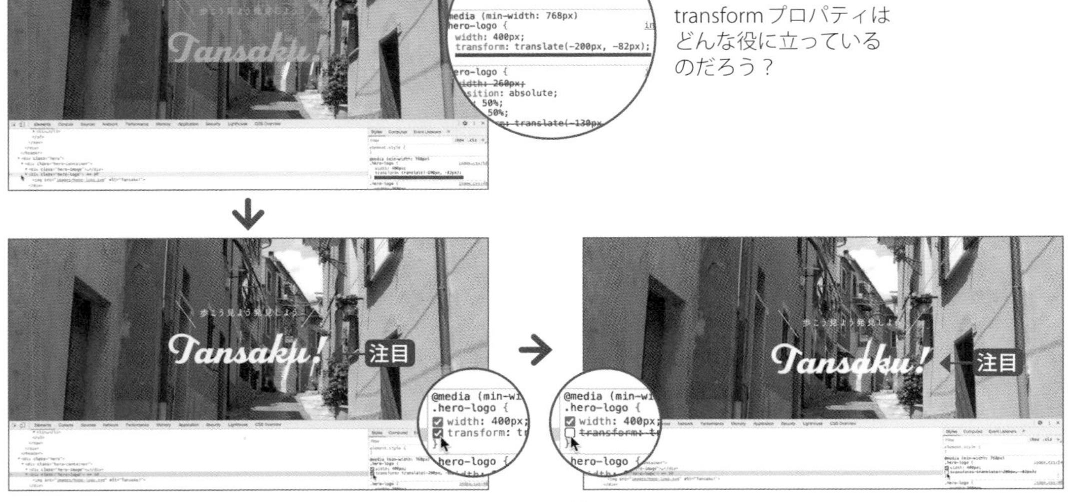

また、ソースコードを一時的に書き換えることもできます。その場合は、書き換えたい部分をダブルクリックします。たとえばCSSの値を書き換えて表示の具合をテストできますし、HTMLも書き換えられるので、違うクラス名を付けたりもできます。

▼書き換えたい場所をダブルクリックすると編集できる

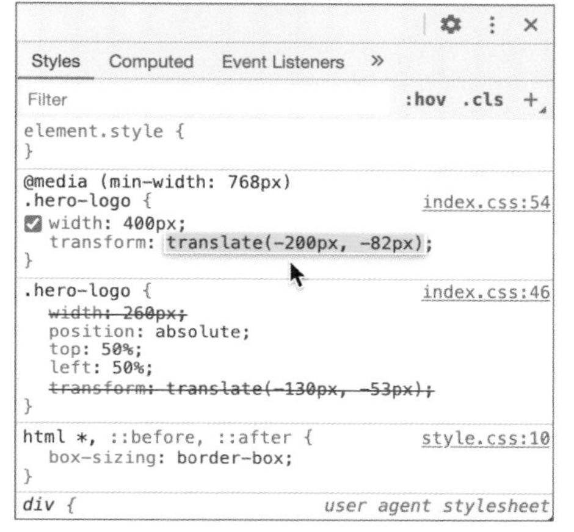

CSS

HTML

開発ツールでソースコードを編集しても、もとのソースコードが書き換わるわけではないので、安心していろいろ試してみるとよいでしょう。特にほかのサイトのソースコードを解読したり、少し書き換えてみて動きを確かめたりするのはすごく勉強になります。

エラーを修正する

必要なファイルが見つからなかったり、JavaScriptプログラムに不具合があると、開発ツールにエラーが表示されます。⊗が表示されているのは何らかのエラーがあることを示しています。

この⊗をクリックすると開発ツールの［Console］タブに切り替わり、エラー内容を確認できます。

▼⊗をクリックするとエラー内容を確認できる

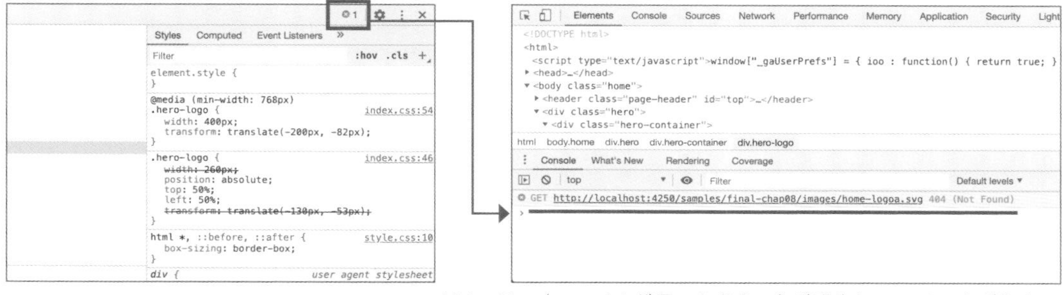

404エラー（ファイルが見つからない）が発生していることがわかる

モバイル機器での表示を確認する

スマートフォンやタブレットなど、モバイル機器の画面と動作をシミュレートすることもできます。開発ツールの左から2番目のボタン（Toggle device toolbar）をクリックすると、PC表示とモバイル表示を切り替えることができます。

モバイル表示のときは、テストしたい機器を選択したり、画面サイズをカスタマイズすることができます。

▼ PC表示とモバイル表示を切り替える

PC表示

モバイル機器や画面サイズを選択できる

モバイル表示

開発ツールが邪魔で表示を確認しづらいときは、右端の ⋮ から表示位置を切り替えることもできます。

▼ 開発ツールの表示位置を切り替える

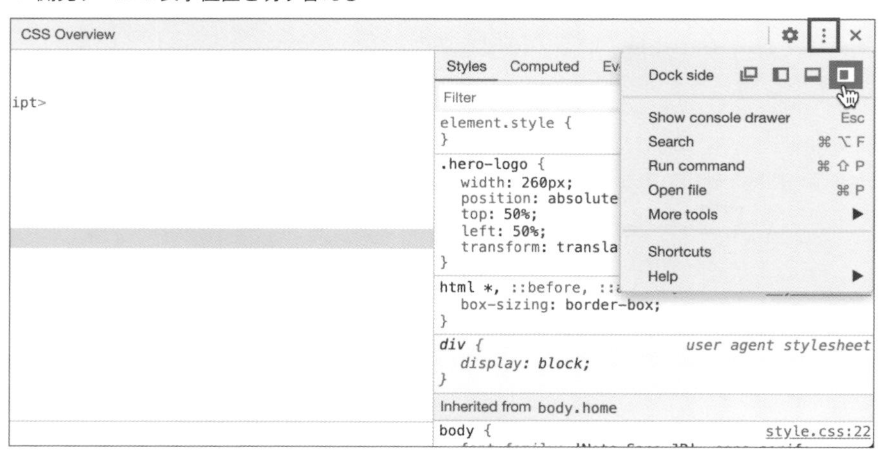

Chapter 2

2-4 コンテナの幅を設定する

5つのコンテナのうちメインコンテナ、ページ下部コンテナ、フッターコンテナは、PC向けレイアウトのときだけ幅を固定して、ビューポートの中央に配置します。

▼ メイン、ページ下部、フッターコンテナにCSSを適用

メインコンテナ

Lorem ipsum dolor sit amet, consectetur adipisicing elit. Voluptatum, aspernatur fuga iusto debitis eaque eius provident libero suscipit quam! Suscipit amet dignissimos id soluta quae, veniam fuga consequuntur placeat magni!

ページ下部コンテナ

Lorem ipsum dolor sit amet, consectetur adipisicing elit. Voluptatum, aspernatur fuga iusto debitis eaque eius provident libero suscipit quam! Suscipit amet dignissimos id soluta quae, veniam fuga consequuntur placeat magni!

フッターコンテナ

Lorem ipsum dolor sit amet, consectetur adipisicing elit. Voluptatum, aspernatur fuga iusto debitis eaque eius provident libero suscipit quam! Suscipit amet dignissimos id soluta quae, veniam fuga consequuntur placeat magni!

メインコンテナ

Lorem ipsum dolor sit amet, consectetur adipisicing elit. Voluptatum, aspernatur fuga iusto debitis eaque eius provident libero suscipit quam! Suscipit amet dignissimos id soluta quae, veniam fuga consequuntur placeat magni!

ページ下部コンテナ

Lorem ipsum dolor sit amet, consectetur adipisicing elit. Voluptatum, aspernatur fuga iusto debitis eaque eius provident libero suscipit quam! Suscipit amet dignissimos id soluta quae, veniam fuga consequuntur placeat magni!

フッターコンテナ

Lorem ipsum dolor sit amet, consectetur adipisicing elit. Voluptatum, aspernatur fuga iusto debitis eaque eius provident libero suscipit quam! Suscipit amet dignissimos id soluta quae, veniam fuga consequuntur placeat magni!

コンテナの幅と配置方法を設定する

デザイン画像を見ながらコンテナに適用するCSSを書いていきます。コンテナには次の4種類のスタイルを適用します。

①コンテナの幅を設定する
②コンテナをビューポート（おもにブラウザウィンドウ）の中央に配置する
③上下の空きスペースを調整する
④背景色や背景画像を設定する

「2-3 コンテナのHTMLを書く」で紹介した「コンテナHTMLセット」を思い出しましょう。<div>や<header>などのタグを使った二層構造になっていますね。

コンテナに適用する4種類のスタイル

HTML コンテナHTMLセット

```
<div class="クラス名">        コンテナ要素（親）
  <div class="container">    コンテナ要素（子）

  </div>
</div>
```

のうち①②③は、コンテナHTMLセットの子要素、つまりコンテナ要素（子）のほうに適用します。本節ではこのうちの2つ、「①コンテナの幅を設定する」と「②コンテナをビューポート（おもにブラウザウィンドウ）の中央に配置する」を実現するためのCSSを見ていきます。

なおページのヘッダー部分とパンくずリスト部分は、モバイル向けデザインのレイアウトが特殊なため、次の「2-5 コンテナの幅を設定する〜ヘッダー、パンくずリスト編〜」で詳しく取り上げます。

①コンテナの幅を設定する

コンテナの幅を設定するために、デザイン画像を見ながら、コンテンツが収まる領域の幅を調べます。いったん背景とボーダーラインは無視して、コンテンツが収まる領域だけを見ます。

まずモバイル向けのデザインから確認しましょう。メインコンテナを例に見ていきます。

スマートフォンのサイズは機種によってまちまちなので、モバイル向けのデザインでは基本的に、ページがビューポートの幅いっぱいに広がって表示されるようにします。つまり、コンテナが常にビューポートの幅に合わせて伸縮するようにしておきます。

ただし、テキストやそのほかのコンテンツがビューポートの端にくっつかないようにパディングを設定する必要があります。サンプルでは、ヘッダーを除く各コンテナの左右のパディングを「4％」に設定します。こうすることで、コンテナの左右にビューポートの4％分の幅が空くようになります。

▼ モバイル向けのメインコンテナ。ビューポートに合わせて伸縮させるので、コンテナに幅は設定しない

次にPC向けのデザインを確認します。同じコンテナに含まれる一番幅の大きいコンテンツの、左端から右端までの長さを測ります。

たとえばメインコンテナでは、上部の見出しや画像が一番幅の大きいコンテンツです。これらの長さを測ると1000pxなので、コンテナの最大幅を1000pxとします。

またモバイル向けデザインと同様PC向けデザインでも、左右にパディングを設定します。サンプルでは、パディングは左右とも20pxにしています。

こうしてコンテナの幅が決まったらCSSを書きます。メインコンテナの場合は次のようになります。幅やパディングを設定するCSSは、必ずコンテナ要素（子）に設定することをお忘れなく。

▼ PC向けのメインコンテナ。一番幅の大きいコンテンツの長さを測る

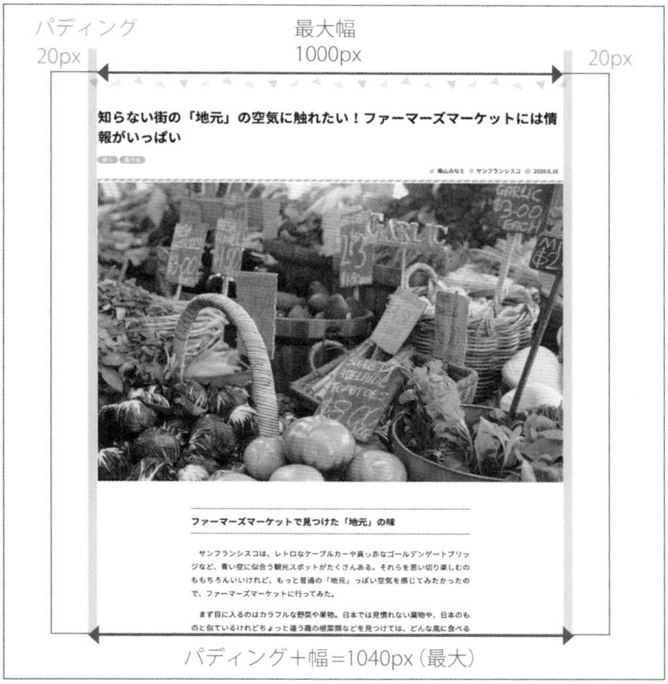

CSS　メインコンテナの幅を設定する

```
/* 記事ページメイン */
.post .main-container {
  padding: 0 4% 0 4%;
}
@media (min-width: 768px) {
  .post .main-container {
    max-width: 1040px;
    padding: 0 20px 0 20px;
  }
}
```

モバイル向けスタイル（.post .main-container { … }）

PC向けスタイル（@media (min-width: 768px) { … }）

コラム

左右のパディングの設定方法

コンテナの左右に設けるパディングをどのくらいに設定すればよいか、デザイン画像を見ただけではわからないこともあります。その場合、PC向けのデザインはデザイナーとHTMLコーダーであらかじめ話し合って決めます。ブラウザウィンドウのサイズは大きさが決められないので、通常はパディングの設定値に単位ピクセル（px）を使い、固定値にします。

またモバイル向けのデザインでは単位「%」で設定すると、画面幅が変わっても適度な余白を確保できます。

②コンテナをビューポート（おもにブラウザウィンドウ）の中央に配置する

PC向けのデザインの場合にはよく、コンテナに含まれるコンテンツをブラウザウィンドウの中央に配置する設定をします。そのためには、コンテナHTMLセットの子要素②の左右マージンを「auto」にします。

▼ コンテナHTMLセットの子要素の左右マージン

次の1行をPC向けのスタイルに追加します。

CSS コンテナに含まれるコンテンツをブラウザウィンドウの中央に配置する

```
@media (min-width: 768px) {
  .post .main-container {
    max-width: 1040px;
    margin: 0 auto;
    padding: 80px 20px 0 20px;
  }
}
```

ここまでメインコンテナを例に見てきましたが、ヘッダーコンテナを除く残りのコンテナも同じです。ここまでの段階で、CSSのソースコードは次のようになります。HTMLのソースコードは前節から変わりありません。

CSS

samples/chap02/04/css/style.css

```
/**
 * ****************************************
 * ページ下部
 * ****************************************
 *
 * ページ下部コンテナ
 */
.bottom-container {
  padding: 0 4% 0 4%;
}
@media (min-width: 768px) {
  .bottom-container {
      margin: 0 auto;
      padding: 0 20px 0 20px;
      max-width: 1040px;
  }
}
...
/**
 * ****************************************
 * フッター
 * ****************************************
 *
 * フッターコンテナ
 */
.footer-container {
  padding: 0 4%;
}
@media (min-width: 768px) {
  .footer-container {
      max-width: 1040px;
      margin: 0 auto;
      padding: 0 20px;
  }
}
...
/**
 * ****************************************
 * メインコンテナ
 * ****************************************
 */
/**
 * ****************************************
 * [post.html] 記事ページ - メインコンテナ
 * ****************************************
 */
.post .main-container {
  padding: 0 4% 0 4%;
}
@media (min-width: 768px) {
  .post .main-container {
    max-width: 1040px;
    margin: 0 auto;
    padding: 0 20px 0 20px;
  }
}
```

前節同様、結果を確認するためにサンプルデータにはダミーのテキストを入れてあります。PCレイアウトは最大幅が設定されて1000ピクセル以上には大きくならなくなり、ページ全体が中央に配置されるようになります。

モバイルレイアウトは画面の左右に少しすき間（パディング）が空くようになります。

▼ ページに組み込まれたときの表示例

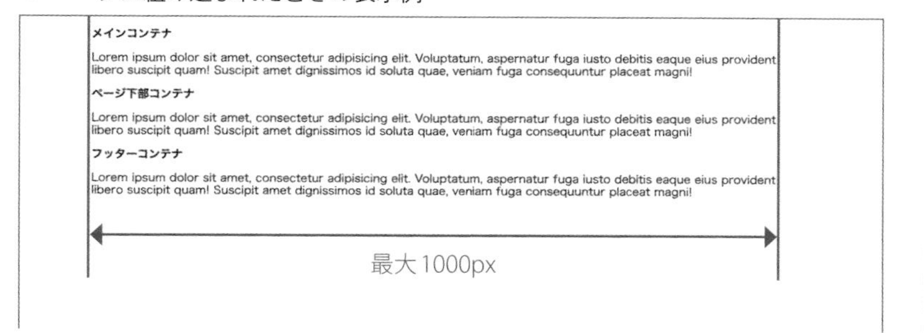

Chapter 2

2-5 コンテナの幅を設定する ～ヘッダー、パンくずリスト編～

ヘッダーやパンくずリストコンテナのCSSを追加します。ほかのコンテナに比べこの2つのコンテナの表示は特殊で、幅の調整や表示・非表示の制御をする必要があります。

▼ヘッダー、パンくずリストコンテナにCSSを適用

ヘッダーコンテナ

Lorem ipsum dolor sit amet, consectetur adipisicing elit. Voluptatum, aspernatur fuga iusto debitis eaque eius provident libero suscipit quam! Suscipit amet dignissimos id soluta quae, veniam fuga consequuntur placeat magni!

パンくずリストコンテナ

Lorem ipsum dolor sit amet, consectetur adipisicing elit. Voluptatum, aspernatur fuga iusto debitis eaque eius provident libero suscipit quam! Suscipit amet dignissimos id soluta quae, veniam fuga consequuntur placeat magni!

ヘッダーコンテナ

Lorem ipsum dolor sit amet, consectetur adipisicing elit. Voluptatum, aspernatur fuga iusto debitis eaque eius provident libero suscipit quam! Suscipit amet dignissimos id soluta quae, veniam fuga consequuntur placeat magni!

ヘッダーとパンくずリストのコンテナは少し特殊

ヘッダーコンテナとパンくずリストコンテナの幅を設定して、ビューポートの中央に配置します。どちらのコンテナにもまずPC向けのCSSを追加し、2つの設定をします。

- コンテナの幅を設定する
- コンテナをビューポートの中央に配置する

ソースコードは次のようになります。前節で紹介した、ほかのコンテナのスタイルと違いはありません。なお、ヘッダーのコンテナHTMLセットの子要素に付いているクラス名は「header-container」、パンくずリストのそれは「bc-container」です（「2-3 コンテナのHTMLを書く」参照）。

CSS ヘッダーコンテナ、パンくずリストコンテナの幅を設定して中央揃えにする

```
@media (min-width: 768px) {
  .header-container {
    margin: 0 auto;
    padding: 0 20px;
    max-width: 1040px;
  }
}
```

```
@media (min-width: 768px) {
  .bc-container {
    margin: 0 auto;
    padding: 0 20px;
    max-width: 1040px;
  }
}
```

ヘッダーコンテナのモバイル向けCSS

PCレイアウトのCSSができたので、これにモバイル向けのCSSを足していきます。まずはヘッダーから。一度デザインを確認しておきましょう。

ヘッダーコンテナはほかのコンテナとは違い、画面の左右にすき間（パディング）がありません。ということは、何もスタイルを書く必要はありませんね。

▼ モバイル向けデザインのヘッダーコンテナ。左右にすき間がない

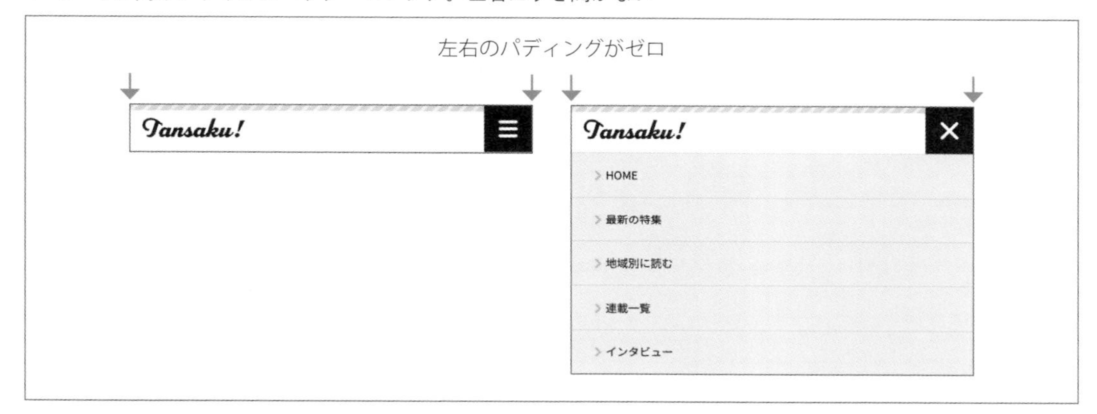

Note グループ化タグのマージン、パディング

<div>をはじめとするグループ化タグ（「2-3 コンテナのHTMLを書く」参照）のデフォルトCSSは、マージンもパディングも「0」に設定されています。

パンくずリストコンテナのモバイル向けCSS

次にパンくずリストを見てみます。パンくずリストコンテナは、モバイル向けCSSでは非表示になっています。そこで、モバイル向けのCSSだけコンテナHTMLセットの親要素（<div class="breadcrumb">）を非表示にします。

HTML パンくずリストコンテナのHTML

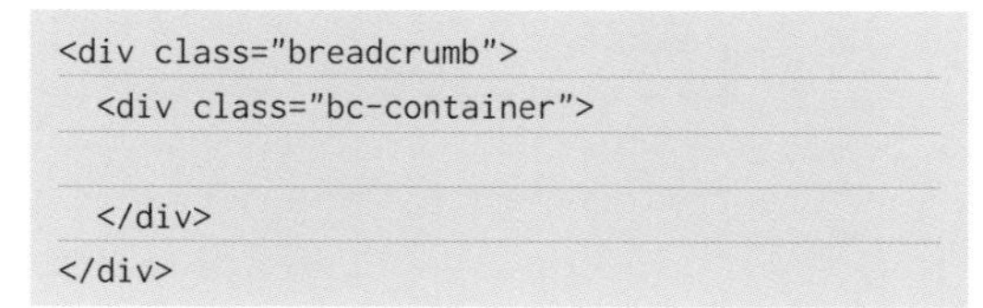

```
<div class="breadcrumb">
  <div class="bc-container">

  </div>
</div>
```

CSS コンテナHTMLセットの親要素を非表示にする

```
.breadcrumb {
  display: none;        ← パンくずリストを非表示に
}
@media (min-width: 768px) {
  .breadcrumb {
    display: block;     ← display: none;の解除
  }
  .bc-container {
    ...
  }
}
```

要素を非表示にするにはdisplayプロパティを使い、値を「none」にします。

書式：要素を非表示にする。値を「none」にする

```
display: none;
```

書式：要素をブロックボックスで表示する。値を「block」にする

```
display: block;
```

ヘッダーコンテナ、パンくずリストコンテナのCSSをまとめるとこのようになります。

CSS

samples/chap02/05/css/style.css

```
/**
 * ***************************************
 * ヘッダー
 * ***************************************
 *
 * ヘッダーコンテナ
 */
@media (min-width: 768px) {
  .header-container {
    margin: 0 auto;
    padding: 0 20px;
    max-width: 1040px;
  }
}
...
/**
 * ***************************************
 * パンくずリスト
 * ***************************************
 *
 * パンくずリストコンテナ
 */
.breadcrumb {
  display: none;
}
@media (min-width: 768px) {
  /* PCだけスタイル適用 */
  .breadcrumb {
    display: block;
  }
  .bc-container {
    margin: 0 auto;
    padding: 0 20px;
    max-width: 1040px;
  }
}
```

▼ページに組み込まれたときの表示例

ヘッダーコンテナ

Lorem ipsum dolor sit amet, consectetur adipisicing elit. Voluptatum, aspernatur fuga iusto debitis eaque eius provident libero suscipit quam! Suscipit amet dignissimos id soluta quae, veniam fuga consequuntur placeat magni!

パンくずリストコンテナ

Lorem ipsum dolor sit amet, consectetur adipisicing elit. Voluptatum, aspernatur fuga iusto debitis eaque eius provident libero suscipit quam! Suscipit amet dignissimos id soluta quae, veniam fuga consequuntur placeat magni!

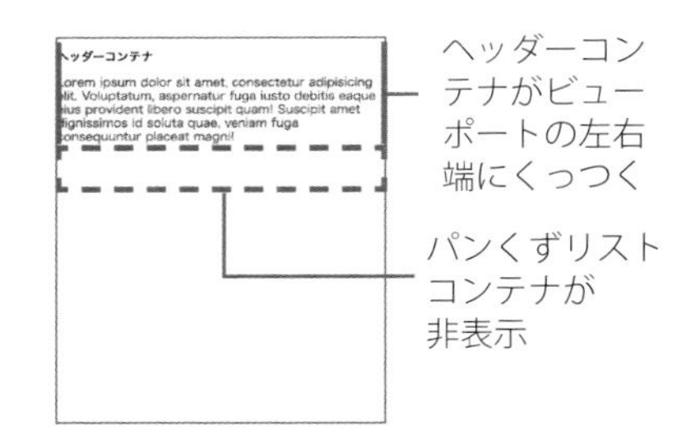
ヘッダーコンテナがビューポートの左右端にくっつく
パンくずリストコンテナが非表示

解説 displayプロパティ

displayプロパティは、要素のディスプレイタイプ（表示モード）を切り替えるために使います。

HTMLタグは、基本的にはブロックボックスかインラインボックスのどちらかで表示されます（「1-5 ボックスモデル」参照）が、表示モードを切り替えることにより、複雑なレイアウトを実現できるようになります。

displayプロパティに指定できる値（キーワード）と、代表的な表示モードには次のものがあります。

▼ displayプロパティに指定できる代表的な値と表示モードの概要

値	説明	参照
block	要素をブロックボックスで表示する	「1-5 ボックスモデル」
inline	要素をインラインボックスで表示する	「1-5 ボックスモデル」
inline-block	要素自体はインラインボックスで表示するが、要素内のコンテンツはブロックボックスで表示する。それにより、コンテンツの途中で改行せず、上下マージンが使えるようになる	「3-19 タブ付きボックス」
none	要素を表示しない	「2-5 コンテナの幅を設定する～ヘッダー、パンくずリスト編～」
flow-root	子要素でフロートが使われたとき、そのフロートを解除する	「3-11 画像にテキストを回り込ませる」
flex	子要素をフレックスボックスモードで表示する	「3-16 チャット型のデザイン①～ボックスを2つ並べる～」
grid	子要素をグリッドレイアウトモードで表示する	「6-7 カード型レイアウト①～全体のレイアウト～」

Chapter 2

2-6 上下の空きスペースを調整する

「2-4 コンテナの幅を設定する」「2-5 コンテナの幅を設定する～ヘッダー、パンくずリスト編～」と、コンテナに適用する基本的なCSSを追加してきました。次はコンテナの上下にスペースを設ける場合のCSSを考えます。

▼ コンテナの上下にスペースを設ける

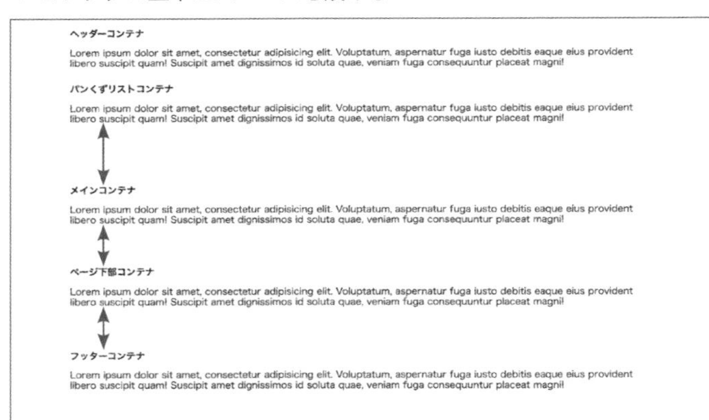

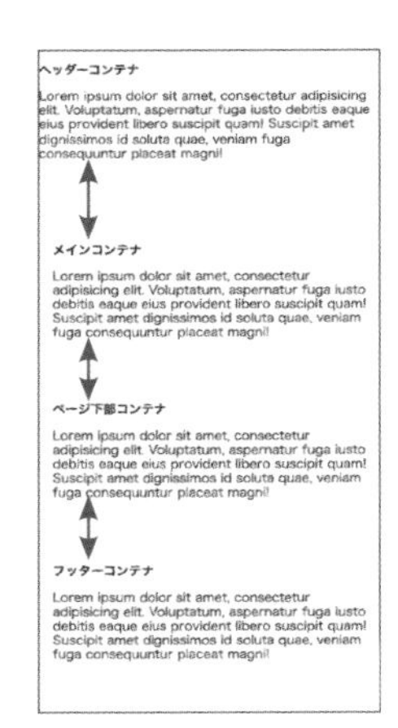

コンテナの上下にスペースを作る

2-4で紹介した、コンテナの幅を調整して、画面サイズが広いときにページを中央に配置するCSSは、多くのコンテナに適用します。コンテナに適用するCSSはそれだけではありません。デザインによっては、コンテナの上下にスペースを作る場合があります。

例としてまず、メインコンテナを見てみましょう。背景画像を除けば、メインコンテナに含まれる最初のコンテンツはそのページの見出しです。デザインを確認してみると、この見出しは、PCレイアウト、モバイルレイアウトともメインコンテナの一番上から80px下がったところにあります。これはコンテナ上部にスペースを作ることで実現します。

▼ メインコンテナの最初のコンテンツは下に80px下がっている

次にメインコンテナの下のほうも見てみましょう。60pxのスペースが空いているようですが、実現方法は迷うところです。コンテナの下部にスペースを作るか、中身のコンテンツにスペースを作るか、どちらでもよさそうです。

▼ メインコンテナの下にもスペース

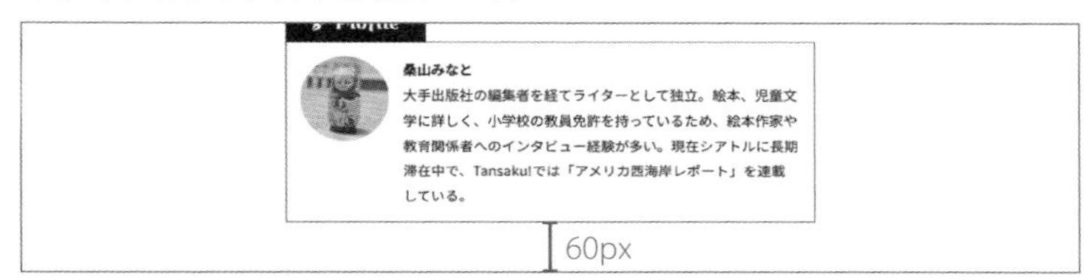

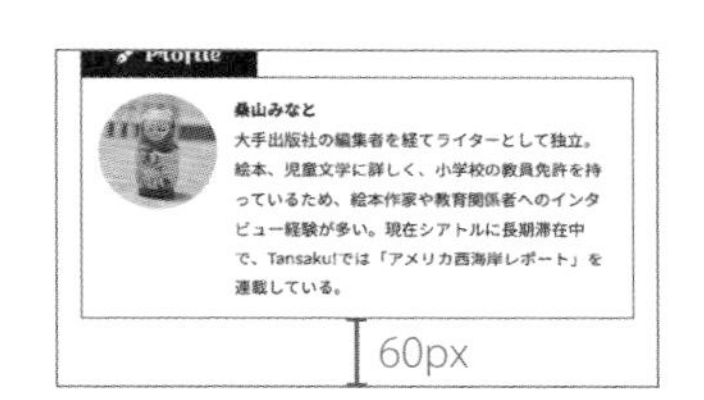

どちらでスペースを作るかに絶対の答えはありませんが、迷ったときは、メインコンテナに含まれるほかのコンテンツも見てみるのが、判断を下す1つのポイントです。

サンプルのデザインでは、コンテンツとコンテンツのあいだに空いている多くのスペースが60pxになっています。

▼ コンテナの下のスペースと同じ大きさのスペース

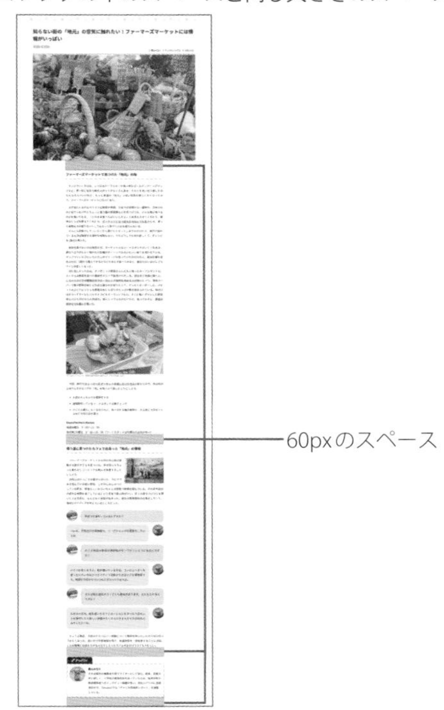

コンテナに含まれるコンテンツはモジュール単位で作成・管理しますが、そのモジュールの上下に統一的に60pxのスペースを設ければ、より使い回しの効くソースコードになるはずです。そこで最後のモジュールの下にも60pxのスペースを作ることにして、コンテナにはスペースを作らないことにします。

コンテナの上下のスペースは子要素のパディングで実現

コンテナの上下にスペースを作るときは、コンテナHTMLセット（「2-3 コンテナのHTMLを書く」参照）の子要素のほうに、上下パディングを設定します。

サンプルデザインの場合は80pxの上パディングを設定するのですから、すでに設定している左右パディングと合わせて、CSSのソースコードは次のようになります（「2-4 コンテナの幅を設定する」参照）。

CSS メインコンテナに上パディングを設定

```
/**
 * ****************************************
 * [post.html] 記事ページ - メインコンテナ
 * ****************************************
 */
  padding: 80px 4% 0 4%;
}
@media (min-width: 768px) {
  .post .main-container {
    ...
    padding: 80px 20px 0 20px;
  }
}
```

ほかのコンテナの上下スペースも設定

ほかのコンテナにも同様に上下のスペースを設定します。

メインコンテナで見てきたように、どのコンテナであっても、コンテナの上下にスペースを作るべきか、それともコンテンツでスペースを作るべきか、絶対的な答えはありません。それよりも大事なことは、コンテナの上下にスペースを作るときは、**コンテナHTMLセットの子要素のほうに、上下パディングを設定**することです。これさえ守っていればどちらで作っても、大きな影響はありません。実際のサイトを作るときは試行錯誤して、自分なりに心地のよい方法でかまいません。

サンプルデザインでは各コンテナの上下パディングを次のように設定しました。PCレイアウト、モバイルレイアウトとも同じ値です。

▼コンテナの上下パディング

ヘッダーコンテナ	上：0、下：0
パンくずリストコンテナ	上：12px、下：12px
メインコンテナ	上：80px、下：0
ページ下部コンテナ	上：60px、下：0
フッターコンテナ	上：60px、下：60px

最終的なCSSのソースコードはこのようになります。

CSS

samples/chap02/06/css/style.css

```
/**
 * ****************************************
 * パンくずリスト
 * ****************************************
 *
 * パンくずリストコンテナ
 */
...
@media (min-width: 768px) {
  ...
  .bc-container {
    margin: 0 auto;
    padding: 12px 20px;
    max-width: 1040px;
  }
}

/**
 * ****************************************
 * ページ下部
 * ****************************************
 *
 * ページ下部コンテナ
 */
.bottom-container {
  padding: 60px 4% 0 4%;
}
@media (min-width: 768px) {
  .bottom-container {
      margin: 0 auto;
      padding: 60px 20px 0 20px;
      max-width: 1040px;
  }
}
...
/**
 * ****************************************
 * フッター
 * ****************************************
 *
 * フッターコンテナ
 */
.footer-container {
  padding: 60px 4%;
}
@media (min-width: 768px) {
  .footer-container {
      ...
      padding: 60px 20px;
  }
}
...
/**
 * ****************************************
 * メインコンテナ
 * ****************************************
 */
/**
 * ****************************************
 * [post.html] 記事ページ - メインコンテナ
 * ****************************************
 */
.post .main-container {
  padding: 80px 4% 0 4%;
}
@media (min-width: 768px) {
  .post .main-container {
    ...
    padding: 80px 20px 0 20px;
  }
}
```

▼ページに組み込まれたときの表示例。ヘッダーコンテナ以外のコンテナの上下にスペースができる

ヘッダーコンテナ

Lorem ipsum dolor sit amet, consectetur adipisicing elit. Voluptatum, aspernatur fuga iusto debitis eaque eius provident libero suscipit quam! Suscipit amet dignissimos id soluta quae, veniam fuga consequuntur placeat magni!

パンくずリストコンテナ

Lorem ipsum dolor sit amet, consectetur adipisicing elit. Voluptatum, aspernatur fuga iusto debitis eaque eius provident libero suscipit quam! Suscipit amet dignissimos id soluta quae, veniam fuga consequuntur placeat magni!

メインコンテナ

Lorem ipsum dolor sit amet, consectetur adipisicing elit. Voluptatum, aspernatur fuga iusto debitis eaque eius provident libero suscipit quam! Suscipit amet dignissimos id soluta quae, veniam fuga consequuntur placeat magni!

ページ下部コンテナ

Lorem ipsum dolor sit amet, consectetur adipisicing elit. Voluptatum, aspernatur fuga iusto debitis eaque eius provident libero suscipit quam! Suscipit amet dignissimos id soluta quae, veniam fuga consequuntur placeat magni!

フッターコンテナ

Lorem ipsum dolor sit amet, consectetur adipisicing elit. Voluptatum, aspernatur fuga iusto debitis eaque eius provident libero suscipit quam! Suscipit amet dignissimos id soluta quae, veniam fuga consequuntur placeat magni!

ヘッダーコンテナ

Lorem ipsum dolor sit amet, consectetur adipisicing elit. Voluptatum, aspernatur fuga iusto debitis eaque eius provident libero suscipit quam! Suscipit amet dignissimos id soluta quae, veniam fuga consequuntur placeat magni!

メインコンテナ

Lorem ipsum dolor sit amet, consectetur adipisicing elit. Voluptatum, aspernatur fuga iusto debitis eaque eius provident libero suscipit quam! Suscipit amet dignissimos id soluta quae, veniam fuga consequuntur placeat magni!

ページ下部コンテナ

Lorem ipsum dolor sit amet, consectetur adipisicing elit. Voluptatum, aspernatur fuga iusto debitis eaque eius provident libero suscipit quam! Suscipit amet dignissimos id soluta quae, veniam fuga consequuntur placeat magni!

フッターコンテナ

Lorem ipsum dolor sit amet, consectetur adipisicing elit. Voluptatum, aspernatur fuga iusto debitis eaque eius provident libero suscipit quam! Suscipit amet dignissimos id soluta quae, veniam fuga consequuntur placeat magni!

コラム

「なにもないところ」が重要？

HTML/CSSコーディングをする際に軽視しがちなのが「スペースの空き具合」です。行と行のあいだに空いているスペース（行間）、見出しの前後に空いているスペース、線で囲まれたボックスの上下左右に空いているスペース、背景画像と次のコンテンツとのあいだに空いているスペース…Webページには、いろいろなところにたくさんのスペースが空いています。

こうしたスペースは「なにもない、ただの空白地帯」に見えますが、実は重要な役割があります。スペースがあることで、読みやすくなったり、写真がより際立つようになったり、ページ全体に統一感が生まれたり、さまざまな効果があるのです。デザイナーは、どのくらいのスペースを空けるべきか、計算したうえでデザインを作っています。

Webデザインの場合は、特にコンテンツの上下に空いているマージンやパディングの大きさが重要です。コンテナやモジュールに分割する際や、分割後コーディングに移る際は空きスペースに注意を払い、できる限りもとのデザインを再現できるように、作業を進めましょう。

ただし、デザイナーも人間なので間違うこともあります。スペースの大きさがバラバラだったりするときは、ただ単に間違っているだけかもしれません。そのままHTMLで再現するのは無駄なので、疑問点があったらデザイナーと話し合ってみることも大事です。使える手段はすべて使って、高品質なページ作りを目指しましょう。

Chapter 2

2-7 コンテナに設定する背景、ボーダーライン

広い面積を塗りつぶす背景やビューポートの幅いっぱいに伸びるボーダーラインは、コンテナに適用します。どんな背景やボーダーをコンテナに適用すべきなのか、詳しく見ていきましょう。

▼ [コンテナにボーダーと背景を適用]

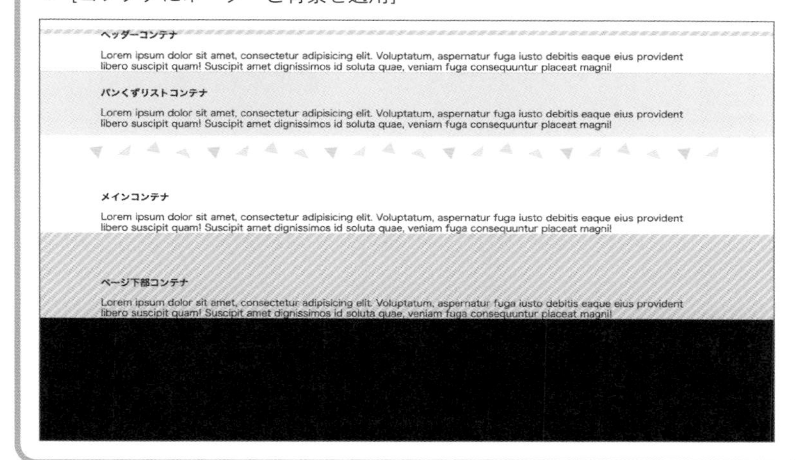

コンテナの背景やボーダーには2つのパターンがある

コンテナに適用する背景、ボーダーには2つのパターンがあります。

①ビューポートの幅いっぱいに広がる背景、ボーダー
②コンテンツと同じ幅で塗られる背景、ボーダー

サンプルデザインを例に、それぞれの背景が①②のどちらになるのか確認しましょう。このデザインではほとんどのコンテナの背景やボーダーがページの幅いっぱいに広がっている、つまり①のパターンになっていますが、メインコンテナの背景はコンテナの幅、つまり②のパターンになります。

▼ メインコンテナの背景はコンテナの幅、ほかはページいっぱいに広がる

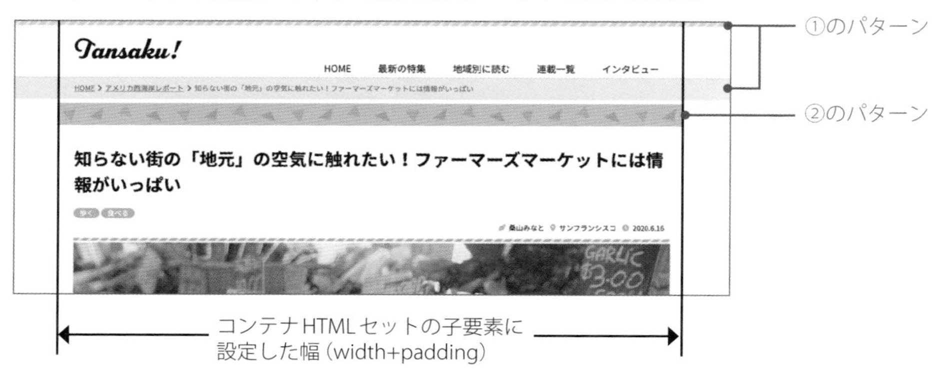

ページいっぱいに広がる背景やボーダーは、コンテナHTMLセットの親要素のほうに適用します。コンテナの幅で収まる背景やボーダーは、コンテナHTMLセットの子要素に適用します。

▼ コンテナHTMLセットとCSSの関係

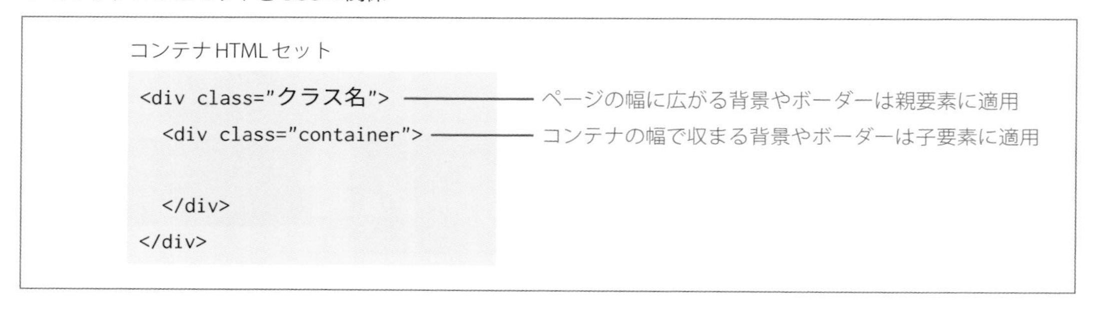

コンテナHTMLセット
<div class="クラス名">
<div class="container">
</div>
</div>
ページの幅に広がる背景やボーダーは親要素に適用
コンテナの幅で収まる背景やボーダーは子要素に適用

HTMLとCSSは次のソースコードのようになります。背景やボーダーを各コンテナの親要素に適用しているのか子要素に適用しているのか、クラス名に注目しながら確認してみてください。

HTML

samples/chap02/07/post.html

```
<header class="page-header">  ヘッダーコンテナ。背景画像とボーダーを親要素に適用
  <div class="header-container">
    ...
  </div>
  </div>
</header>
<div class="breadcrumb">  パンくずリストコンテナ。背景色を親要素に適用
  <div class="bc-container">
    ...
  </div>
  </div>
</div>
```

```
<div class="page-main">
  <div class="main-container">  ← メインコンテナ。背景画像を子要素に適用
    ...
  </div>
</div>
<div class="page-bottom">  ← ページ下部コンテナ。背景画像を親要素に適用
  <div class="bottom-container">
    ...
  </div>
</div>
<footer class="page-footer">  ← フッターコンテナ。背景画像を親要素に適用
  <div class="footer-container">
    ...
  </div>
</footer>
```

CSS

samples/chap02/07/css/style.css

```
/**
 * ****************************************
 * ヘッダー
 * ****************************************
 *
 * ヘッダーコンテナ
 */
.page-header {  ← ヘッダーコンテナ親要素
  background: url(../images/header-topline.svg) repeat-x;
  border-bottom: 1px solid #d8d8d8;
}
...
/**
 * ****************************************
 * パンくずリスト
 * ****************************************
 *
 * パンくずリストコンテナ
 */
...
@media (min-width: 768px) {
  /* PCだけスタイル適用 */
  .breadcrumb {  ← パンくずリストコンテナ親要素
    display: block;
    background: #efefef;
  }
  ...
}
```

```
/**
 * ****************************************
 * ページ下部
 * ****************************************
 *
 * ページ下部コンテナ
 */
.page-bottom {  ← ページ下部コンテナ親要素
  background: url(../images/bottom-bg.svg);
}
...
/**
 * ****************************************
 * フッター
 * ****************************************
 *
 * フッターコンテナ
 */
.page-footer {  ← フッターコンテナ親要素
  background: #000;
}
...
/**
 * ****************************************
 * メインコンテナ
 * ****************************************
/**
 * ****************************************
 * [post.html] 記事ページ - メインコンテナ
 * ****************************************
 */
.post .main-container {  ← メインコンテナ子要素
  padding: 80px 4% 0 4%;
  background: url(../images/post-bg.svg) repeat-x;
  background-position: 0 10px;
}
...
```

▼ ページに組み込まれたときの表示例

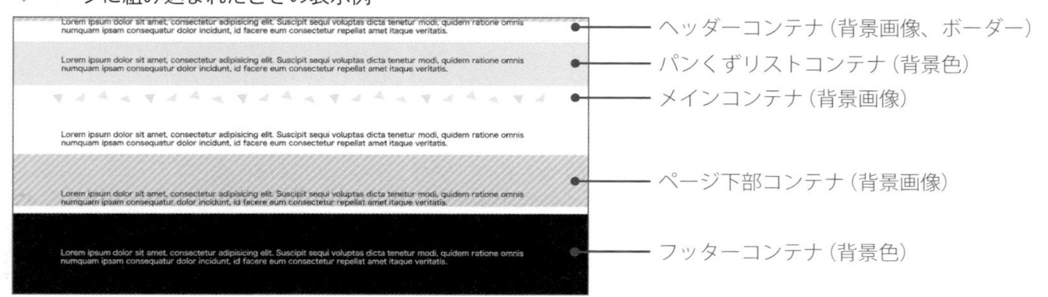

Chapter 3

メインコンテナを組み立てる

Webページのもっとも重要な部分「メインコンテナ」の中身を組み立てます。ここでもいきなりHTMLを書いたりしません。コンテナに分けたデザインをさらに細かく分割し、「モジュール」という単位に細分化してから、少しずつコーディングを進めていきます。メインコンテナのモジュールは比較的シンプルなHTML、CSSで実現できるものが多いのですが、バリエーションは多彩です。本章ではいろいろなモジュールのパターンを紹介します。

Chapter 3

3-1 モジュール

コンテナの作成が完了したら、次はモジュールを組み込んでいきます。モジュールとは、コンテナに含まれるコンテンツを小さく分割して部品にしたものです。小さい単位で考えることでHTMLやCSSを書きやすくし、また再利用できるソースコードにしやすくする効果があります。

デザインを確認する

この章では、コンテナに分割した記事ページ（post.html）のメインコンテナの中身をモジュールに分割していきます。

▼ これからモジュールに分割するメインコンテナ

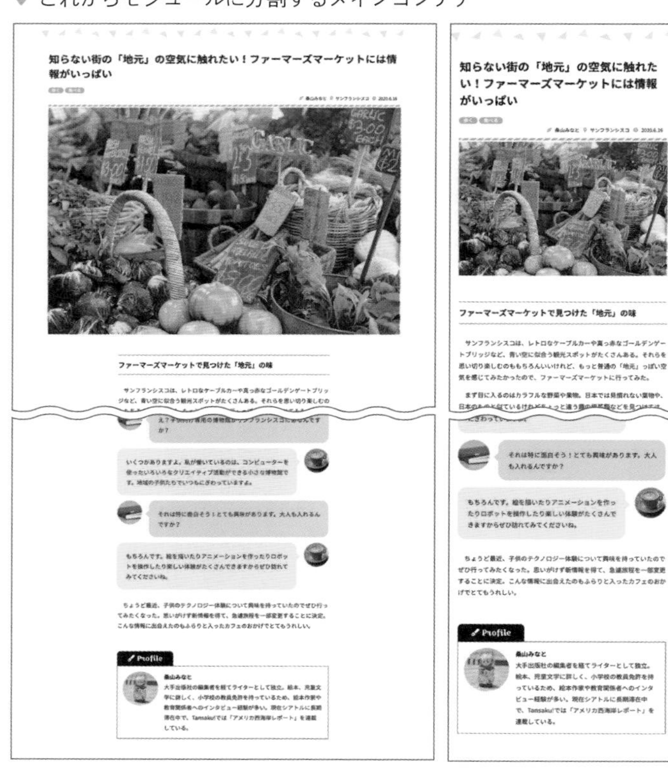

 モジュールはコンテンツを細かいパーツに分けたもの

各コンテナに含まれる中身を、意味のあるまとまりごとに小さなグループにしたものを、本書では**モジュール**と呼んでいます。デザインをモジュールに分割することにより、さまざまな利点があります。1つはもちろん、HTMLやCSSが書きやすくなることで、このためだけでもモジュール化する価値があります。それに、細かく分割することにより再利用しやすいソースコードが書けるので、同じようなパーツが出てきたときにほぼコピー＆ペーストで済む可能性が高まります。

それだけではありません。現在のWebサイトは、書いたHTML/CSSをそのまま公開するとはかぎりません。更新がしやすいようにCMSと呼ばれるプログラムを利用することも多く、そうしたプログラムに組み込むためにはHTMLを細かく部品に分ける必要があります。ページのデザインがモジュール化されていれば、CMSへの組み込み作業もスムーズになります。そのほか、Webサイトがどれだけ見られているかアクセス解析をするときや広告を挿入するときには専用のタグを埋め込むことがありますが、モジュール化によってHTMLが整理されれば、タグの埋め込み作業も効率的に行えます。

この章では、メインコンテナに含まれるコンテンツをモジュールに分割していきます。さっそくデザインを見ながら、どんな単位でモジュールに分割していくのか見ていきましょう。

まずは大きな単位で分割する

コンテナ内のコンテンツをモジュールに分割するときにはじめにすることは、コンテンツを大きく分割することです。コンテンツの中で幅が大きく変わったり、適用される背景色、背景画像が変わったりする部分があるときは、それぞれをグループ化します。

Chapter 2で分割してできたメインコンテナの中に含まれるコンテンツには、ページ上部の幅が広いところと、それより下の幅が狭いところがあります。まずはこの、幅が切り替わるところで分割してグループ化します。また、メインコンテンツの一番下の部分には、この記事を書いた人のプロフィールが掲載されている、囲みのボックスがあります。この部分は、ほかの記事のページでも同じものが載るはずだと考えて、ここも分割してグループ化します。

最終的にメインコンテンツは大きく3つのパートに分割されます。それぞれに名前を付けておきましょう。

- ポストヘッダー※1
- ポストコンテンツ
- ポストフッター

※1 名前の「ポスト」は「記事」の意味です。クラス名を付けるときに英単語のほうが使いやすいので、記事ではなくポストと命名しました。

▼ コンテンツを大きく3分割するモジュール

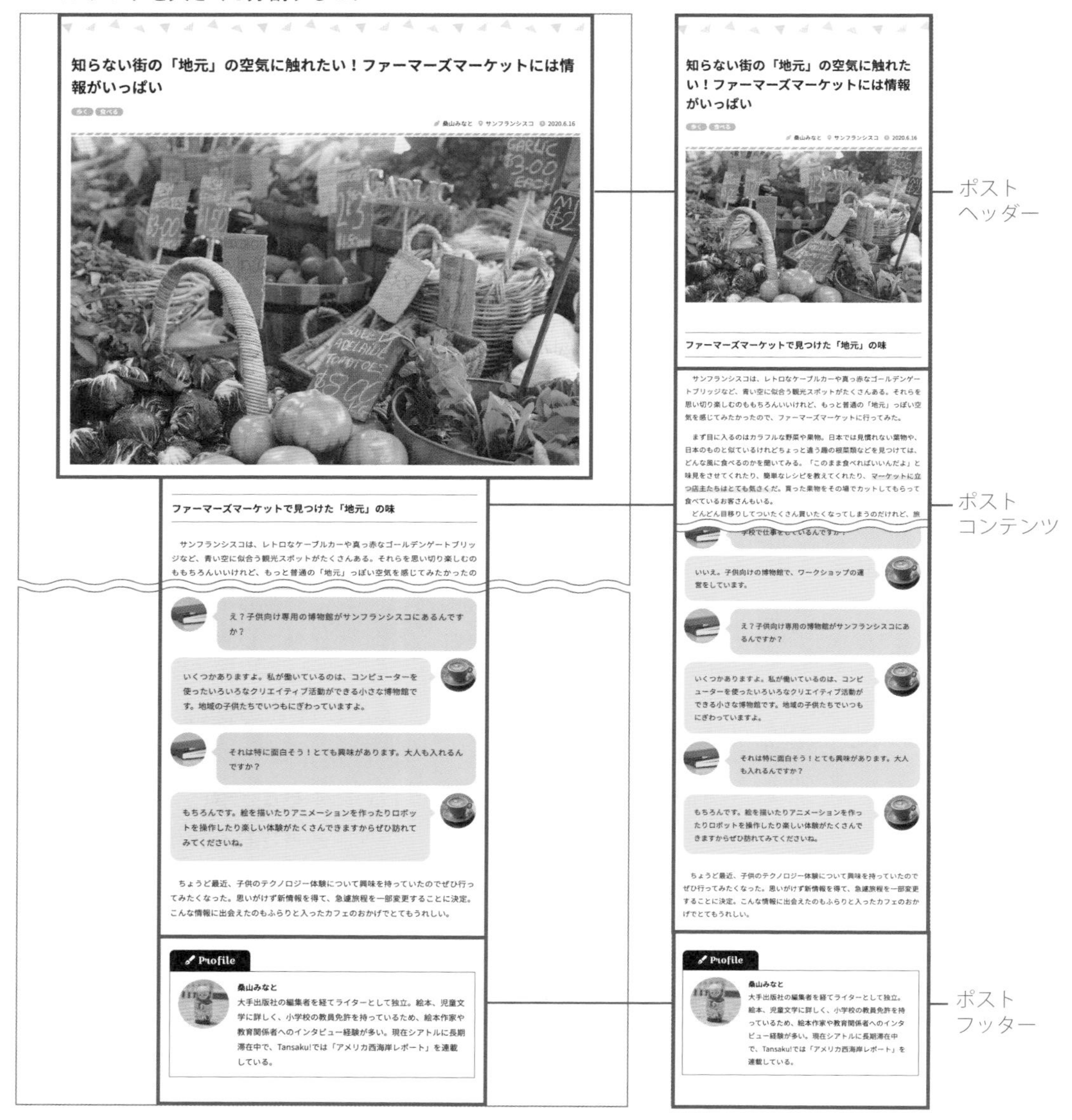

「3-3 グループ化モジュールの特徴と組み込み」

こうして分割した3つのパートをまとめて**グループ化モジュール**と呼ぶことにします。グループ化モジュールは、幅や背景を設定するために使用します。

Chapter 3

3-2 メインコンテナをモジュールに分割する

それぞれのグループ化モジュールに含まれるコンテンツを、さらに細かくモジュールに分割します。

ポストヘッダー内のモジュール

ポストヘッダーの中身をモジュールに分割します。モジュール分割の仕方に絶対的な答えはありません。みなさんならどう分割するか、デザインを見ながらまずは考えてみてください。

本書では次のように分割しました。すべてのモジュールのソースコードを紹介しますが、重要性や難易度などによって取り上げる順番が前後しますので、図中のサンプル番号も参照してください。

▼ポストヘッダー内は4つのモジュールに分割

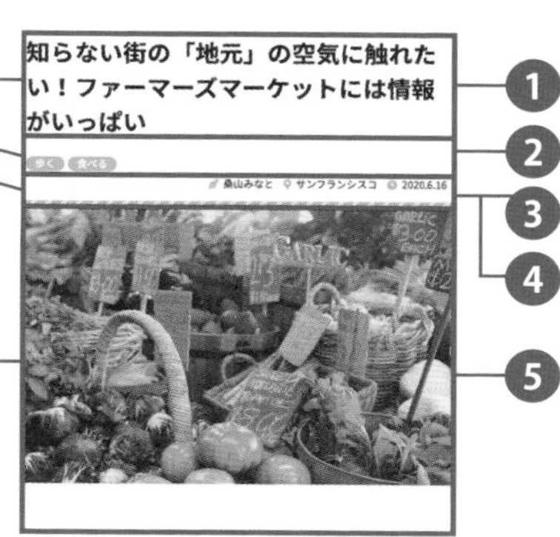

❶「3-4 記事タイトル」
❷「3-12 タグとカテゴリー」
❸「3-13 テキストの先頭にアイコン」
❹「3-14 ボックスに背景画像を適用」
❺「3-9 画像」

ポストコンテンツ内のモジュール

ポストコンテンツ内は次の図のように分割しました。ここで登場するモジュールの多くは使用頻度が高い、基本的なものが集まっています。特に記事など長文を掲載するページでよく使われます。

▼ポストコンテンツ内のモジュール（前半）

ファーマーズマーケットで見つけた「地元」の味

サンフランシスコは、レトロなケーブルカーや真っ赤なゴールデンゲートブリッジなど、青い空に似合う観光スポットがたくさんある。それらを思い切り楽しむのももちろんいいけれど、もっと普通の「地元」っぽい空気を感じてみたかったので、ファーマーズマーケットに行ってみた。

まず目に入るのはカラフルな野菜や果物。日本では見慣れない葉物や、日本のものと似ているけれどちょっと違う趣の根菜類などを見つけては、どんな風に食べる

ットの上にフレッシュな野菜のみじん切りがたっぷり敷き詰められている。味付けはオリーブオイルとバルサミコビネガーでシンプルに。そこに軽くグリルした野菜串とバジルがのせられ完成だ。実にシンプルなのだけれど、食べてみると、野菜の味がとても濃くて驚いた。

グリルとフレッシュ、野菜の味の深みが変わってどちらも楽しめた

ファーマーズマーケットで見つけた「地元」の味

サンフランシスコは、レトロなケーブルカーや真っ赤なゴールデンゲートブリッジなど、青い空に似合う観光スポットがたくさんある。それらを思い切り楽しむのももちろんいいけれど、もっと普通の「地元」っぽい空気を感じてみたかったので、ファーマーズマーケットに行ってみた。

まず目に入るのはカラフルな野菜や果物。日本では見慣れない葉物や、日本のものと似ているけれどちょっと違う趣の根菜類などを見つけては、どんな風に食べるのかを聞いてみる。「このまま食べればいいんだよ」と味見をさせてくれたり、簡単なレシピを教えてくれたり、マーケットに立つ店主たちはとても気さくだ。買った果物をその場でカットしてもらって食べているお客さんもいる。

どんどん目移りしてついたくさん買いたくなってしまうのだけれど、旅行で訪れているときは調理する場所も時間もない。でもどうしても何か欲しくて、オレンジを1個だけ買った。

食材を買えないのは残念だが、マーケットにはフードスタンドがいくつもある。網のうえでほどよく焼かれた牡蠣がガーリックのきいたいい香りを漂わせている。サンフランシスコというとカニのイメージを持っていたのだけれど、実は牡蠣も有名なのだ。1個から購入できるのでとりあえず食べてみると、裏切らないおいしさでワインが欲しくなった。

次に目に入ったのは、オーガニック野菜をふんだんに使ったオープンサンドだ。たくさんの野菜を並べた農家のテントで販売されている。店主のご夫婦に聞くと、ここベイエリアは健康志向でオーガニック食材を求める人が多いという。普段スーパーで買う野菜の味とどれほど違うのか知りたくて、さっそくオーダーした。バケットの上にフレッシュな野菜のみじん切りがたっぷり敷き詰められている。味付けはオリーブオイルとバルサミコビネガーでシンプルに。そこに軽くグリルした野菜串とバジルがのせられ完成だ。実にシンプルなのだけれど、食べてみると、野菜の味がとても濃くて驚いた。

❻

グリルとフレッシュ、野菜の味の深みが変わってどちらも楽しめた

❼

❻「3-5 見出しと本文」
❼「3-10 画像＋キャプション」

▼ ポストコンテンツ内のモジュール（後半）

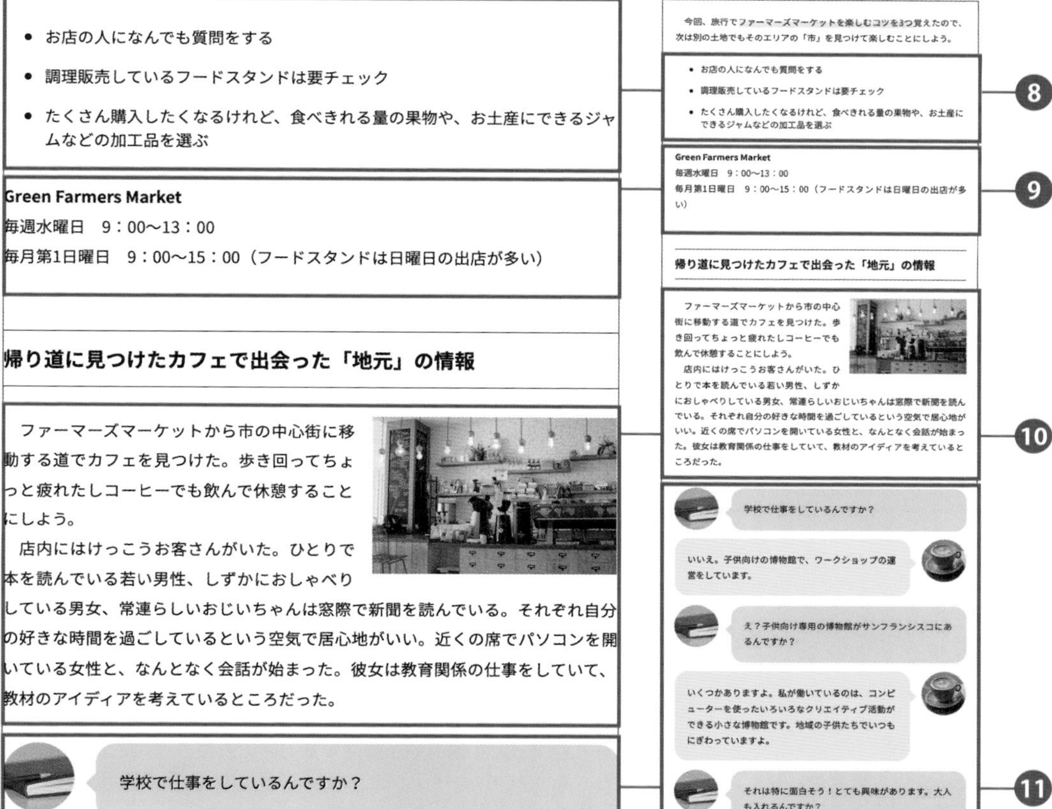

お店の人になんでも質問をする
調理販売しているフードスタンドは要チェック
たくさん購入したくなるけれど、食べきれる量の果物や、お土産にできるジャムなどの加工品を選ぶ
Green Farmers Market
毎週水曜日　9：00〜13：00
毎月第1日曜日　9：00〜15：00（フードスタンドは日曜日の出店が多い）
帰り道に見つけたカフェで出会った「地元」の情報
ファーマーズマーケットから市の中心街に移動する道でカフェを見つけた。歩き回ってちょっと疲れたしコーヒーでも飲んで休憩することにしよう。
店内にはけっこうお客さんがいた。ひとりで本を読んでいる若い男性、しずかにおしゃべりしている男女、常連らしいおじいちゃんは窓際で新聞を読んでいる。それぞれ自分の好きな時間を過ごしているという空気で居心地がいい。近くの席でパソコンを開いている女性と、なんとなく会話が始まった。彼女は教育関係の仕事をしていて、教材のアイディアを考えているところだった。
今回、旅行でファーマーズマーケットを楽しむコツを3つ覚えたので、次は別の土地でもそのエリアの「市」を見つけて楽しむことにしよう。
8
9
10
11

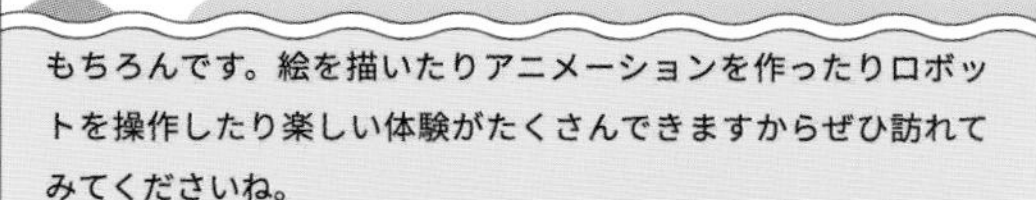

❽「3-8 リスト」
❾「3-15 ボックスを囲む」
❿「3-11 画像にテキストを回り込ませる」
⓫「3-16 チャット型のデザイン①〜ボックスを2つ並べる〜」
⓫「3-17 チャット型のデザイン②〜ボックスの大きさ調整・並び順の変更〜」
⓫「3-18 チャット型のデザイン③〜要素を円形に切り抜く〜」

ポストフッター内のモジュール

ポストフッター内のモジュールは1つです。画像とテキストが横に並ぶ、一般的に「メディアオブジェクト」と呼ばれるモジュールで、さまざまなCSSテクニックの組み合わせで作られます。

▼ ポストフッター内は1つのモジュール

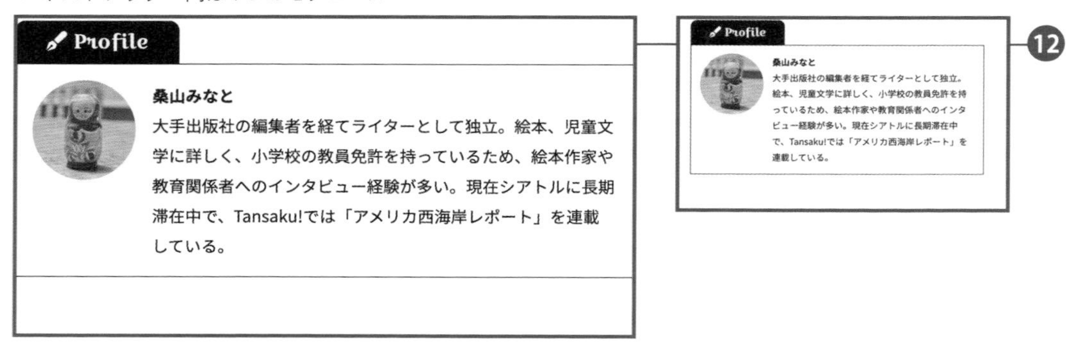

⓬「3-19 タブ付きボックス」

コラム

モジュール分割のコツ

コンテナに分割するときと違いモジュールの分割にはこれという絶対的な答えはなく、はじめは戸惑うかもしれません。それでも、モジュール分割にはある程度どんな場面でも通用する、考え方のコツが2つあります。1つはレイアウトの変わり目に注目することと、もう1つはレイアウトを実現するためにどんなCSSの機能を使うかを考えることで、このどちらかを意識すれば、多くのモジュール分割がうまくいきます。

たとえば、ポストコンテンツ内には会話が続くようなレイアウトがありますね。ここは、レイアウトの変わり目に注目するのであれば、前後のレイアウトと大きく変わっていることが明らかです。また、使うCSSの機能を考える場合、おそらくフレックスボックスかグリッドレイアウトを使うはずだという想像ができれば、モジュールとして分割できます。いずれにしても、デザインをよく観察することが大事です。

▼ モジュール分割の考え方

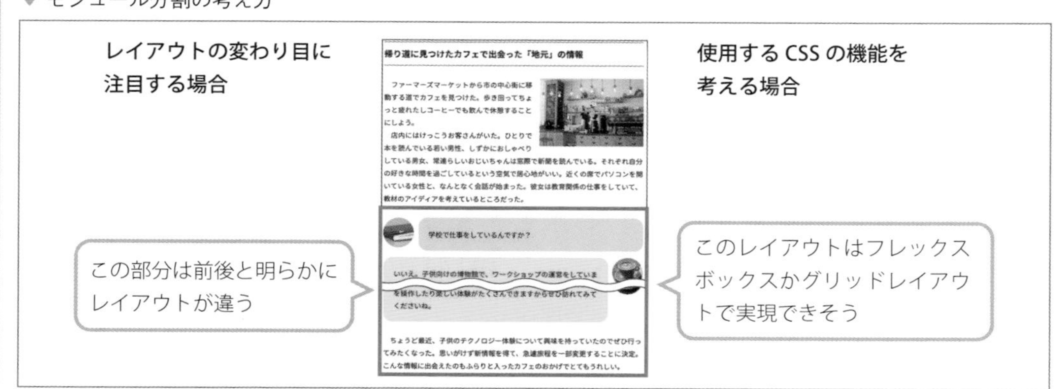

Chapter 3

3-3 グループ化モジュールの特徴と組み込み

グループ化モジュールは、CSSを効率的に適用したり、ソースコードを整理したりする目的で、複数のモジュールをまとめるために作ります。レイアウトが複雑なページでよく利用します。

▼ グループ化モジュール

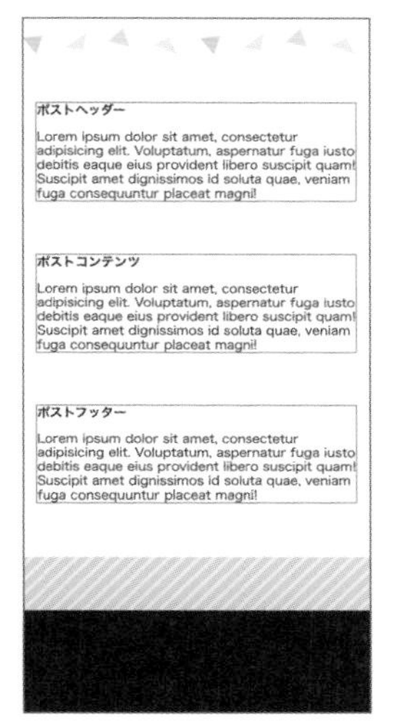

グループ化モジュールがあればCSSを適用しやすくなる

グループ化モジュールは、コンテナ内のコンテンツをグループ化するために使用します。グループ化モジュールを使用する大きな理由が**CSSを効率的に適用する**ことにあります。

たとえばサンプルデザインのメインコンテナは、上部とそれ以降で大きく幅が変わっています。それぞれの要素、見出し、画像、テキストなどに個別に幅を設定するのは非効率ですが、グループ化モジュールがあればその幅を設定するだけで済みます。

また、グループ化モジュールにマージンやパディングを設定して、隣接する別のグループ化モジュールとのあいだにスペースを作ることもできます。グループ化モジュールに背景を設定するときはパディングを、しないときはマージンを設定します。

Note **モジュール化していれば、サイトの運営中もデザインの一貫性を維持できる**

サイトの運営中は、人気のあるコンテンツをページの上のほうに移動するなどして、モジュールの順序が入れ替わることがあります。しかも、一度運営が始まったサイトの更新業務は、必ずしも経験豊富な技術者が行うとはかぎりません。モジュールが入れ替わってもCSSを編集せずにデザインの一貫性を維持できるのはメリットが大きいものです。

サンプルのメインコンテナには3つのグループ化モジュールがあります（「3-1 モジュール」参照）。それぞれのグループ化モジュールの幅、マージンは次のような設定にしてあります。

▼ グループ化モジュールの幅、マージンの設定

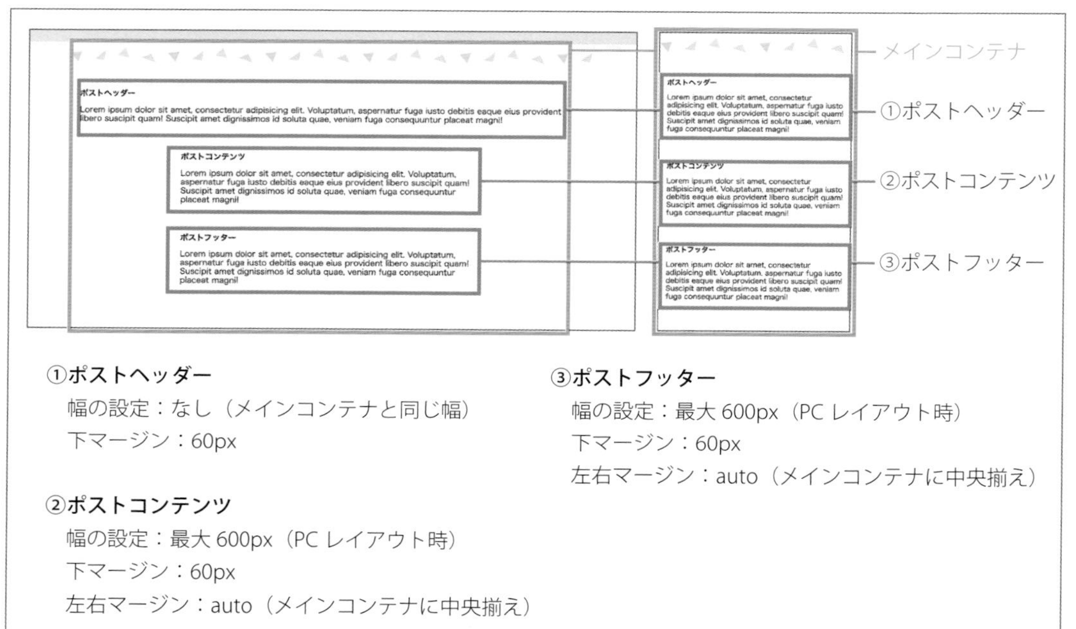

HTML

samples/chap03/03/post.html

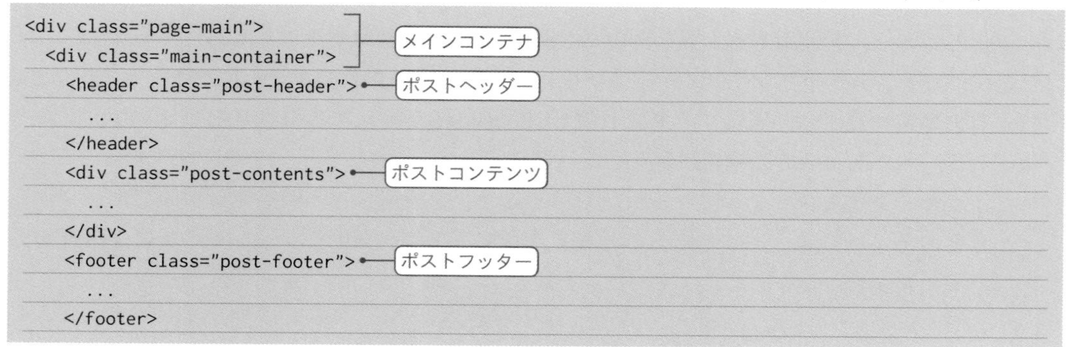

```
<div class="page-main">
  <div class="main-container">
    <header class="post-header">
      ...
    </header>
    <div class="post-contents">
      ...
    </div>
    <footer class="post-footer">
      ...
    </footer>
```

```
  </div>
</div>
```

CSS

samples/chap03/03/css/style.css

```
/**
 * ---------------------------------------
 * ポストヘッダー
 */
.post-header {
  margin-bottom: 60px;
}

/**
 * ---------------------------------------
 * ポストコンテンツ
 */
.post-contents {
  margin: 0 0 60px 0;
}
@media (min-width: 768px) {
  .post-contents {
    max-width: 600px;
    margin: 0 auto 60px auto;
  }
}

/**
 * ---------------------------------------
 * ポストフッター
 */
.post-footer {
  margin: 0 0 60px 0;
}
@media (min-width: 768px) {
  .post-footer {
    max-width: 600px;
    margin: 0 auto 60px auto;
  }
}
```

▼ページに組み込まれたときの表示例

Chapter 3

3-4 記事タイトル

ここからは、実際にページ上に表示されるモジュールを作成していきます。まずは記事タイトルモジュールから。ページの中でもっとも重要なタイトルを表示します。

▼記事タイトルモジュール

知らない街の「地元」の空気に触れたい！ファーマーズマーケットには情報がいっぱい

知らない街の「地元」の空気に触れたい！ファーマーズマーケットには情報がいっぱい

タイトルを表示するための簡単なモジュール

記事の大見出し、ページタイトルなど、ページの一番重要なタイトルを表示する基本的なモジュールです。モジュールといっても使っているのは<h1>タグ1つだけの簡単なものです。

記事タイトルなど、ページのもっとも重要なタイトルや見出しには<h1>タグを使います。

HTML

samples/chap03/04/post.html

```
<header class="post-header">
  <h1>知らない街の「地元」の空気に触れたい！ファーマーズマーケットには情報がいっぱい</h1>
</header>
```

CSS

samples/chap03/04/css/style.css

```
...
.post-header h1 {
  margin: 0 0 20px 0;
  font-size: 1.875rem;
  line-height: 1.5;
}
```

▼ ページに組み込まれたときの表示

知らない街の「地元」の空気に触れたい！ファーマーズマーケットには情報がいっぱい

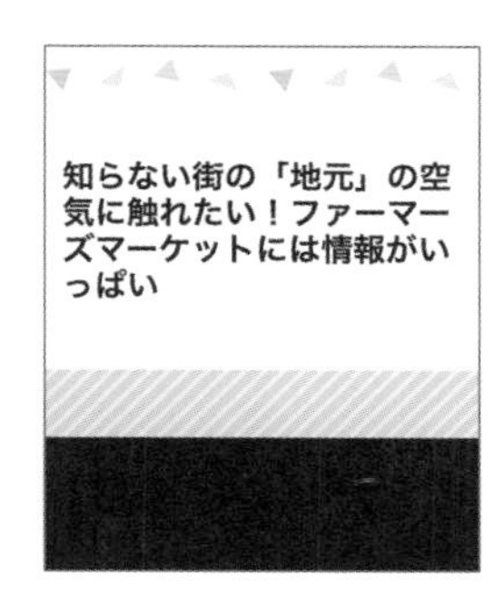

実践のポイント　記事タイトルモジュールのCSS

記事タイトルモジュールに設定するCSSでは、次のようなスタイルを調整します（カッコ内はサンプルでの設定）。

- マージンの調整（上0、下20px）
- フォントサイズの調整（1.875rem※2）
- タイトルが2行以上になったときのための行間の調整（1.5）

<h1>のデフォルトCSSには上下マージンが設けられています。<h1>タグはページの主要なコンテンツの中で最初に出てくることが多いはずで、そのマージンは親要素のパディングと隣接することになります。

レイアウトのしやすさやCSSの書きやすさを考えれば、上マージンは0にしておくとよいでしょう。もし<h1>の上にスペースが必要なときは、親要素（グループ化モジュールかコンテナになるはずです）のパディングで設定します。

※2　remは大きさを表す単位で、<html>に設定されているフォントサイズを1remとし、その倍数を指定します。サンプルでは<html>のフォントサイズをPCレイアウトでは16px、モバイルレイアウトでは14pxにしているので、<h1>のフォントサイズはそれぞれ30px、約26pxになります。

▼ <h1>の上マージンは親要素のパディングと隣接するケースが多い

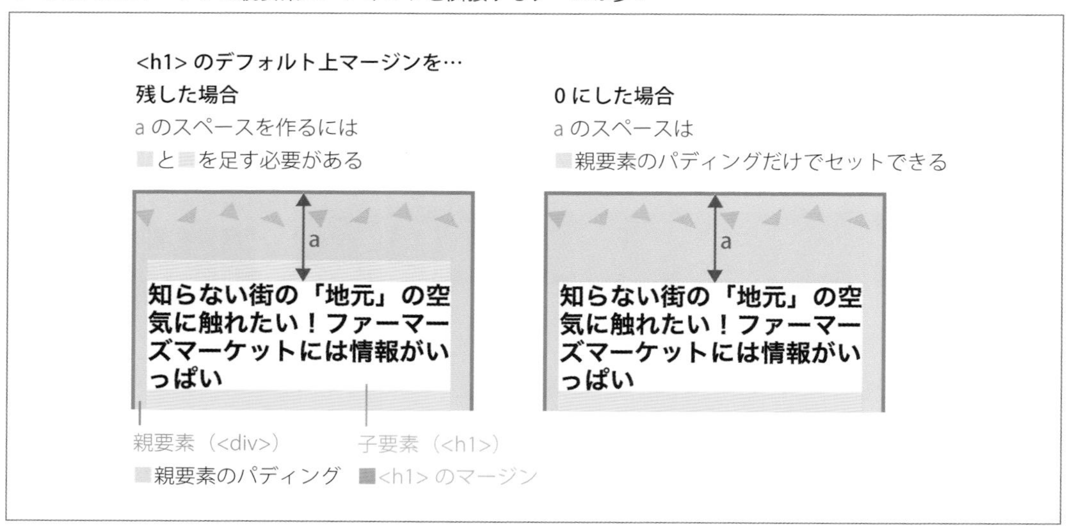

解説 行間を設定するline-heightプロパティ

line-heightは「1行の高さ」を設定するプロパティで、テキストの上下にスペースを作ります。たとえば値に「1.5」と指定すると、1行の高さが設定されているフォントサイズの1.5倍になります。値に単位は付けません。

▼ line-heightプロパティで設定される1行分の高さ

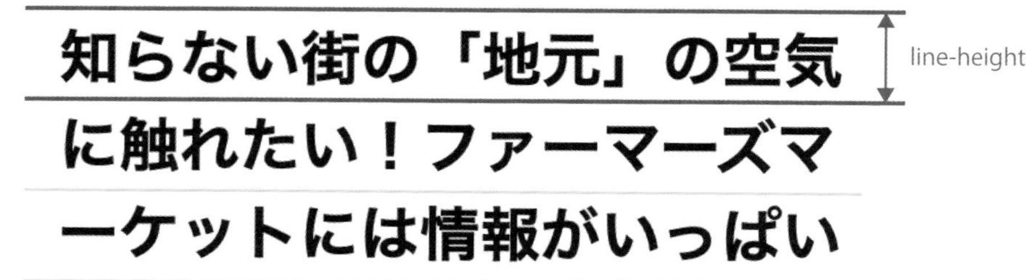

書式：line-heightプロパティ

```
line-height: 1行の高さ;
```

Chapter 3

3-5 見出しと本文

見出しモジュールと本文の段落モジュールを作成します。記事タイトル同様ごく基本的なモジュールです。

▼ 見出しと本文

知らない街の「地元」の空気に触れたい！ファーマーズマーケットには情報がいっぱい

ファーマーズマーケットで見つけた「地元」の味

サンフランシスコは、レトロなケーブルカーや真っ赤なゴールデンゲートブリッジなど、青い空に似合う観光スポットがたくさんある。それらを思い切り楽しむのももちろんいいけれど、もっと普通の「地元」っぽい空気を感じてみたかったので、ファーマーズマーケットに行ってみた。

まず目に入るのはカラフルな野菜や果物。日本では見慣れない葉物や、日本のものと似ているけれどちょっと違う趣の根菜類などを見つけては、どんな風に食べるのかを聞いてみる。「このまま食べればいいんだよ」と味見をさせてくれたり、簡単なレシピを教えてくれたり、マーケットに立つ店主たちはとても気さくだ。買った果物をその場でカットしてもらって食べているお客さんもいる。

どんどん目移りしてついたくさん買いたくなってしまうのだけれど、旅行で訪れているときは調理する場所も時間もない。でもどうしても何か欲しくて、オレンジを1個だけ買った。

見出しと段落を表示するためのモジュール

記事の見出しと本文（段落）のテキストを表示するモジュールです。前節3-4同様、ごく基本的なモジュールの1つです。

見出しは<h1>～<h6>を、本文は<p>を使います。ただし、記事タイトルなどページ全体に付ける一番重要なタイトル（見出し）に<h1>を使っている場合は、<h2>以下を使います。

見出しやテキスト段落に適用するCSSでは、一般的に上下マージン、フォントサイズ、行間などを設定します。またデザインによっては、テキスト色や背景色、ボーダーラインを設定することもあるでしょう。本書のサンプルでは見出しの上下にボーダーラインを引いています。ボーダーラインのCSSプロパティについて詳しくは「3-15 ボックスを囲む」で取り上げます。

HTML

samples/chap03/05/post.html

```
<div class="post-contents">
  <h2>ファーマーズマーケットで見つけた「地元」の味</h2> ●─ 見出し
  <p>　サンフランシスコは、レトロなケーブルカーや真っ赤なゴールデンゲートブリッジなど、青い空に似合う観光スポットがたくさんある。...</p> ●─ 本文
  <p>　まず目に入るのはカラフルな野菜や果物。...</p> ●─┘
</div>
```

CSS

samples/chap03/05/css/style.css

```
/* post-contentsの1つ目の要素の上マージンを0にする */
.post-contents > *:first-child {
  margin-top: 0;
}
/* h2 */
.post-contents h2 {
  margin: 60px 0 30px 0; ●─ 上マージン60px、下マージン30px
  padding: 1rem 0;
  border-top: 1px solid #000;
  border-bottom: 1px solid #000;
  font-size: 1.25rem; ●─ フォントサイズ。PCレイアウトでは16px × 1.25=20px、
                         モバイルレイアウトでは14px × 1.25=17.5px
}
/* p */
.post-contents p {
  margin: 30px 0;
  line-height: 1.9;
  text-align: justify; ●─ 行揃えを両端揃えに
}
```

▼ページに組み込まれたときの表示例

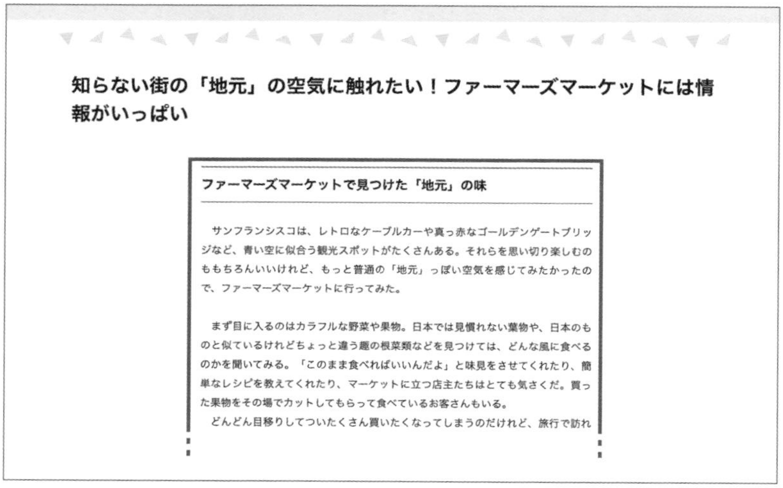

知らない街の「地元」の空気に触れたい！ファーマーズマーケットには情報がいっぱい

ファーマーズマーケットで見つけた「地元」の味

サンフランシスコは、レトロなケーブルカーや真っ赤なゴールデンゲートブリッジなど、青い空に似合う観光スポットがたくさんある。それらを思い切り楽しむのももちろんいいけれど、もっと普通の「地元」っぽい空気を感じてみたかったので、ファーマーズマーケットに行ってみた。

まず目に入るのはカラフルな野菜や果物。日本では見慣れない葉物や、日本のものと似ているけれどちょっと違う趣の根菜類などを見つけては、どんな風に食べるのかを聞いてみる。「このまま食べればいいんだよ」と味見をさせてくれたり、簡単なレシピを教えてくれたり、マーケットに立つ店主たちはとても気さくだ。買った果物をその場でカットしてもらって食べているお客さんもいる。

どんどん目移りしてついたくさん買いたくなってしまうのだけれど、旅行で訪れ

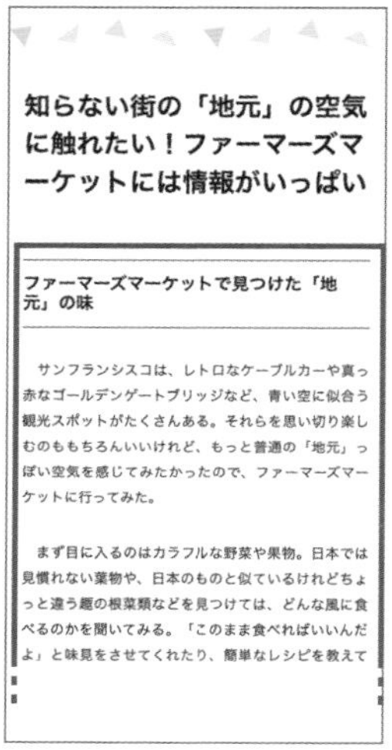

知らない街の「地元」の空気に触れたい！ファーマーズマーケットには情報がいっぱい

ファーマーズマーケットで見つけた「地元」の味

サンフランシスコは、レトロなケーブルカーや真っ赤なゴールデンゲートブリッジなど、青い空に似合う観光スポットがたくさんある。それらを思い切り楽しむのももちろんいいけれど、もっと普通の「地元」っぽい空気を感じてみたかったので、ファーマーズマーケットに行ってみた。

まず目に入るのはカラフルな野菜や果物。日本では見慣れない葉物や、日本のものと似ているけれどちょっと違う趣の根菜類などを見つけては、どんな風に食べるのかを聞いてみる。「このまま食べればいいんだよ」と味見をさせてくれたり、簡単なレシピを教えて

実践のポイント 最初の要素の上マージンを0にするには

テキスト主体のページでは一般的に、見出しの<h1>～<h6>や<p>などが連続します。そのとき、見出しと段落のあいだ、もしくは段落と段落のあいだには一定のスペース（マージン）を空けたいけれども、最初に出てくる要素の上にはスペースを空けたくない、ということがよくあります。その場合は次のようなCSSを追加します。

CSS

ポストコンテンツ（P.115参照）内の1つ目の要素の上マージンを0にする

```
.post-contents > *:first-child {
  margin-top: 0;
}
```

このスタイルによって、<div class="post-contents">～</div>に含まれる直接の子要素のうち、最初に出てくる要素の上マージンが0になります。最初に出てくる子要素が<h2>であっても<h3>であっても、はたまた<p>であっても上マージンを0にできるので、どんな記事であってもレイアウトを保つことができます。

:first-child擬似クラスは、これより前に書かれたセレクタ、ここでは「.post-contents > *」で選択される要素のうち、最初の要素だけを選択してスタイルを適用します※3。

▼ :first-child擬似クラスは、「.post-contents > *」で選択される要素のうち、最初に出てくる要素だけを選択する

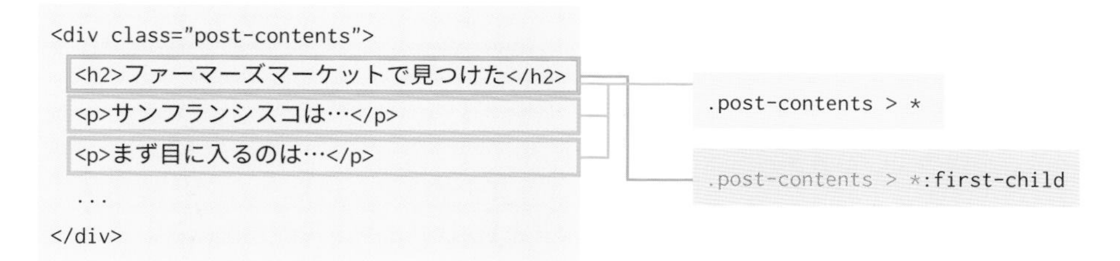

解説 テキストの行揃え

text-alignはテキストの行揃えを設定するプロパティです。

書式：text-alignプロパティ

```
text-align: 行揃えのキーワード;
```

値に設定できるおもな行揃えのキーワードは次の4つです。

▼ text-alignプロパティに使えるおもな値（行揃えのキーワード）

値	説明
left	左揃え
right	右揃え
center	中央揃え
justify	両端揃え

※3　子セレクタ（>）を使用しているため、<div class="post-contents">の直接の子要素のみが選択されます。孫要素は選択対象になりません。

Chapter 3

3-6 Webフォントの使用

ページ全体にWebフォントを使用します。

▼ Webフォントの使用

Webフォントを使用する

前節3-5のサンプルをベースに、ページ全体のテキストをWebフォントで表示します。

Webフォントとは、その名のとおりWeb上に公開されているフォントのことです。Webフォントを使うことにより、OS、端末を問わずどんな機器で見ても同じフォントで表示されるようになるためデザインの一貫性を保てるという大きなメリットがあります。現在公開されている多くのWebサイトで、Webフォントが使われています。

Webフォントを使うには、一般的にはWebフォントサービスを利用することになります。Webフォントサービスには有料のものと無料のものとがありますが、本書のサンプルでは無料で使えるGoogle Fontsを使用しています。

URL **Google Fonts**
https://fonts.google.com

サンプルではページ全体のフォントを、Google Fontsで使える日本語フォント「Noto Sans JP」にしています。

Note 使い方は各サービスで異なる

Webフォントの使い方、ページへの埋め込み方は利用するサービスによって異なります。実際に利用する際は各Webサービスのヘルプなどを参照してください。

HTML

samples/chap03/06/post.html

```
...
<head>
<meta charset="utf-8">
<meta name="viewport" content="width=device-width, initial-scale=1">
<title>Webフォントの使用</title>
<link href="css/normalize.css" rel="stylesheet">
<link href="css/style.css" rel="stylesheet">
<link href="https://fonts.googleapis.com/css?family=Noto+Sans+JP:400,700&display=swap&subset=japanese" rel="stylesheet">
<link href="https://fonts.googleapis.com/css?family=Croissant+One&display=swap" rel="stylesheet">
<link href="https://use.fontawesome.com/releases/v5.6.1/css/all.css" rel="stylesheet">
</head>
...
```

CSS

samples/chap03/06/css/style.css

```
@charset "utf-8";

/**
 * ****************************************
 * ページ全体に関わるCSSの設定
 * ****************************************
 */
...
body {
  font-family: 'Noto Sans JP', sans-serif;
  font-weight: 400; /* Noto Sans JPのレギュラーウェイトを指定 */
}
/* おもな太字タグのフォントウェイト設定 */
h1, h2, h3, h4, h5, h6, th, strong {
  font-weight: 700;
}
...
```

▼ページに組み込まれたときの表示例

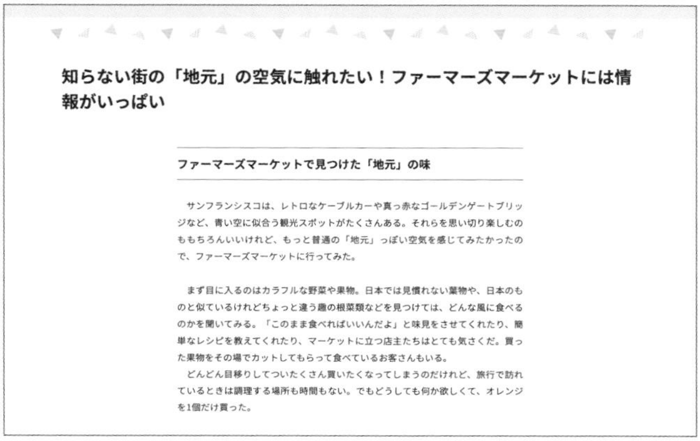

知らない街の「地元」の空気に触れたい！ファーマーズマーケットには情報がいっぱい

ファーマーズマーケットで見つけた「地元」の味

サンフランシスコは、レトロなケーブルカーや真っ赤なゴールデンゲートブリッジなど、青い空に似合う観光スポットがたくさんある。それらを思い切り楽しむのももちろんいいけれど、もっと普通の「地元」っぽい空気を感じてみたかったので、ファーマーズマーケットに行ってみた。

まず目に入るのはカラフルな野菜や果物。日本では見慣れない葉物や、日本のものと似ているけれどちょっと違う趣の根菜類などを見つけては、どんな風に食べるのかを聞いてみる。「このまま食べればいいんだよ」と味見をさせてくれたり、簡単なレシピを教えてくれたり、マーケットに立つ店主たちはとても気さくだ。買った果物をその場でカットしてもらって食べているお客さんもいる。
どんどん目移りしてついたくさん買いたくなってしまうのだけれど、旅行で訪れているときは調理する場所も時間もない。でもどうしても何か欲しくて、オレンジを1個だけ買った。

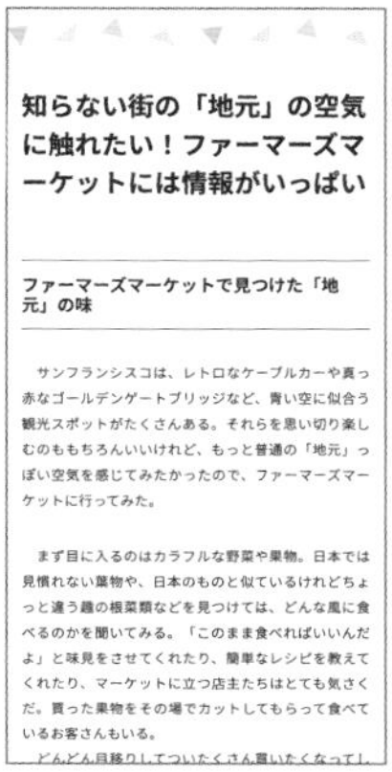

知らない街の「地元」の空気に触れたい！ファーマーズマーケットには情報がいっぱい

ファーマーズマーケットで見つけた「地元」の味

サンフランシスコは、レトロなケーブルカーや真っ赤なゴールデンゲートブリッジなど、青い空に似合う観光スポットがたくさんある。それらを思い切り楽しむのももちろんいいけれど、もっと普通の「地元」っぽい空気を感じてみたかったので、ファーマーズマーケットに行ってみた。

まず目に入るのはカラフルな野菜や果物。日本では見慣れない葉物や、日本のものと似ているけれどちょっと違う趣の根菜類などを見つけては、どんな風に食べるのかを聞いてみる。「このまま食べればいいんだよ」と味見をさせてくれたり、簡単なレシピを教えてくれたり、マーケットに立つ店主たちはとても気さくだ。買った果物をその場でカットしてもらって食べているお客さんもいる。

Chapter 3

3-7 テキストを強調するマーカー

テキストの一部を強調表示するモジュールです。タグには<mark>を使い、CSSではグラデーション機能を用いて文字の下半分に線を引いたようなデザインにします。

▼テキストの一部を強調するマーカーモジュール

知らない街の「地元」の空気に触れたい！ファーマーズマーケットには情報がいっぱい

ファーマーズマーケットで見つけた「地元」の味

サンフランシスコは、レトロなケーブルカーや真っ赤なゴールデンゲートブリッジなど、青い空に似合う観光スポットがたくさんある。それらを思い切り楽しむのももちろんいいけれど、もっと普通の「地元」っぽい空気を感じてみたかったので、ファーマーズマーケットに行ってみた。

まず目に入るのはカラフルな野菜や果物。日本では見慣れない葉物や、日本のものと似ているけれどちょっと違う趣の根菜類などを見つけては、どんな風に食べるのかを聞いてみる。「このまま食べればいいんだよ」と味見をさせてくれたり、簡単なレシピを教えてくれたり、マーケットに立つ店主たちはとても気さくだ。買った果物をその場でカットしてもらって食べているお客さんもいる。

どんどん目移りしてついたくさん買いたくなってしまうのだけれど、旅行で訪れているときは調理する場所も時間もない。でもどうしても何か欲しくて、オレンジを1個だけ買った。

知らない街の「地元」の空気に触れたい！ファーマーズマーケットには情報がいっぱい

ファーマーズマーケットで見つけた「地元」の味

サンフランシスコは、レトロなケーブルカーや真っ赤なゴールデンゲートブリッジなど、青い空に似合う観光スポットがたくさんある。それらを思い切り楽しむのももちろんいいけれど、もっと普通の「地元」っぽい空気を感じてみたかったので、ファーマーズマーケットに行ってみた。

まず目に入るのはカラフルな野菜や果物。日本では見慣れない葉物や、日本のものと似ているけれどちょっと違う趣の根菜類などを見つけては、どんな風に食べるのかを聞いてみる。「このまま食べればいいんだよ」と味見をさせてくれたり、簡単なレシピを教えてくれたり、マーケットに立つ店主たちはとても気さくだ。買った果物をその場でカットしてもらって食べているお客さんもいる。

蛍光ペンで線を引いたような表示にする

<mark>というタグがあります。名前のとおり、「テキストにマーカーを塗る」とか「ハイライトする」という意味のタグで、テキストを<mark>～</mark>で囲むと蛍光ペンで線を引いたように表示になります。

CSSを使えば、この表示を変更することができます。ここではCSSのグラデーション機能を使って、テキストの下半分くらいに下線が引かれるような見た目にしてみましょう。

▼<mark>タグの標準的な表示

まず目に入るのはカラフルな野菜や果物。日本では見慣れない葉物や、日本のものと似ているけれどちょっと違う趣の根菜類などを見つけては、どんな風に食べるのかを聞いてみる。「このまま食べればいいんだよ」と味見をさせてくれたり、簡単なレシピを教えてくれたり、マーケットに立つ店主たちはとても気さくだ。買った果物をその場でカットしてもらって食べているお客さんもいる。

どんどん目移りしてついたくさん買いたくなってしまうのだけれど、旅行で訪れているときは調理する場所も時間もない。でもどうしても何か欲しくて、オレンジを1個だけ買った。

HTML

samples/chap03/07/post.html

```
<div class="post-contents">
  <h2>ファーマーズマーケットで見つけた「地元」の味</h2>
  <p>　サンフランシスコは、...ファーマーズマーケットに行ってみた。
  </p>
  <p>　まず目に入るのはカラフルな野菜や果物。日本では見慣れない葉物や、日本のものと似ているけれど
ちょっと違う趣の根菜類などを見つけては、どんな風に食べるのかを聞いてみる。「このまま食べればいいん
だよ」と味見をさせてくれたり、簡単なレシピを教えてくれたり、<mark>マーケットに立つ店主たちはとても
気さく</mark>だ。買った果物をその場でカットしてもらって食べているお客さんもいる。...
  </p>
  ...
</div>
```

CSS

samples/chap03/07/css/style.css

```
/**
 * ---------------------------------------
 * ポストコンテンツ
 */
...
/* p */
.post-contents p {
  margin: 30px 0;
  line-height: 1.9;
  text-align: justify;
}
/* p mark */
.post-contents mark {
  background: linear-gradient(transparent
50%,#ffff7c 50%);
}
```

▼ページに組み込まれたときの表示例

知らない街の「地元」の空気に触れたい！ファーマーズマーケットには情報がいっぱい

ファーマーズマーケットで見つけた「地元」の味

サンフランシスコは、レトロなケーブルカーや真っ赤なゴールデンゲートブリッジなど、青い空に似合う観光スポットがたくさんある。それらを思い切り楽しむのももちろんいいけれど、もっと普通の「地元」っぽい空気を感じてみたかったので、ファーマーズマーケットに行ってみた。

まず目に入るのはカラフルな野菜や果物。日本では見慣れない葉物や、日本のものと似ているけれどちょっと違う趣の根菜類などを見つけては、どんな風に食べるのかを聞いてみる。「このまま食べればいいんだよ」と味見をさせてくれたり、簡単なレシピを教えてくれたり、マーケットに立つ店主たちはとても気さくだ。買った果物をその場でカットしてもらって食べているお客さんもいる。
どんどん目移りしてついたくさん買いたくなってしまうのだけれど、旅行で訪れているときは調理する場所も時間もない。でもどうしても何か欲しくて、オレンジを1個だけ買った。

知らない街の「地元」の空気に触れたい！ファーマーズマーケットには情報がいっぱい

ファーマーズマーケットで見つけた「地元」の味

サンフランシスコは、レトロなケーブルカーや真っ赤なゴールデンゲートブリッジなど、青い空に似合う観光スポットがたくさんある。それらを思い切り楽しむのももちろんいいけれど、もっと普通の「地元」っぽい空気を感じてみたかったので、ファーマーズマーケットに行ってみた。

まず目に入るのはカラフルな野菜や果物。日本では見慣れない葉物や、日本のものと似ているけれどちょっと違う趣の根菜類などを見つけては、どんな風に食べるのかを聞いてみる。「このまま食べればいいんだよ」と味見をさせてくれたり、簡単なレシピを教えてくれたり、マーケットに立つ店主たちはとても気さくだ。買った果物をその場でカットしてもらって食べているお客さんもいる。
どんどん目移りしてついたくさん買いたくなってしまうのだけれど、旅行で訪れているときは調理する場所も時間もない。でもどうしても何か欲しくて、オレンジを1個だけ買った。

解説 背景にグラデーションを適用するには

要素の背景を設定するbackgroundプロパティの値に使用したlinear-gradient()は、直線的なグラデーションを生成します。書式が複雑で多数のパターンがあるのですが、ここではもっとも基本的なものを紹介します。

書式：linear-gradient()の書式

```
linear-gradient(開始色, 終了色)
```

この書式のように()内で2色を指定すると、上から下へのグラデーションが作られます。

指定する開始色や終了色といった「色」には、色を表す数値だけでなく、その色にどこで切り替わるかを、グラデーションのスタート地点からの割合で指定することができます。たとえば次のようなCSSを書くと、スタート地点から50%の位置で、終了色の「#80c269」に切り替わります。

▼開始色と終了色の2色を指定すると上から下への直線的なグラデーションになる

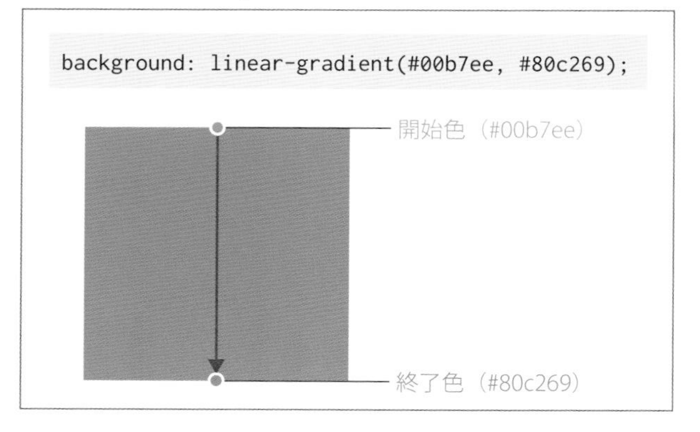

CSS 開始点から50%の位置で終了色に切り替わる。色と位置を表す%の数値は半角スペースで区切る

```
background: linear-gradient(#00b7ee, #80c269 50%);
```

▼スタート地点から50%の場所で終了色に切り替わる

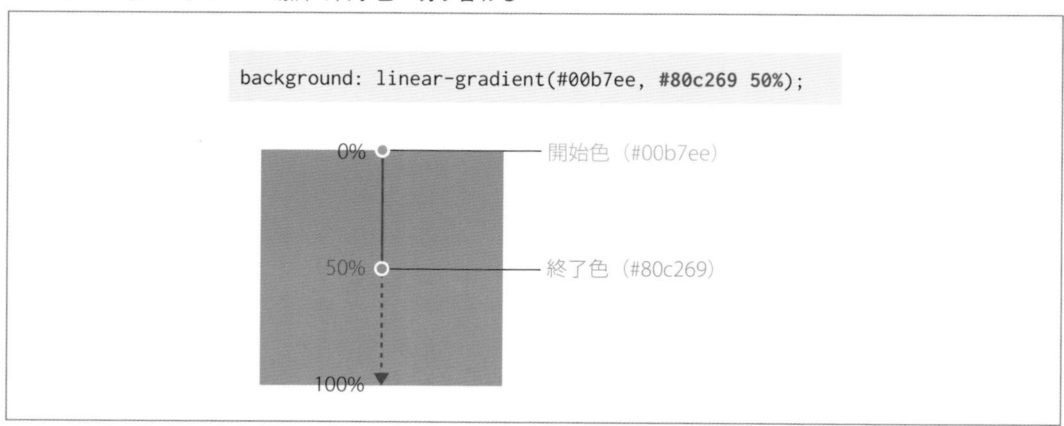

サンプルで紹介したグラデーションを見てみましょう。

CSS マーカーの表現に使用したグラデーションのCSS

```
background: linear-gradient(transparent 50%, #ffff7c 50%);
```

開始色が「transparent 50%」になっています。transparentというのは「透明（色なし）」を表すキーワードで、色の数値の代わりに使えます。また、開始色がスタート地点から50%の位置で始まるように設定されています。

終了色は「#ffff7c 50%」となっています。「#ffff7c（黄色）」が、スタート地点から50%の位置で始まるようになっています。このスタイルによって、描かれるグラデーションはこのようになります。

▼マーカーに使用したグラデーション

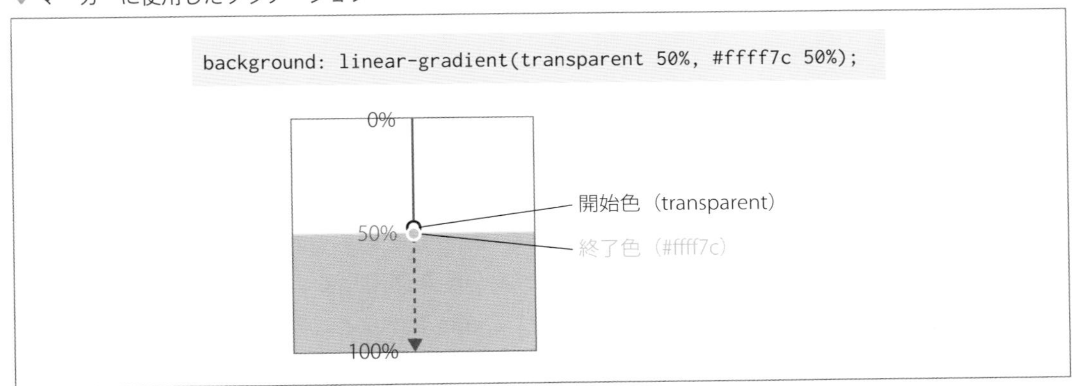

コラム

グラデーションのCSSソースを出力しているアプリケーションやサービス

CSSのグラデーションは機能が豊富で、その代わり書式もかなり複雑です。込み入ったグラデーションを作る場合は、CSSのソースコードを出力してくれるアプリケーションや、Webサービスの利用をおすすめします。

CSSを出力してくれるアプリケーションには、Adobe XDなどがあります。Webサービスは「css グラデーション」や「css gradient generator」で検索するといくつも見つかります。どれでも気に入ったものを使ってみるとよいでしょう。

Chapter 3

3-8 リスト

リスト（箇条書き）の基本形です。

▼ リストの基本形モジュール

- お店の人になんでも質問をする
- 調理販売しているフードスタンドは要チェック
- たくさん購入したくなるけれど、食べきれる量の果物や、お土産にできるジャムなどの加工品を選ぶ

- お店の人になんでも質問をする
- 調理販売しているフードスタンドは要チェック
- たくさん購入したくなるけれど、食べきれる量の果物や、お土産にできるジャムなどの加工品を選ぶ

リストの基本形

見出し、本文、そして今回紹介するリスト（箇条書き）の3つは、テキストを表示するためのもっとも基本的な要素です。

箇条書きには<ul>タグまたは<ol>タグ、そして<li>タグを組み合わせて作成します。HTMLの基本的な書式は以下のとおりです。この書式では<ul>を使用しているので、箇条書き各項目の先頭には「・」が付きます。また、<ul>の代わりに<ol>を使うと、箇条書き各項目の先頭には「1」から順番に番号が付きます。

■ **書式**：<ul>タグ、<li>タグ

```
<ul>
  <li>箇条書きの項目1</li>
  <li>箇条書きの項目2</li>
  <li>箇条書きの項目3</li>
</ul>
```

HTML

samples/chap03/08/post.html

```
<div class="post-contents">
  ...
  <ul class="list">
    <li>お店の人になんでも質問をする</li>
    <li>調理販売しているフードスタンドは要チェック</li>
    <li>たくさん購入したくなるけれど、食べきれる量の果物や、お土産にできるジャムなどの加工品を選ぶ</li>
  </ul>
</div>
```

CSS

samples/chap03/08/css/style.css

```
/* リストの基本形 */
.list {
  margin: 30px 0;  ← <ul>の上下にマージン
}
.list li {
  margin-bottom: 1rem;  ← それぞれの箇条書き項目に下マージン
  line-height: 1.5;  ← 箇条書き項目のテキストに行間を設定
}
```

▼ ページに組み込まれたときの表示例

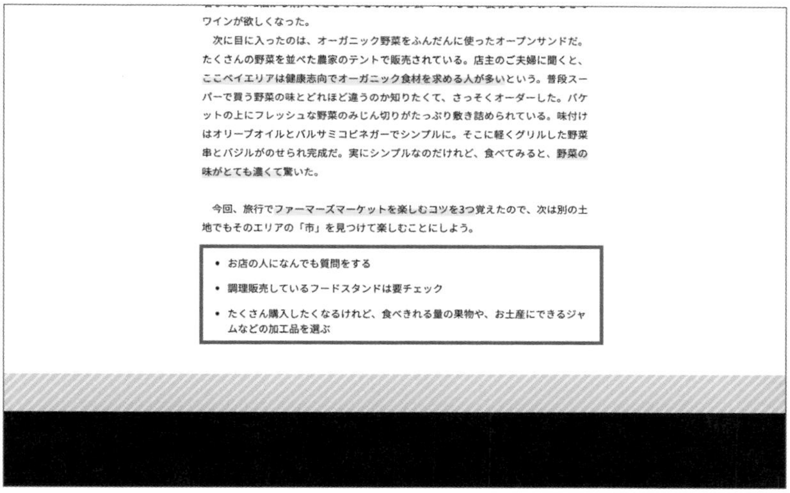

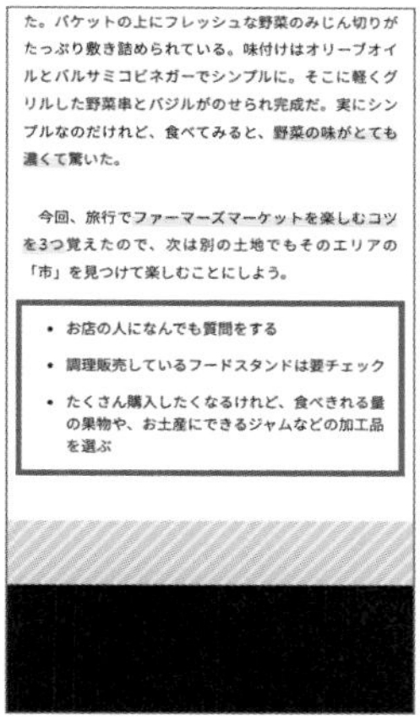

ワインが欲しくなった。

次に目に入ったのは、オーガニック野菜をふんだんに使ったオープンサンドだ。たくさんの野菜を並べた農家のテントで販売されている。店主のご夫婦に聞くと、ここベイエリアは健康志向でオーガニック食材を求める人が多いという。普段スーパーで買う野菜の味とどれほど違うのか知りたくて、さっそくオーダーした。バケットの上にフレッシュな野菜のみじん切りがたっぷり敷き詰められている。味付けはオリーブオイルとバルサミコビネガーでシンプルに。そこに軽くグリルした野菜串とバジルがのせられ完成だ。実にシンプルなのだけれど、食べてみると、野菜の味がとても濃くて驚いた。

今回、旅行でファーマーズマーケットを楽しむコツを3つ覚えたので、次は別の土地でもそのエリアの「市」を見つけて楽しむことにしよう。

- お店の人になんでも質問をする
- 調理販売しているフードスタンドは要チェック
- たくさん購入したくなるけれど、食べきれる量の果物や、お土産にできるジャムなどの加工品を選ぶ

た。バケットの上にフレッシュな野菜のみじん切りがたっぷり敷き詰められている。味付けはオリーブオイルとバルサミコビネガーでシンプルに。そこに軽くグリルした野菜串とバジルがのせられ完成だ。実にシンプルなのだけれど、食べてみると、野菜の味がとても濃くて驚いた。

今回、旅行でファーマーズマーケットを楽しむコツを3つ覚えたので、次は別の土地でもそのエリアの「市」を見つけて楽しむことにしよう。

- お店の人になんでも質問をする
- 調理販売しているフードスタンドは要チェック
- たくさん購入したくなるけれど、食べきれる量の果物や、お土産にできるジャムなどの加工品を選ぶ

Chapter 3

3-9 画像

画面サイズに合わせて伸縮する画像を表示します。

▼ 画像モジュール

知らない街の「地元」の空気に触れたい！ファーマーズマーケットには情報がいっぱい

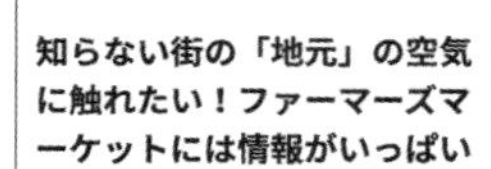

ファーマーズマーケットで見つけた「地元」の味

サンフランシスコは、レトロなケーブルカーや真っ赤なゴールデンゲートブリッジなど、青い空に似合う

伸縮可能な画像の表示

画像を挿入するには<img>タグを使用しますが、画面サイズに合わせて伸縮するようにする場合、width属性、height属性を追加する必要はありません。また、レスポンシブデザインのページでは画像を伸縮して表示させるために、<div>などブロックボックスで表示される要素で<img>を囲むのが一般的です。

HTML 画像を使用するときの標準的なHTML

```
<div>
  <img src="画像のパス" alt="代替テキスト">
</div>
```

画面サイズに合わせて伸縮する画像を表示させるには、<img>タグに次のCSSを適用します。このスタイルによって画像はもとの縦横比を維持したまま、親要素の幅に合わせて伸縮します。レスポンシブデザインでは必須のスタイルです。

CSS　親要素の幅に合わせて画像を伸縮させるスタイル　samples/chap03/09/css/style.css

```
img {
  max-width: 100%;
  height: auto;
  vertical-align: bottom;
}
```

このCSSは「1-9 レスポンシブデザインに対応した画像のスタイル」で紹介したものです。style.cssにすでに書かれているため、このサンプルで追加する必要はありません。

今回のサンプルでは、ポストヘッダー内に大きな画像（images/post-headerimage.jpg）を表示させています（「3-3 グループ化モジュールの特徴と組み込み」参照）。

HTML　samples/chap03/09/post.html

```
<header class="post-header">
  ...
  <div class="post-headerimage">
    <img src="images/post-headerimage.jpg" alt="">
  </div>
</header>
```

▼ ページに組み込まれたときの表示例

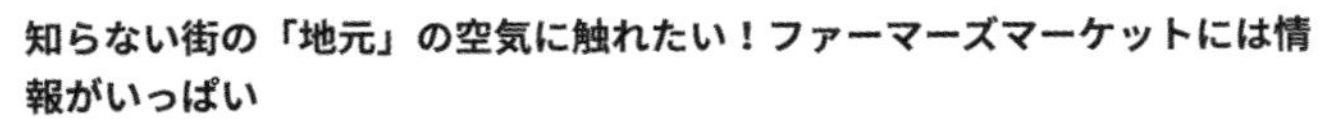

Chapter 3

3-10 画像+キャプション

キャプションテキストが付いた画像を表示させるモジュールです。キャプション付きの画像は記事コンテンツなどで使用するケースが多く、重要なモジュールの1つといえます。

▼キャプション付きの画像

グリルとフレッシュ、野菜の味の深みが変わってどちらも楽しめた

グリルとフレッシュ、野菜の味の深みが変わってどちらも楽しめた

画像とキャプションがセットになったモジュール

キャプション付きの画像は<figure>タグ、<figcaption>タグを使用します。基本的な書式は次のとおりです。

HTML <figure>、<figcaption>タグ

```
<figure>
  <img src="...">  ← 図
  <figcaption>キャプションテキスト</figcaption>
</figure>
```

<figure>は**図**を意味するタグです。<figure>～</figure>には画像やテーブルなど、表示したい図を含めます。

<figcaption>タグは図に付けるキャプションを表します。<figcaption>は必ず<figure>～</figure>の中で使います。

HTML

samples/chap03/10/post.html

```
<figure class="photo-caption">
  <img src="images/post-photo1.jpg" alt="">
  <figcaption>グリルとフレッシュ、野菜の味の深みが変わってどちらも楽しめた</figcaption>
</figure>
```

サンプルでは<figure>の上下に30pxのマージンを設定しています（左右マージンは0）。<figcaption>には図とキャプションのテキストのあいだにスペースを設けるため5pxの上マージンを設定しているほか、フォントサイズとテキスト色を調整しています。

CSS

samples/chap03/10/css/style.css

```
/* キャプション付きの画像 */
.photo-caption {
  margin: 30px 0;
}
.photo-caption figcaption {
  margin-top: 5px;
  font-size: .75rem;
  color: #747474;
}
```

▼ ページに組み込まれたときの表示例

たくさんの野菜を並べた農家のテントで販売されている。店主のご夫婦に聞くと、ここベイエリアは健康志向でオーガニック食材を求める人が多いという。普段スーパーで買う野菜の味とどれほど違うのか知りたくて、さっそくオーダーした。バケットの上にフレッシュな野菜のみじん切りがたっぷり敷き詰められている。味付けはオリーブオイルとバルサミコビネガーでシンプルに。そこに軽くグリルした野菜串とバジルがのせられ完成だ。実にシンプルなのだけれど、食べてみると、野菜の味がとても濃くて驚いた。

グリルとフレッシュ、野菜の味の深みが変わってどちらも楽しめた

今回、旅行でファーマーズマーケットを楽しむコツを3つ覚えたので、次は別の土地でもそのエリアの「市」を見つけて楽しむことにしよう。

農家のテントで販売されている。店主のご夫婦に聞くと、ここベイエリアは健康志向でオーガニック食材を求める人が多いという。普段スーパーで買う野菜の味とどれほど違うのか知りたくて、さっそくオーダーした。バケットの上にフレッシュな野菜のみじん切りがたっぷり敷き詰められている。味付けはオリーブオイルとバルサミコビネガーでシンプルに。そこに軽くグリルした野菜串とバジルがのせられ完成だ。実にシンプルなのだけれど、食べてみると、野菜の味がとても濃くて驚いた。

グリルとフレッシュ、野菜の味の深みが変わってどちらも楽しめた

今回、旅行でファーマーズマーケットを楽しむコツを3つ覚えたので、次は別の土地でもそのエリアの「市」を見つけて楽しむことにしよう。

コラム

キャプションの行揃え

キャプションのテキストはデフォルトでは左揃えですが、中央揃えや右揃えにすることもできます。たとえば中央揃えにするなら、<figcaption>に適用されるスタイルに次のような1行を追加します。

CSS キャプションを中央揃えにする　extra/3-10/css/style.css

```
.photo-caption figcaption {
  margin-top: 5px;
  font-size: .75rem;
  color: #747474;
  text-align: center;
}
```

▼ キャプションテキストが中央揃えになる

グリルとフレッシュ、野菜の味の深みが変わってどちらも楽しめた

Chapter 3

3-11 画像にテキストを回り込ませる

画像にテキストを回り込ませます。使うのは古くからある「float」ですが、解除方法には最新のテクニックを使用します。

▼ 画像にテキストを回り込ませる

ファーマーズマーケットから市の中心街に移動する道でカフェを見つけた。歩き回ってちょっと疲れたしコーヒーでも飲んで休憩することにしよう。

店内にはけっこうお客さんがいた。ひとりで本を読んでいる若い男性、しずかにおしゃべりしている男女、常連らしいおじいちゃんは窓際で新聞を読んでいる。それぞれ自分の好きな時間を過ごしているという空気で居心地がいい。近くの席でパソコンを開いている女性と、なんとなく会話が始まった。彼女は教育関係の仕事をしていて、教材のアイディアを考えているところだった。

ファーマーズマーケットから市の中心街に移動する道でカフェを見つけた。歩き回ってちょっと疲れたしコーヒーでも飲んで休憩することにしよう。

店内にはけっこうお客さんがいた。ひとりで本を読んでいる若い男性、しずかにおしゃべりしている男女、常連らしいおじいちゃんは窓際で新聞を読んでいる。それぞれ自分の好きな時間を過ごしているという空気で居心地がいい。近くの席でパソコンを開いている女性と、なんとなく会話が始まった。彼女は教育関係の仕事をしていて、教材のアイディアを考えているところだった。

回り込みはフロートで実現

画像にテキストを回り込ませるには、CSSのfloat（フロート）プロパティを使います。フロートを適用した要素は、親要素の左上または右上に配置されます。そして、後続のすべての要素は、フロートを適用した要素に回り込むように配置されます。

▼ フロートの仕組み

```
<img src="...">
<p>ファーマーズマーケットから...</p>
<p>店内にはけっこうお客さんが...</p>
```

float: left;
後続の要素

<img>

<p>ーマーズマーケットから市の中心街に移動する道でカフェを見つけた。歩き回ってちょっと疲れたしコーヒーでも飲んで休憩することにしよう。
<p>にはけっこうお客さんがいた。ひとりで本を読んでいる若い男性、しずかにおしゃべりしている男女、常連らしいおじいちゃんは窓際で新聞を読んでいる。それぞれ自分の好きな時間を過ごしているという空気で居心地がいい。近くの席でパソコンを開いている女性と、なんとなく会話が始まった。彼女は教育関係の仕事をしていて、教材のアイディアを考えているところだった。

float: left; が適用された要素は親要素の左上●に、
float: right; が適用された要素は親要素の右上■に配置
後続の要素はfloatが適用された要素に回り込むように配置される

後続のすべての要素が回り込むため、思わぬところでレイアウトが崩れることがあります。そのためフロートは適用したら必ず解除します。

フロートを解除する方法は何通りかありますが、最新のブラウザに対応させるのであれば、フロートを適用した要素の親要素に「display: flow-root;」を適用することをおすすめします。この「flow-root」という値はまさしくフロートを解除するために作られたもので、現在使われている主要なブラウザすべてが対応しています※4。

フロートを使用する際のHTML、CSSの基本形を図にすると次のようになります。

▼ フロートを使用する際のHTML、CSSの基本形

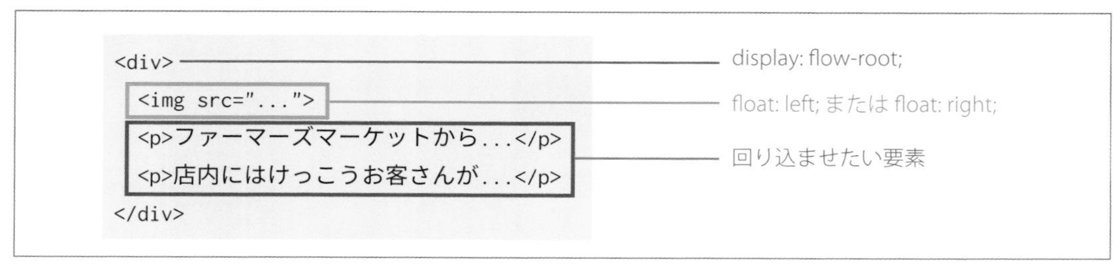

サンプルでは画像を右に配置し、後続のテキストを回り込ませています。

HTML

samples/chap03/11/post.html

```
<div class="post-contents">
  ...
  <h2>帰り道に見つけたカフェで出会った「地元」の情報</h2>
  <div class="float-box">
    <img src="images/post-photo2.jpg" alt="" class="float-right">
    <p>　ファーマーズマーケットから市の中心街に移動する道でカフェを見つけた。...</p>
    <p>　店内にはけっこうお客さんがいた。ひとりで本を読んでいる若い男性、...</p>
  </div>
</div>
```

CSS

samples/chap03/11/css/style.css

```
/* float */
.float-box {    ← 親要素
  display: flow-root;
  margin: 30px 0;
}
.float-left {    ← 左フロート。サンプルでは使用していない
  float: left;
  margin: 0 1rem 1rem 0;
  width: 40%;
}
.float-right {    ← 右フロート。画像に適用
  float: right;
  margin: 0 0 1rem 1rem;
  width: 40%;
}
.float-box p {    ← <p>の上下マージンを0に
  margin: 0;
}
```

※4　IE11は非対応。IE11に対応する必要があるときは代わりに「overlow: hidden;」を適用します。

▼ページに組み込まれたときの表示例

- 調理販売しているフードスタンドは要チェック
- たくさん購入したくなるけれど、食べきれる量の果物や、お土産にできるジャムなどの加工品を選ぶ

帰り道に見つけたカフェで出会った「地元」の情報

ファーマーズマーケットから市の中心街に移動する道でカフェを見つけた。歩き回ってちょっと疲れたしコーヒーでも飲んで休憩することにしよう。

店内にはけっこうお客さんがいた。ひとりで本を読んでいる若い男性、しずかにおしゃべりしている男女、常連らしいおじいちゃんは窓際で新聞を読んでいる。それぞれ自分の好きな時間を過ごしているという空気で居心地がいい。近くの席でパソコンを開いている女性と、なんとなく会話が始まった。彼女は教育関係の仕事をしていて、教材のアイディアを考えているところだった。

帰り道に見つけたカフェで出会った「地元」の情報

ファーマーズマーケットから市の中心街に移動する道でカフェを見つけた。歩き回ってちょっと疲れたしコーヒーでも飲んで休憩することにしよう。

店内にはけっこうお客さんがいた。ひとりで本を読んでいる若い男性、しずかにおしゃべりしている男女、常連らしいおじいちゃんは窓際で新聞を読んでいる。それぞれ自分の好きな時間を過ごしているという空気で居心地がいい。近くの席でパソコンを開いている女性と、なんとなく会話が始まった。彼女は教育関係の仕事をしていて、教材のアイディアを考えているところだった。

Note フロートは回り込み以外には使わない

現代のWebデザインでは、floatを使うのはテキストを回り込ませるときだけで、ほかの用途には使いません。カラムレイアウトなどページ全体のレイアウトを組むときは、フレックスボックスやグリッドレイアウトなど、もっと新しくて使いやすい機能を活用します。
また、フロートを解除する方法はいくつかありますが、可能なかぎり本節で紹介した「display: flow-root;」を使用しましょう。「overflow: hidden;」でもかまいませんが、ポジション機能と組み合わせて使えないという弱点があります。

Chapter 3

3-12 タグとカテゴリー

タグやカテゴリーなどを表示するのに最適な、テキストをバッジやボタン状に見せるモジュールです。応用の場面が多いテクニックの1つです。

▼ バッジモジュール

テキストをバッジやボタン状に見せる

記事に付いているタグやカテゴリーを表示する場合、テキストに背景色を付けたり、四角く囲んだり、CSSで装飾を施すのが一般的です。そこで、タグやカテゴリーのテキストは、<span>タグなどで囲みます※5。

また、タグやカテゴリーには、同じタグやカテゴリーの記事を集めて一覧できるページにリンクを設定することが多いので、<span>だけでなく<a>タグでも囲まれます。その結果、タグやカテゴリー1つひとつのHTMLは次のようになります。

HTML タグのテキストのHTML（基本形）

```
<span><a href="#">歩く</a></span>
```

CSSでは背景色、テキスト色を設定します。また、背景色で塗りつぶす領域を調整するのにパディングを、隣りあう別のタグとのスペースを作るために右マージンを設定します。

▼ タグを囲む<span>のパディング、マージンの用途

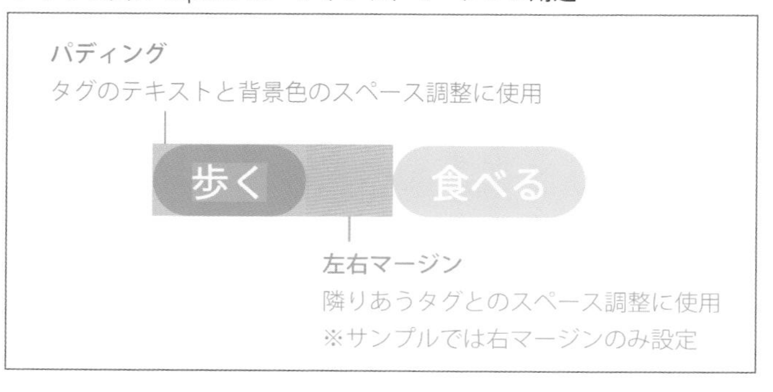

※5 <li>タグで囲むことも多いです。ただし、<span>タグで囲むほうが<li>タグで囲むよりもCSSの記述量が少なくなって手軽です。

また、たくさんタグが付いて2行以上にまたがる可能性があるときは、タグ同士が重ならないように上下にもスペースを空けないといけません。

▼ タグが2行以上にまたがる場合、上下スペースを設定しておかないとタグ同士が重なってしまう

タグのテキストを<span>で囲んでいる場合、上下にマージンを設定することはできません。なぜなら<span>はインラインボックスで表示されるからです。インラインボックスには上下マージンがないのでしたね（「1-5 ボックスモデル」参照）。その代わり、親要素にline-heightプロパティを使って行間を設定します（「3-4 記事タイトル」参照）。

▼ 親要素にline-heightプロパティを設定し、タグ同士の行間を調整する

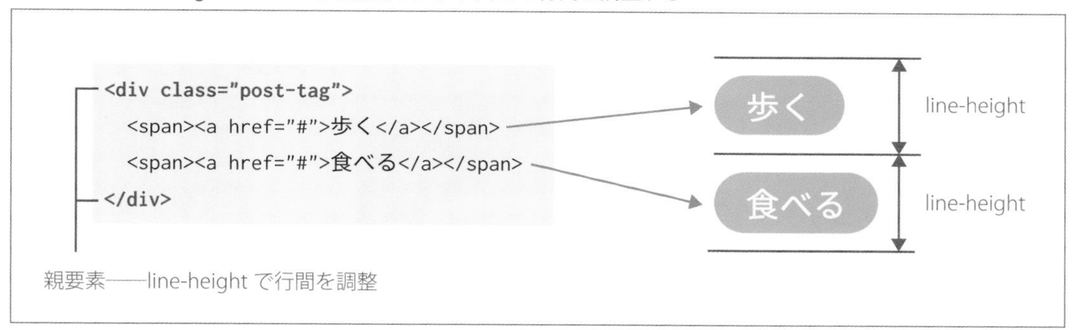
<div class="post-tag">
<span><a href="#">歩く</a></span>
<span><a href="#">食べる</a></span>
</div>
歩く
食べる
line-height
line-height
親要素──line-heightで行間を調整

サンプルでは記事ページ上部、ポストヘッダー内にタグを表示させています（「3-3 グループ化モジュールの特徴と組み込み」参照）。それぞれのタグには背景色を付けたうえで、角丸四角形にしてあります（後述）。

HTML

samples/chap03/12/post.html

```
<header class="post-header">
  <h1>知らない街の...</h1>
  <div class="post-tag">  ← タグ全体の親要素。この要素に行間を設定
    <span><a href="#">歩く</a></span>  ← タグ
    <span><a href="#">食べる</a></span>  ← タグ
  </div>
  ...
</header>
```

CSS

samples/chap03/12/css/style.css

```
/**
 * ---------------------------------------
 * ポストヘッダー
 */
...
/* タグ */
.post-tag {
  margin-bottom: 5px;
  font-size: .75rem;
  line-height: 2; ←親要素の行間を「2」に
}
```

```
.post-tag span {
  margin: 0 3px 0 0; ←タグの右マージンを3pxに
  padding: 2px 10px; ←タグの上下パディングを2pxに、左右パディングを10pxに設定
  background: #73cbd6;
  border-radius: 100px;
}
.post-tag span a {
  color: #fff; ←テキスト色は<a>で指定
  text-decoration: none;
}
```

▼ページに組み込まれたときの表示例

解説 ボックスの角を丸くするborder-radiusプロパティ

border-radiusプロパティを使うと、ボックスの角を丸くすることができます。書式は何通りかありますが、値を1つだけ指定するのが一番簡単でもっともよく使われています。

▼値を1つ指定したとき、ボックスの四隅が半径○pxの角丸四角形になる

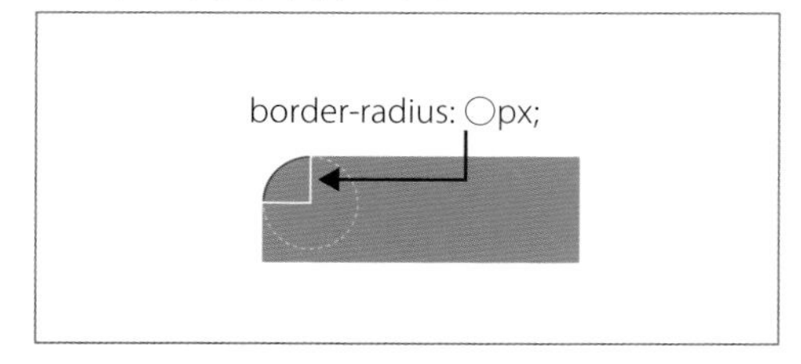

書式：border-radiusプロパティ

```
border-radius: 角丸の半径;
```

ボックスの両端を半円にするには？

今回のようにボックスの左右を半円形にするときは、わざわざボックスのサイズを測って正確な数を調べる必要はありません。その代わりに、border-radiusに十分大きな値を指定します[※6]。border-radiusにどんな値を指定しても、角丸四角形の四隅の半径は実際のボックスの高さの1/2より大きくはなりません。そのため、十分に大きな値を設定しておけば、角丸の半径は高さの1/2になり、結果的にボックスの左右は常に半円形になります。

コラム

もっと複雑な設定もできる

border-radiusプロパティは、ボックスの四隅の角を均等に丸くするだけでなく、丸みを個別に指定することもできます。その具体的な使用例は「3-19 タブ付きボックス」で取り上げますが、ここではさらに一歩踏み込んだテクニックを紹介します。それは、各辺の角丸の、横方向と縦方向の半径にそれぞれ別の値を指定し、楕円にする方法です。

横方向と縦方向の半径は、スラッシュ（/）で区切って次のように指定します。書式が複雑なので使うときは落ち着いて入力しましょう。

書式：四辺の角丸の横方向／縦方向の半径を個別に指定する

```
border-radius: （横方向）左上 右上 右下 左下 / （縦方向）左上 右上 右下 左下;
```

たとえば次のようなCSSを書けば、丸みを帯びた変則的な形状のボックスを作ることができ、柔らかい表現が可能になります。アイディア次第でいろいろ作れそうですね。

▼四辺の横方向、縦方向の半径を個別に指定　extra/3-12/index.html

border-radius: 130px 270px 270px 130px / 150px 90px 170px 110px;
横方向の半径
縦方向の半径

※6　今回のサンプルでもborder-radiusの値を「100px」にしています。

Chapter 3

3-13 テキストの先頭にアイコン

短いテキストの先頭にアイコンを表示させるモジュールです。記事の作者や公開日など決まりきった情報を表示するのによく使われるテクニックです。

▼テキストの先頭にアイコンを表示させるモジュール

桑山みなと　サンフランシスコ　2020.6.16

アイコンフォントを使用する

短いテキストの先頭にアイコンを表示させるために、アイコンフォントを使用します。

アイコンフォントとは、文字の代わりにアイコンを収録したフォントです。アイコンフォントには有名なものがいくつかありますが、本書ではFont Awesomeを使用します。

Font Awesomeを使用するためには、<head>～</head>内にフォントデータを読み込むための<script>タグを追加します。ただ、この<script>タグはユーザー登録しないと取得できないため、サンプルでは少し前の読み込み方である<link>タグを使う方法を紹介します。実際のWebサイトで使う場合はP.153のコラムを参照してください。

サンプルではポストヘッダー内の3つのテキスト、記事作者、記事の場所、公開日の先頭にアイコンを表示させています。

HTML

samples/chap03/13/post.html

```
<head>
...
<link href="https://use.fontawesome.com/releases/v5.6.1/css/all.css" rel="stylesheet">
</head>
<body class="post">
...
<div class="page-main">
  <div class="main-container">
    <header class="post-header">
      ...
      <div class="post-info">
        <span><i class="fas fa-pen-nib"></i>桑山みなと</span>
        <span><i class="fas fa-map-marker-alt"></i>サンフランシスコ</span>
```

FontAwesomeを読み込む<link>タグ。実際のサイトで使用するときは<script>タグを取得したほうがよい

<i>タグがアイコンフォント

```
        <span><i class="fas fa-clock"></i>2020.6.16</span>
      </div>
      ...
    </header>
    ...
</div>
...
</body>
```

CSS

samples/chap03/13/css/style.css

```
/* テキストの先頭にアイコン */
.post-info {
  font-size: .75rem;
  text-align: right;
}
.post-info span {        アイコンとテキスト全体に適用されるスタイル
  margin: 0 10px 0 0;    3つのテキストがくっつかないようにテキストに右マージン
}
.post-info i {           アイコンのみに適用されるスタイル
  padding-right: 5px;    アイコンとテキストがくっつかないように右パディング
  color: #73cbd6;
}
```

▼ページに組み込まれたときの表示例

実践のポイント マージンやパディングの使い方

本節や前節のサンプルのように、連続するテキストを読みやすくきれいに配置するには、テキストとテキスト、アイコンとテキストのスペースをうまく調整するのがポイントです。今回のサンプルではマージン、パディングを使って次のようにスペースを調整しています。

▼ アイコンやテキスト間のスペース調整に使われるマージン、パディング

ここでポイントは、「項目と項目のあいだにスペースを空けるときはマージンを使うようにする」ということです。理由は2つあります。

1つは「項目を背景で塗りつぶす場合、パディング領域も塗りつぶされる」からです。項目間のスペースをパディングで空けてしまうと、そのスペースまで塗りつぶされてしまいます。

もう1つは、<a>タグの**クリック可能領域にはパディングも含まれる**という点です。

もし仮に、各項目にリンクを付けようと<span>でなく<a>で囲んだ場合、パディング領域もクリックできてしまいます。

背景色とリンクのクリック可能範囲を考えて、短いテキストのあいだにスペースを作る場合は、常にマージンを使うようにしましょう。

▼ 項目間のスペースをパディングで設けた場合、そのスペースもクリック可能になってしまう　etxtra/3-13/post.html

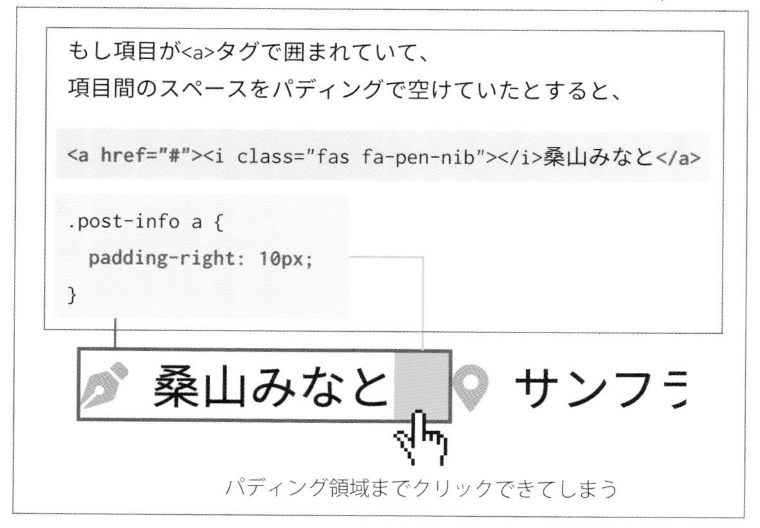

もし項目が<a>タグで囲まれていて、
項目間のスペースをパディングで空けていたとすると、
<a href="#"><i class="fas fa-pen-nib"></i>桑山みなと</a>
.post-info a {
padding-right: 10px;
}
桑山みなと
サンフラ
パディング領域までクリックできてしまう

コラム

Font Awesomeの導入方法と使い方

Font Awesomeアイコンを使うには、HTMLドキュメントに2つのタグを挿入する必要があります。

①各ページごとに1回、フォントを読み込むためのタグを挿入する
②フォントを表示したい場所に<i>タグを挿入する

①<head>～</head>内にフォントを読み込むためのタグを挿入する

Font Awesomeを使用するには、フォントを読み込むための<script>タグを<head>～</head>内に挿入する必要があります。

▼ Font Awesomeを読み込むためのタグの例。***...の部分はユーザーによって異なる

```
<script src="https://kit.fontawesome.com/********.js" crossorigin="anonymous"></script>
```

ただ、このタグを取得するにはユーザー登録が必要で、ユーザーごとに少しずつ違います。このタグはユーザー登録をして取得します。次のURLからFont Awesomeサイトにアクセスし、画面の指示に従ってタグを取得します。

URL Font Awesome
https://fontawesome.com

▼ [Font Awesomeサイト]

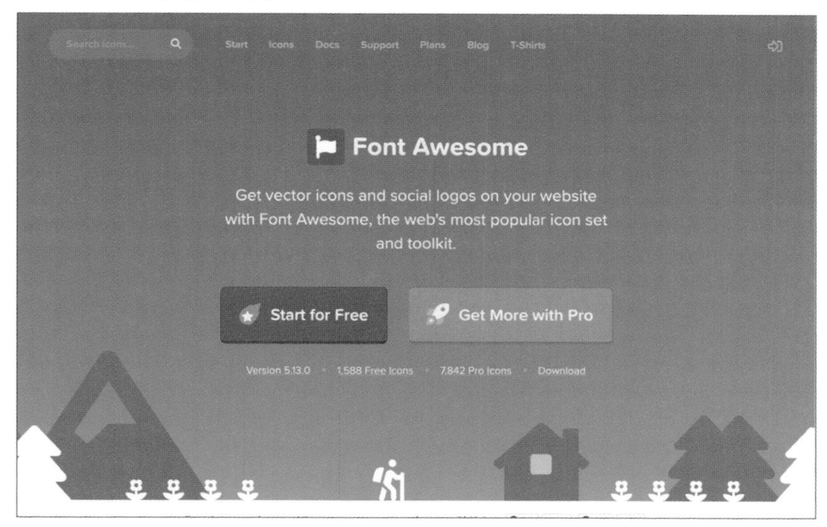

Font Awesomeは読み込むためのタグの取得方法が頻繁に変わるため、ここでは詳しい操作方法までは取り上げません。日本語ページはありませんが操作は難しくないのでチャレンジしてみてください。

なお、サンプルで使用している<link>タグは、過去のFont Awesomeを使用する例です。書籍に掲載するために、少し古いですが多くの人が共通して使えるバージョンにしてあります。実際のWebサイトで使うときは、ユーザー登録して最新のタグを入手してください。

②表示させたい場所に<i>タグを挿入する

Font Awesomeアイコンをページに表示するには、表示したい場所に<i>タグを挿入します。挿入するタグはFont AwesomeのWebサイトで検索します。

まず、検索フィールドにキーワードを入力してアイコンを探します。検索結果ページが出てきたら、ページに挿入したいアイコンを選んでクリックします。

▼フォントアイコンを検索する。検索結果から使いたいアイコンをクリック

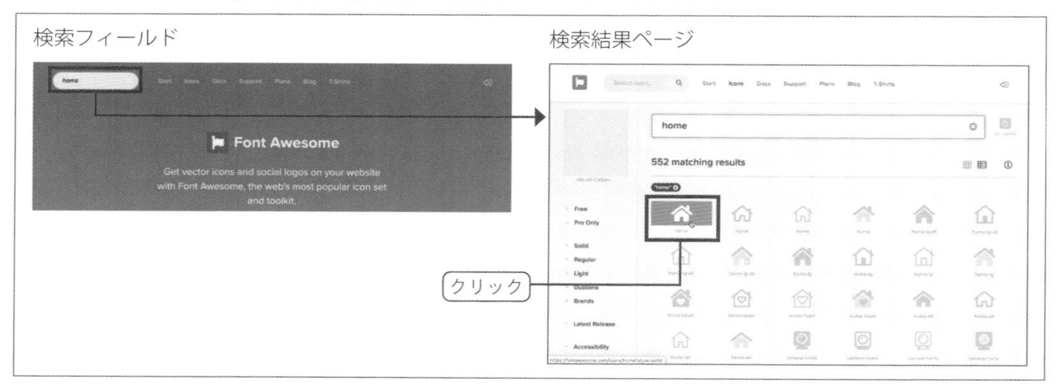

クリックして開く次のページで、<i>タグをクリックすればソースコードがコピーされます。あとはHTMLドキュメントにペーストするだけです。

▼<i>タグのソースコードをクリックしてコピー

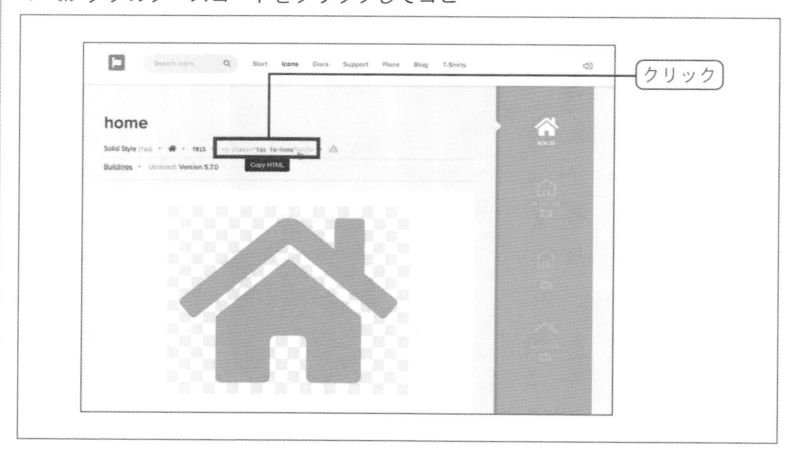

Chapter 3

3-14 ボックスに背景画像を適用

前節「3-13 テキストの先頭にアイコン」で作成した、アイコン付きテキストが含まれるボックス（<div class="post-info">～</div>）に背景画像を適用します。テキストと背景画像が重ならないように、パディングの設定を工夫します。

▼モジュールに背景画像を追加する

桑山みなと　サンフランシスコ　2020.6.16

パディングやマージンを使い分ける

ボックスに背景画像を適用します。今回の例ではボックスの下部に、テキストにかからないように背景を設定します。

背景を適用するときはボックスの全面を塗りつぶすこともあれば、一部を塗る場合もあります。思いどおりに背景を適用するには、どこを塗りつぶすのかを意識して、パディングやマージンを役割に応じて使い分ける必要があります。

背景色、背景画像はボックスのボーダー領域の内側を塗りつぶします（「1-5 ボックスモデル」参照）。今回の例のようにテキストに重ならないように背景を適用するときは、ボックスにパディング領域を作り、背景画像の繰り返し設定を調整して、コンテンツ領域が塗りつぶされないようにします。そのうえで、隣接するボックスと背景とのあいだにスペースを設けるときは、マージン領域を作ります。

今回の例では、ボックスに次のようなスタイルを設定しています。背景に使用する画像はimagesフォルダの中の「post-line.svg」で、横方向に繰り返し表示します。

▼パディング、マージン、背景の設定

桑山みなと　サンフランシスコ　2020.6.16

テキストにかからないよう背景画像を
表示するための下パディング（15px）

隣接するモジュール（画像）との
スペースを空けるための下マージン（3px）

背景画像：post-line.svg
背景の設定：ボックスの下部
　　　　　　横方向に繰り返し

HTML

samples/chap03/14/post.html

```
<div class="page-main">
  <div class="main-container">
    <header class="post-header">
      ...
      <div class="post-info"> ← ここに背景を適用
        <span><i class="fas fa-pen-nib"></i>桑山みなと</span>
        <span><i class="fas fa-map-marker-alt"></i>サンフランシスコ</span>
        <span><i class="fas fa-clock"></i>2020.6.16</span>
      </div>
      ...
    </header>
    ...
</div>
```

CSS

samples/chap03/14/css/style.css

```
/**
 * ---------------------------------------
 * ポストヘッダー
 */
...
/*  テキストの先頭にアイコン */
.post-info {
  margin-bottom: 3px;
  padding-bottom: 15px;
  font-size: .75rem;
  text-align: right;
  background: url(../images/post-line.svg) bottom repeat-x;
}
```

▼ ページに組み込まれたときの表示例

解説 背景を指定するCSSプロパティの数々

ボックスの背景は色や画像を指定できるだけでなく、いろいろな設定ができます。ここで背景に関連したCSSのプロパティを紹介しておきます。

①background-colorプロパティ

ボックスに背景色を指定します。

書式：ボックスの背景色を指定する

```
background-color: 色;
```

②background-imageプロパティ

ボックスに背景画像を指定します。値は使用する画像のパスを、次の書式で指定します。

書式：ボックスの背景画像を指定する

```
background-image: url(画像のパス);
```

なお、ボックスにグラデーションを指定するときも、このbackground-imageプロパティ、もしくはbackgroundプロパティを使用します。background-colorプロパティではないことに注意しましょう。

③background-positionプロパティ

背景画像の表示位置を指定します。値には「水平方向の位置」と「垂直方向の位置」を指定します。

水平方向の位置は、たとえば「left 10px」とすると、背景画像はボックスの左から10pxの位置に配置されます。垂直方向の位置は、たとえば「top 20%」とすれば、背景画像がボックスの上から20%の位置に配置されます。なお「距離」の値を省略すると、「0」と設定したのと同じことになります。実際の制作ではこの距離の値は省略することが多いでしょう。また、background-positionを使用せず何も指定しなければ、背景画像はボックスの左上に配置されます。

▼ background-positionプロパティの値の設定方法

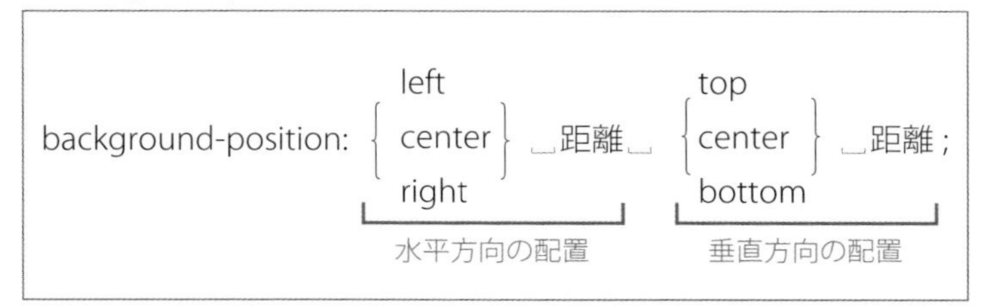

④background-sizeプロパティ

背景画像の表示サイズを指定します。画像の実際のサイズではなく拡大、縮小して表示させたいときに使用します。値はキーワードで指定する場合と、表示サイズを数値で指定する場合と2通りあります。

キーワードには「cover」と「contain」の2つがあります。coverにした場合、ボックスを埋め尽くすように背景画像が拡大・縮小されます。ボックスと画像の縦横比が異なる場合、画像の一部は隠れることになります。

containにした場合、画像がすべて表示できるサイズに縮小されます。ボックスと画像の縦横比が異なる場合、画像はすべて表示されますが、ボックスの一部に背景で塗りつぶされない部分ができます。

■ **書式**：background-sizeプロパティをキーワードで指定する

```
background-size: cover または contain;
```

表示サイズを指定する方法も見てみましょう。画像の表示幅と高さを、半角スペースで区切って指定します。単位はpxを使うか、%を使うのが一般的です。数値指定は高解像度なモバイル端末や一部のPC向けに、高画質の画像を表示したいときに使います。

■ **書式**：background-sizeに表示サイズを指定する方法

```
background-size: 幅 高さ;
```

▼ background-sizeの使用例と表示結果　extra/3-14/size.html

オリジナル

background-size: **50% 50%**;
指定した幅と高さで表示される

background-size: **cover**;
ボックス全体が塗りつぶされるサイズで画像が表示される

background-size: **contain**;
画像全体が表示されるサイズに縮小される

⑤background-repeatプロパティ

背景画像を繰り返し表示するかどうかの設定をします。このプロパティに設定できる値は6つあります。

▼ background-repeatに設定できる値と表示例

extra/3-14/repeat.html

値	説明	表示例
background-repeat: repeat;	画像を繰り返してボックス全体を埋める（初期値）	
background-repeat: repeat-x;	横方向にだけ画像を繰り返す	
background-repeat: repeat-y;	縦方向にだけ画像を繰り返す	
background-repeat: space;	画像全体が表示されるようにリサイズし、すき間を空けて繰り返す	
background-repeat: round;	画像の縦横比を無視してリサイズし、ボックス全体を埋めるように繰り返す	
background-repeat: no-repeat;	画像を繰り返さない	

⑥background-attachmentプロパティ

ページをスクロールすると、通常は背景も一緒にスクロールします。しかし、background-attachmentプロパティを使うと、背景の位置を固定してスクロールしなくすることができます。

書式：background-attachmentプロパティ

```
background-attachment: scroll または fixed または local;
```

▼ background-attachmentに設定できる値　extra/3-14/attachment.html

値	説明
background-attachment: scroll;	ページに合わせてスクロール（初期値）
background-attachment: fixed;	背景画像の位置を固定
background-attachment: local;	背景画像を適用しているボックスがスクロール可能だった場合、そのコンテンツに合わせてスクロールする

⑦backgroundプロパティ

backgroundプロパティを使うと、背景の設定をする先述の①〜⑥のプロパティを一括で指定することができます。すべてを一括で指定しようとすると複雑になってしまうので、一般的によく使われる書式例を紹介しておきます。なお、値は①の背景色か②の背景画像を指定さえすれば、ほかは省略可能です。

▼ backgroundプロパティのよく使われる書式

値	説明	使用例
background: ①;	背景色を指定する	background: ##d8d8d8;
background: ② ③ ⑤;	背景画像をボックスの中央に配置して、繰り返さない	background: url(image.jpg) center center no-repeat;
background: ② ⑤ ⑥;	背景画像を繰り返しなし、スクロールに連動せず位置を固定して配置	background: url(image.jpg) no-repeat fixed;

Chapter 3

3-15 ボックスを囲む

ボックスの四辺にボーダーラインを引いて囲みます。背景同様、ボーダーラインも非常によく使う基本テクニックです。

▼ボックスを囲むモジュール

Green Farmers Market
毎週水曜日　9:00〜13:00
毎月第1日曜日　9:00〜15:00（フードスタンドは日曜日の出店が多い）

Green Farmers Market
毎週水曜日　9:00〜13:00
毎月第1日曜日　9:00〜15:00（フードスタンドは日曜日の出店が多い）

ボックスにボーダーラインを引く

ボックスにボーダーラインを引きます。ボーダーライン自体はCSSのborderプロパティを使いますが、実践的なデザインでは周囲の余白（スペース）に気を配ることも大事です。ボーダーとコンテンツのあいだにスペースを作るときはパディング、隣接するほかのボックスとのあいだにスペースを作るときはマージンを使用します。

サンプルでは<div class="info-box">〜</div>の四辺にボーダーラインを引いて、ボックス全体を囲んでいます。

HTML

samples/chap03/15/post.html

```
<div class="post-contents">
  ...
  <div class="info-box">  ← ここにボーダーを適用
    <p><strong>Green Farmers Market</strong><br>
    毎週水曜日　9:00〜13:00<br>
    毎月第1日曜日　9:00〜15:00（フードスタンドは日曜日の出店が多い）<br>
    </p>
  </div>
  ...
</div>
```

CSS samples/chap03/15/css/style.css

```
/**
 * ---------------------------------------
 * ポストコンテンツ
 */
...
/* ボックスを囲む */
.info-box {
  margin: 30px 0;
  padding: 2rem;
  border: 4px solid #b8e5ea;
}
.info-box p {
  margin: 0;
}
```

margin: 30px 0; ― ボックスの上下に30pxのマージン

padding: 2rem; ― テキストとボーダーのあいだに2remのパディング

▼ページに組み込まれたときの表示例

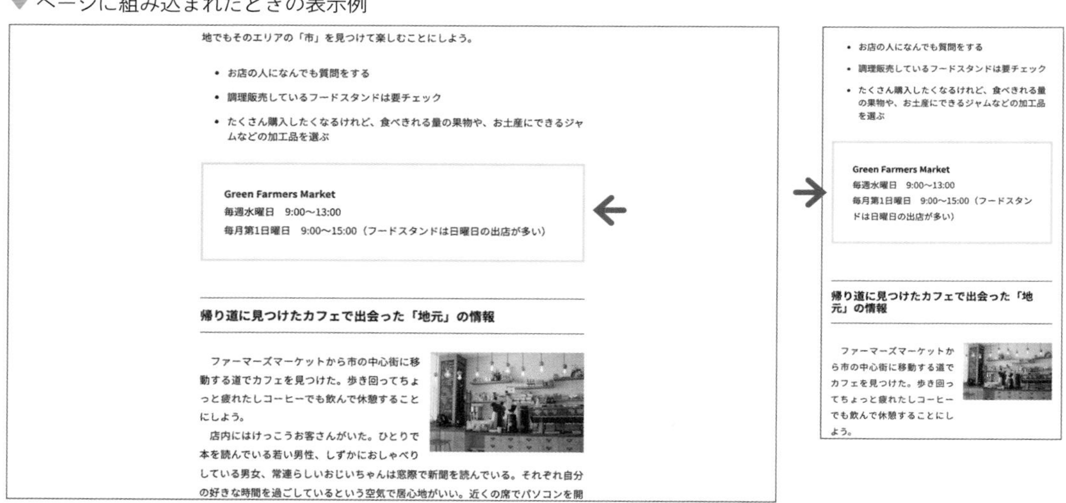

解説 borderプロパティ

ボックスの四辺にボーダーラインを引くにはborderプロパティを使います。書式は次のとおりで、①、②、③を半角スペースで区切って指定します。

書式：borderプロパティ

```
border: ①線の太さ ②線の形状 ③線の色;
```

- **線の太さ**
  線の太さを指定します。単位には通常pxを使いますが、em、rem、ptなどでもかまいません。%は使えません。

- **線の形状**
  実線や点線など、ボーダーラインの形状をキーワードで指定します。

- **線の色**
  線の色を指定します。

▼線の形状に使用できるおもなキーワード　extra/border.html

キーワード	説明	表示例
none	線を引かない	
dotted	点線	
dashed	長めの点線	
solid	実線	
double	二重線。 線の太さを3px以上に設定する必要がある	

ボーダーを1辺ずつ指定するには

ボックスの下辺に線を引きたいときなど、1辺ずつ異なる設定のボーダーラインを引きたいときは、以下の表にあるプロパティを使います。値の設定方法はborderプロパティと変わりません。たとえばボックスの上辺に3pxのボーダーラインを引くとしたら、次のソースコードのようなスタイルを書くことになります。実際の使用例は「3-5 見出しと本文」なども参考にしてみてください。

CSS　ボックスの上辺に3pxのボーダーラインを引く例

```
border-top: 3px solid #28b0b4;
```

▼1辺ごとにボーダーラインを設定するプロパティ

プロパティ	説明
border-top	ボックスの上辺にボーダーラインを引く
border-right	ボックスの右辺にボーダーラインを引く
border-bottom	ボックスの下辺にボーダーラインを引く
border-left	ボックスの左辺にボーダーラインを引く

Chapter 3

3-16 チャット型のデザイン① ～ボックスを2つ並べる～

これから3回に分けて、会話形式のテキストを効果的に表示するモジュールの作成方法を紹介します。チャットアプリの画面に似せた表現をしてみましょう。本節と次の3-17では、2つのボックスを横に並べる「フレックスボックス」の基本的な使用法を説明します。

▼ボックスを2つ並べるモジュール

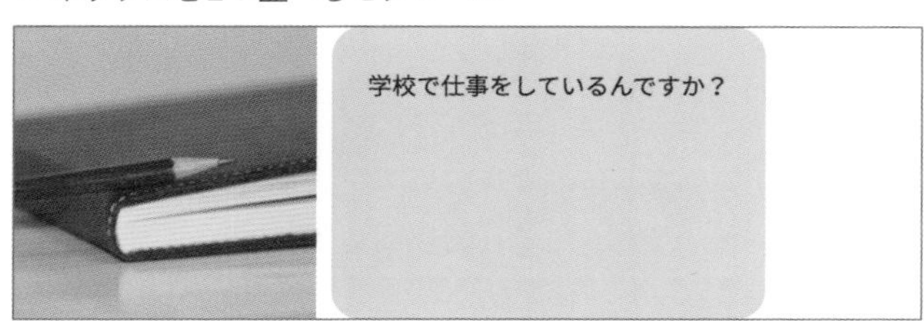

2つのボックスを横に並べる

本節から3回に分けて、チャットアプリの画面に似せたデザインを作成します。ここでは2つのボックスを横に並べる方法を見ていきます。

ボックスを横に並べるために、CSSの**フレックスボックス**という機能を利用します。フレックスボックスを使用するときの基本的なHTMLの構造は次の図のとおりです。

▼ボックスを横に並べるときの基本的なHTMLの構造

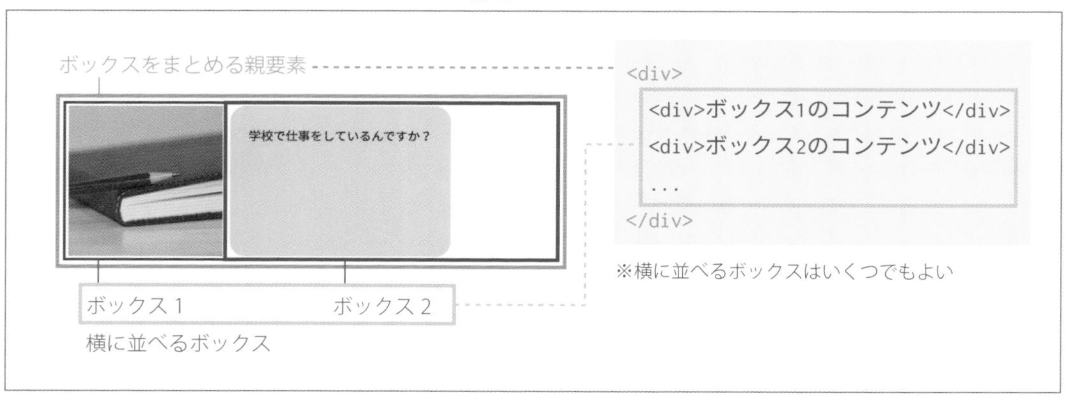

CSSでは、HTMLの親要素に「display: flex;」を適用します。すると、直接の子要素がすべて横一列に並ぶようになります。これがもっとも基本的な、フレックスボックスを使って複数のボックスを横一列に並べる方法です。

HTML

samples/chap03/16/post.html

```
<!-- チャット -->
<div class="chat">
  <div class="chat-1st">  ← 横に並ぶボックスの親要素
    <div class="face">
      <img src="images/speaker1.jpg" alt="">   ← 横に並ぶボックス1
    </div>
    <div class="talk">
      <p>学校で仕事をしているんですか？</p>   ← 横に並ぶボックス2
    </div>
  </div>
</div><!-- /チャット-->
```

CSS

samples/chap03/16/css/style.css

```
/* チャット */
.chat {
  margin: 30px 0;
}
.chat-1st {  ← 親要素
  display: flex;
  margin: 15px 0;
}
.chat-1st .face {  ← 横に並ぶボックス1
  margin: 0 10px 0 0;
}
```

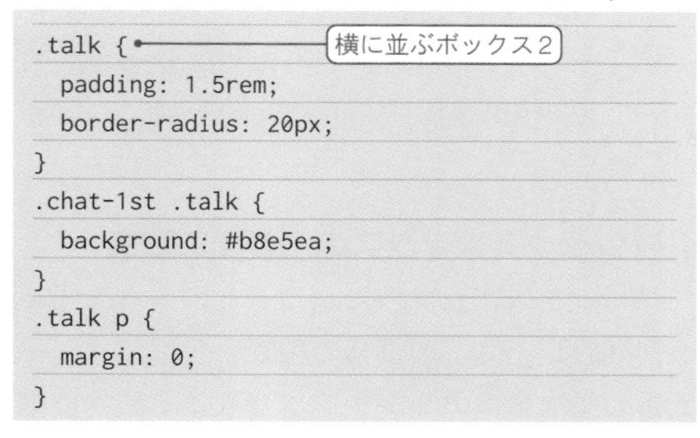

```
.talk {  ← 横に並ぶボックス2
  padding: 1.5rem;
  border-radius: 20px;
}
.chat-1st .talk {
  background: #b8e5ea;
}
.talk p {
  margin: 0;
}
```

▼ページに組み込まれたときの表示例

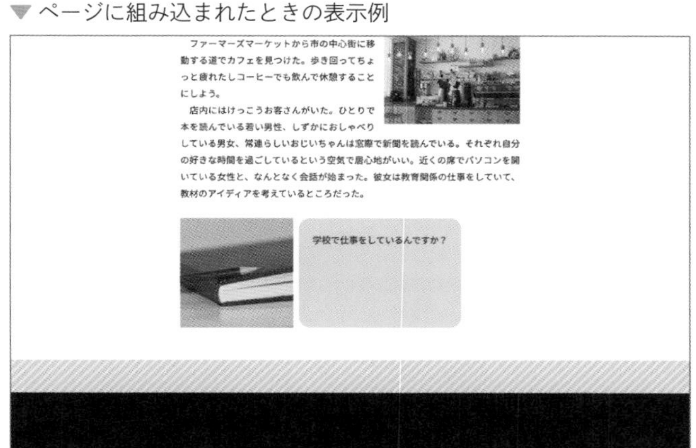
学校で仕事をしているんですか？

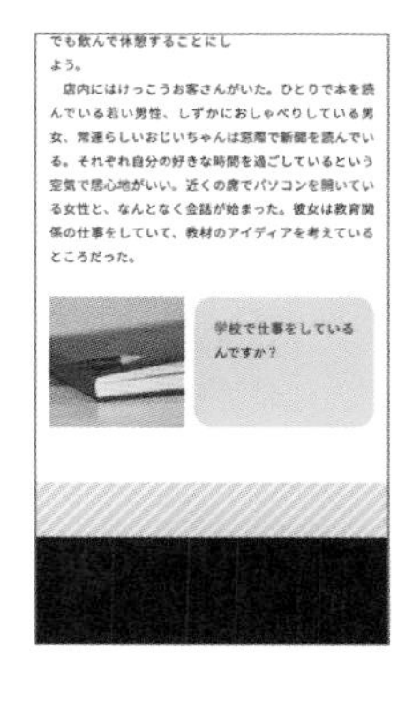
学校で仕事をしているんですか？

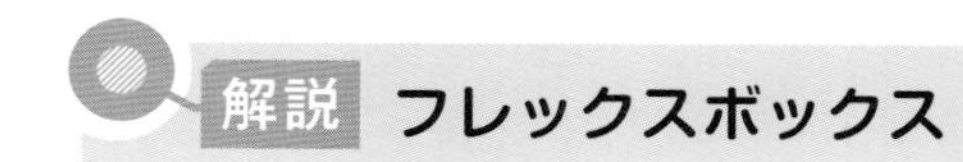

解説 フレックスボックス

フレックスボックスは、「display: flex;」を適用した要素の子要素を横または縦一列に並べる機能です。初期設定では、子要素は左揃えで横一列に並びます。このとき、各子要素の幅はそれぞれのコンテンツが収まる長さに縮小します。

書式：表示モードを「フレックスボックス」に切り替える。親要素に適用

```
display: flex;
```

サンプルでは<div class="chat-1st">～</div>に「display: flex;」を適用しています。そうすると直接の子要素がすべて、フレックスボックスモードで配置されるようになります。

▼「display: flex;」を適用した要素の子要素はフレックスボックスモードで配置される

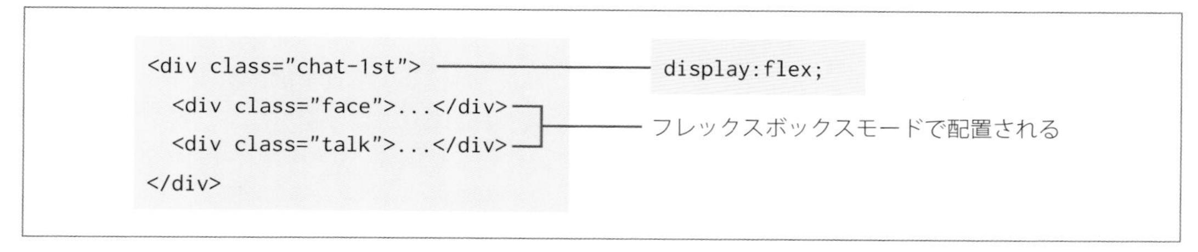

フレックスボックスの子要素の配置

フレックスボックスによってどのように子要素が配置されるか、詳しく見ていきましょう。

初期設定では、親要素の幅が十分に広く、子要素を横一列に並べてもまだ余裕があるとき、子要素の幅は自身のコンテンツが収まる長さに縮小します※7。この幅を**ベース幅**といいます。

▼親要素の幅が十分広いときの子要素の配置

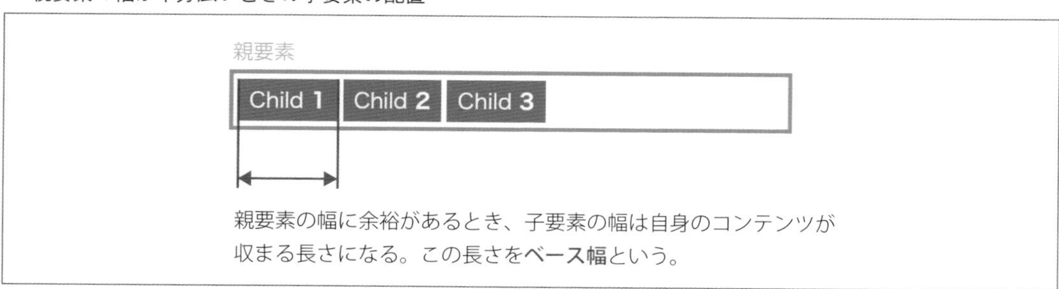

※7 「display:flex;」以外にフレックスボックス関連のスタイルを適用しなかった場合。ソースコードや実際の動作は「extra/flexbox/basic.html」で確認できます。

幅が縮小すると同時に、横に並ぶ子要素の高さが揃います。

▼ 横に並ぶ子要素の高さが揃う

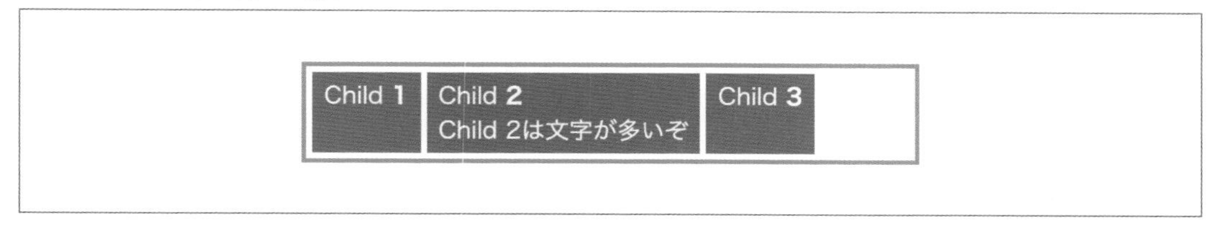

子要素が多くなったり、もしくは子要素のコンテンツが増えたりして親要素の幅が足りなくなってきたら、子要素の幅が縮小します。

▼ 親要素の幅が足りなくなると子要素の幅が縮小する

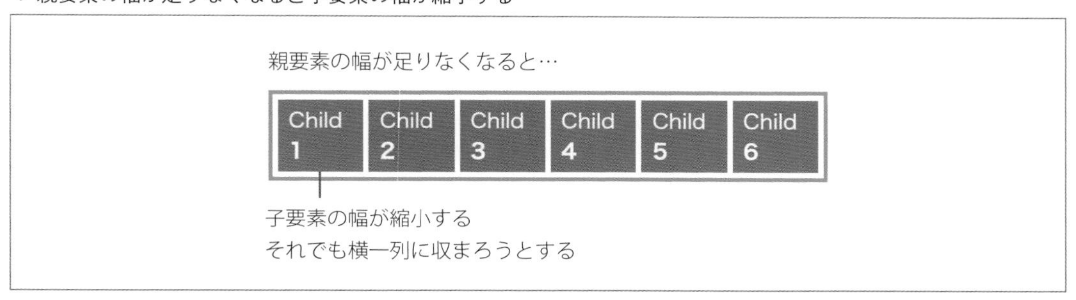

さらに、子要素が縮小しきれなくなっても横一列に並び、親要素からはみ出します。

▼ 親要素からはみ出しても横一列に並ぶ

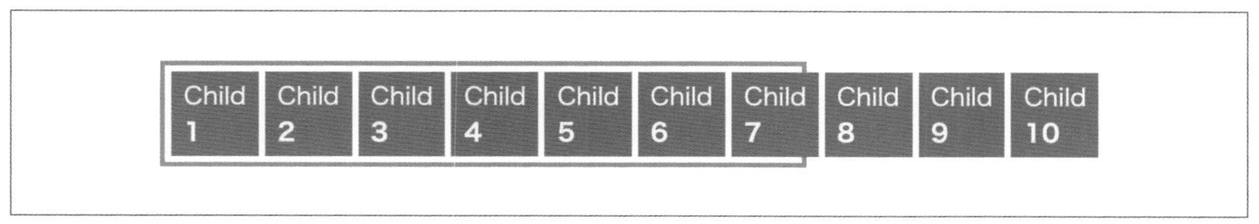

これがフレックスボックスの基本的な動作で、次のような特徴があります。

- 子要素は何が何でも横一列に並ぼうとする
- 子要素は縮小するが、伸長はしない
- 横一列に並ぶ要素の高さが揃う

こうした配置の動作は、各種プロパティを使ってカスタマイズすることができます。大きく分けて４つの設定ができます。

- 子要素の伸縮の設定ができる

親要素の幅に余裕があるとき、子要素を伸長する設定にできます。逆に伸長も縮小もしないようにしたり、固定幅にすることもできます。また、ベース幅を設定したり、子要素によって伸縮する割合を変更することも可能です（「3-17 チャット型のデザイン②～ボックスの大きさ調整・並び順の変更～」参照）。

▼ 親要素の幅に余裕があるとき、子要素を伸長する設定にできる　extra/flexbox/flex.html

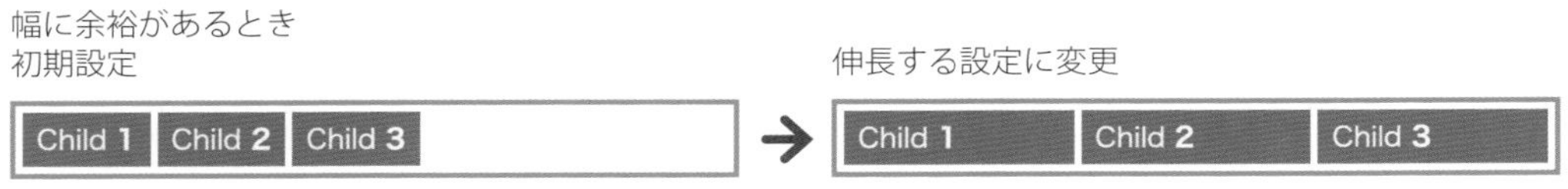

- 並ぶ方向を切り替える

フレックスボックスは初期設定では横一列に並ぶようになっていますが、縦に並べることもできます。レスポンシブデザインを実現するために、並ぶ方向の切り替えはよく行います（「4-6 ナビゲーション」参照）。

▼ 子要素を縦に並べることもできる　extra/flexbox/column-row.html

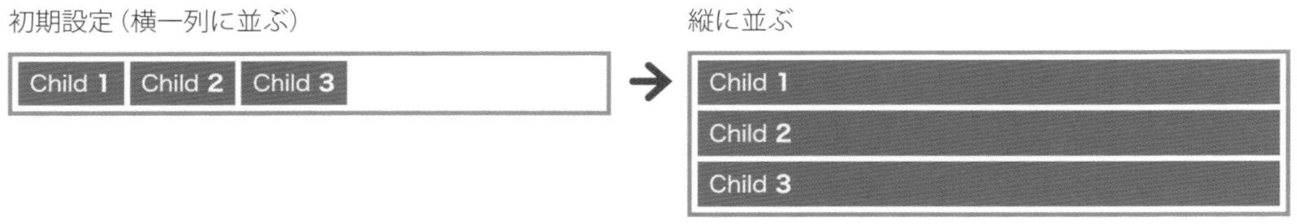

横一列に並ぶときは各子要素の高さが、縦に並ぶときは幅が揃うようになる

- **要素の行揃えを変更する**
  行揃えの変更ができます。初期設定では左揃えになりますが、右揃えにしたり、均等配置にしたりもできます（「4-3 ロゴとボタンのフレックスボックス構造」参照）。また、親要素からはみ出るときは改行する設定にもできます。

▼ 行揃えを変更できる　extra/flexbox/justify.html

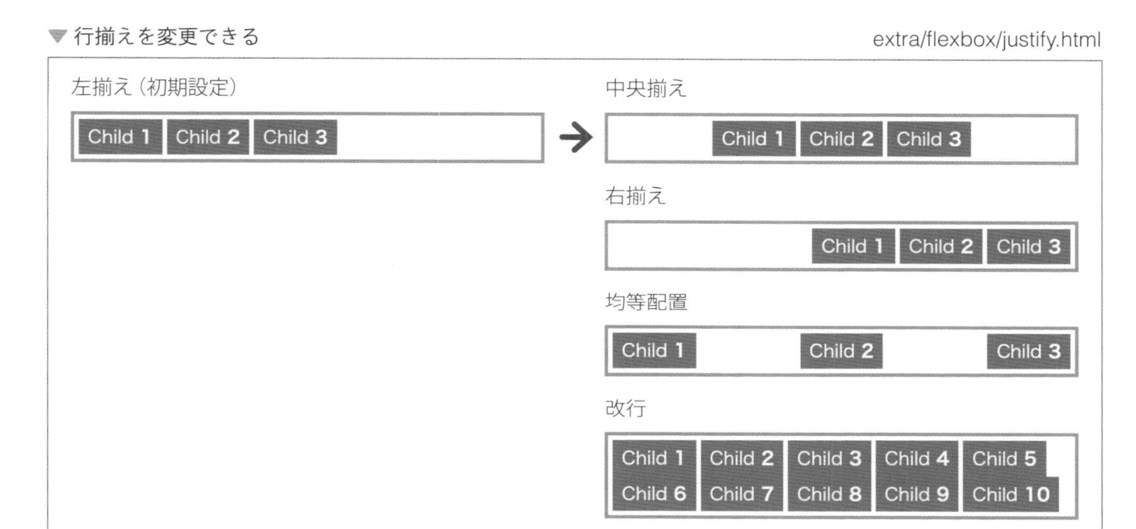

- **縦方向の整列を調整する**
  縦方向の整列の仕方を調整することもできます。初期設定では子要素の高さが揃いますが、高さを揃えずに上端揃え、下端揃えなどにもできます（「4-3 ロゴとボタンのフレックスボックス構造」参照）。

▼ 縦方向の整列を調整できる　extra/flexbox/align-items.html

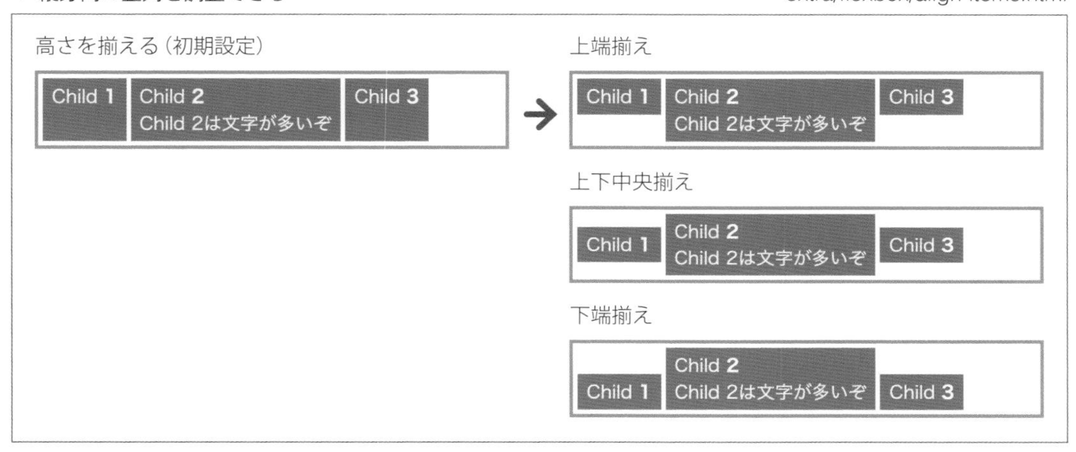

Chapter 3

3-17 チャット型のデザイン②
～ボックスの大きさ調整・並び順の変更～

前節に引き続き、会話形式のテキストを表示するモジュールを作成します。ここではチャット型デザインの2行目を追加しますが、その際ボックスのサイズを調整すると同時に、2行目は写真とテキストの並び順を入れ替えます。並び順の入れ替えは、HTMLを書き換えずにフレックスボックスの機能を使って実現します。

▼ボックスの並び順を入れ替えたモジュール

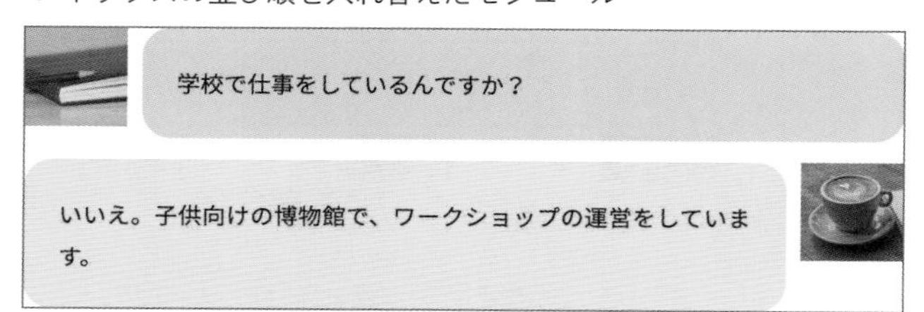
学校で仕事をしているんですか？
いいえ。子供向けの博物館で、ワークショップの運営をしています。

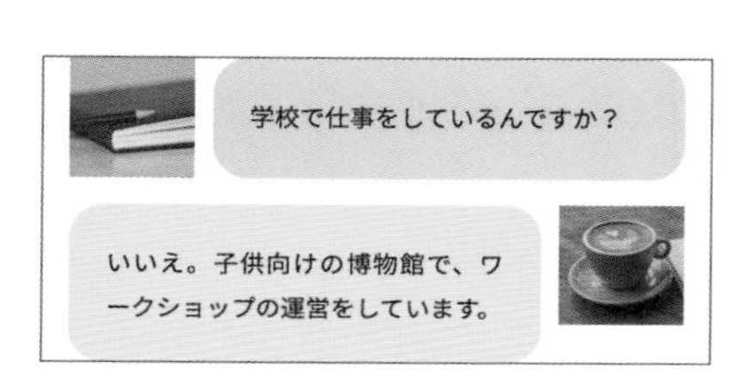
学校で仕事をしているんですか？
いいえ。子供向けの博物館で、ワークショップの運営をしています。

フレックスボックスでサイズと並び順を調整

フレックスボックスでは、横一列に並ぶボックスのサイズを調整することができ、また並ぶ順序を入れ替えることができます。

HTMLの基本的な構造は変えませんが、チャット型デザインの2行目は、親要素のクラス名を「chat-2nd」にしています（前節の親要素のクラス名は「chat-1st」）。

書式：ボックスの配置を逆順にする

```
flex-direction: row-reverse;
```

HTML

samples/chap03/17/post.html

```
<div class="chat">
  <div class="chat-1st">
    <div class="face">
      <img src="images/speaker1.jpg" alt="">
    </div>
    <div class="talk">
      <p>学校で仕事をしているんですか？</p>
    </div>
  </div>
```

```
  <div class="chat-2nd">  ← 親要素のクラス名が違うだけで、子要素の構造は変わっていないことに注目
    <div class="face">
      <img src="images/speaker2.jpg" alt="">
    </div>
    <div class="talk">
      <p>いいえ。子供向けの博物館で、ワークショップの運営をしています。</p>
    </div>
  </div>
</div>
```

CSS

samples/chap03/17/css/style.css

```
/* チャット */
.chat {
  margin: 30px 0;
}
.chat-1st, .chat-2nd {
  display: flex;
  margin: 15px 0;
}
.chat-2nd {
  flex-direction: row-reverse;  ← ボックスを逆順に配置
}
.chat-1st .face {
  flex: 0 0 70px;
  margin: 0 10px 0 0;
}
.chat-2nd .face {
  flex: 0 0 70px;
  margin: 0 0 0 10px;
}
.talk {
  flex: 1 1 auto;
  padding: 1.5rem;
  border-radius: 20px;
}
.chat-1st .talk {
  background: #b8e5ea;
}
.chat-2nd .talk {
  background: #ffff7c;
}
...
```

▼ページに組み込まれたときの表示例。ボックスの並び順が入れ替わっている

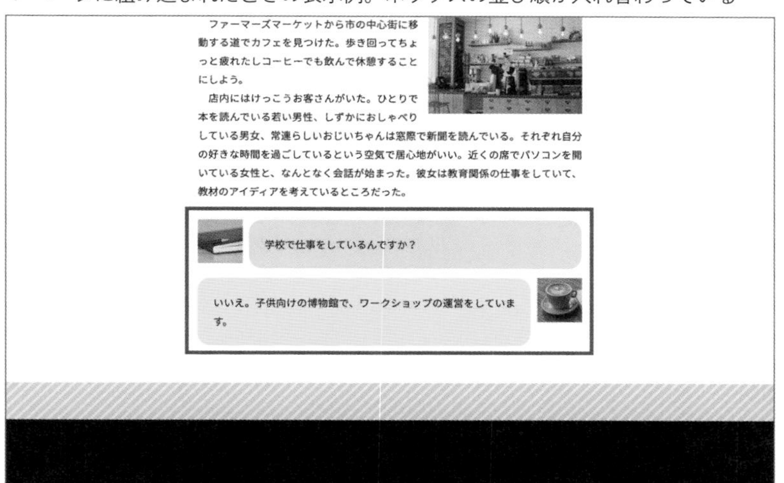

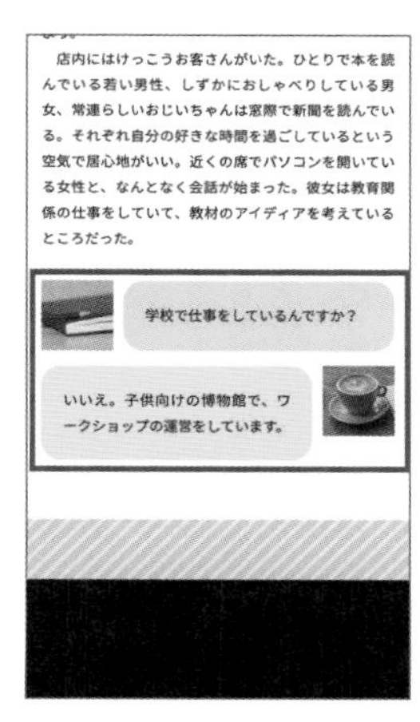

解説 flexプロパティ ～ボックスのサイズを調整する～

「解説 フレックスボックス」(P.166) で紹介したとおり、子要素を伸長する設定にしたり、子要素のベース幅を指定することができます。

今回のサンプルでは、写真のボックス（次の図のボックス1）の幅を70pxに固定して、テキストのボックス（同ボックス2）を親要素の幅に合わせて伸縮させています。

▼ 左ボックスの幅は固定して、右ボックスだけ伸縮したい

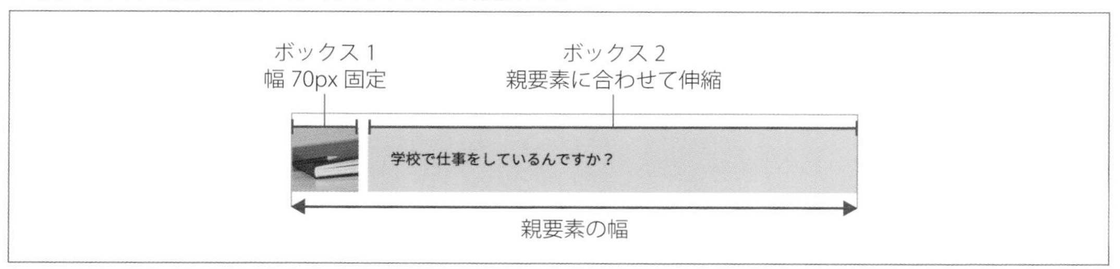

ボックスの幅や伸縮方法を設定するのが、それぞれの子要素に適用する「flex」プロパティです。まずは書式を見てみましょう。①伸長比、②縮小比、③ベース幅という3つの値を、半角スペースで区切って指定します。

書式：flexプロパティ

```
flex: ①伸長比 ②縮小比 ③ベース幅;
```

この3つの値ですが、①伸長比は、親要素の幅に余裕があるとき、子要素をどれだけ伸長するかを決めます。0以上の数値を単位なしで指定します。

②縮小比は、親要素の幅が狭くて子要素が縮小するとき、どれだけ縮小するかを決めます。こちらも0以上の数値を単位なしで指定します。

③ベース幅は、子要素のベース幅を指定するものです。値は「数値＋px」で指定します。

と、たいへん大雑把な説明をしましたが、説明するのも理解するのも難しいわりに知っていてもあまり得しないのでこれ以上の解説は割愛します※8。実際のWebデザインでは、ほぼ次の3つの設定のどれかしか使いません。

「flex: 0 0 子要素の幅px;」と指定する

この設定にすると、親要素の幅にかかわらず、子要素の幅が③ベース幅の値に固定されます。ボックスの幅を固定したいときに使用します。

※8 どうしても詳しく知りたいという方は、Mozilla Developer Networkの記事をご覧ください。https://developer.mozilla.org/ja/docs/Web/CSS/flex

サンプルでは先図のボックス1をこの設定にしています。その結果、親要素の幅がどうであれ写真の幅は70pxで固定され、変化しないようになっています。

「flex: 1 1 auto;」と指定する

この設定にすると、親要素の幅に合わせてボックスが伸縮します。特に、固定幅のボックスと伸縮するボックスを横に並べたいときに使います。レスポンシブデザインではよくあるパターンといえます。

サンプルではテキストが表示されるボックス2に、この設定を適用しています。

flexプロパティを使用しない

子要素にflexプロパティを適用しなければ初期設定値が割り当てられ、前節の解説で紹介したとおりの動作をします。ちなみにflexプロパティの初期設定値は次のとおりです。

CSS flexプロパティの初期値

```
flex: 0 1 auto;
```

つまり親要素が狭いときは子要素も縮小し、親要素が広くてもベース幅を維持したまま伸長しません。ベース幅については「解説 フレックスボックス」(P.166)を参照してください。

実際のWebデザインでは、親要素の幅にある程度の余裕があっても子要素を伸長させたくないときに、flexプロパティを使わない選択をします。ナビゲーションメニューやパンくずリストなどを作る際によく用いられます。

Note 幅しか指定していないのに写真のサイズが小さくなっているのはなぜ？

「1-9 レスポンシブデザインに対応した画像のスタイル」で紹介した、レスポンシブデザインに対応するためのスタイルが適用されていれば、画像はもとの縦横比を維持したまま拡大／縮小します。使用している画像の本来のサイズは150px × 150pxですが、ベース幅を設定することにより幅70pxで表示されます。オリジナル画像の縦横比が維持されるので高さも70pxになりますね。さらに、フレックスボックスは横に並ぶボックスの高さが揃うので、画像のボックスが小さくなればテキストのボックスも小さくなります。

▼画像はもとの縦横比を維持して拡大／縮小する

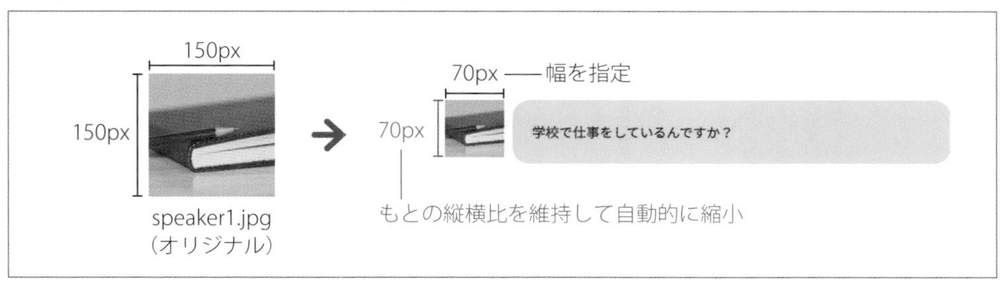

解説 flex-directionプロパティ～ボックスの並び順を変更する～

flex-directionプロパティは、子要素のボックスが並ぶ方向と、その順序を設定します。フレックスボックスの親要素に適用します。書式は次のとおりで、値には4つのキーワードから1つを選んで指定します。

書式：フレックスボックスの子要素を横に並べるか縦に並べるか設定する

```
flex-direction: キーワード;
```

▼ flex-directionプロパティに使えるキーワード　extra/flexbox/direction.html

キーワード	説明	表示例
row	横一列に並べる 設定しなかったときの初期値	1 2 3
column	縦に並べる	1 2 3
row-reverse	横一列に逆順に並べる	3 2 1
column-reverse	縦に逆順に並べる	3 2 1

レスポンシブデザインでは、画面サイズが広いときにはボックスを横方向に、狭いときは縦方向に並べたいことがよくあります。要素を並べ替える手段の1つとして、flex-directionはよく使われるプロパティの1つです。

Chapter 3

3-18 チャット型のデザイン③ ～要素を円形に切り抜く～

画像を円形に切り抜きます。現在のWebデザインでは非常によく使われる頻出テクニックです。

▼ 画像を円形に切り抜く

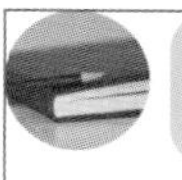

学校で仕事をしているんですか？

いいえ。子供向けの博物館で、ワークショップの運営をしています。

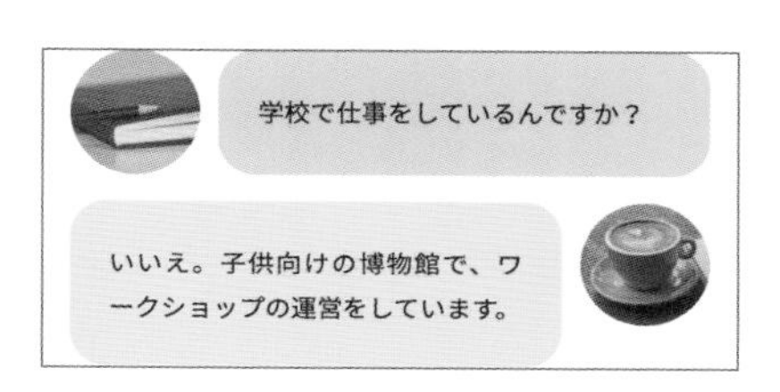
学校で仕事をしているんですか？
いいえ。子供向けの博物館で、ワークショップの運営をしています。

正方形の画像を円形に切り抜くには

チャットアプリに似せた表示のモジュールを完成させます。本節では要素を円形に切り抜く方法を紹介します。このテクニックはおもに画像と組み合わせて使用します。

要素を円形に切り抜くには、CSSに次のスタイルを追加する必要があります。

- 幅と高さを同じにして、正方形の要素を表示する
- 要素にborder-radiusプロパティを適用し、その値を「50%」にする
- 画像を円形に切り抜く場合、使用する画像も正方形にしておく

要素を円形に切り抜くときのborder-radiusプロパティは次のソースコードのように記述します。このスタイルを適用することで、一辺の角丸の半径が、幅、高さの50%になります。

CSS
要素を円形に切り抜くときのborder-radiusプロパティの設定方法

```
border-radius: 50%;
```

一辺の角丸の半径を幅や高さの50%にしているので、幅と高さが違うと円形に切り抜くことができません。そのため画像を丸く切り抜く場合は、その画像も正方形に

▼ 使用する画像

150px
150px
speaker1.jpg
speaker2.jpg

します。

　サンプルではimagesフォルダにある2つの画像、speaker1.jpgとspeaker2.jpgを丸く切り抜いています。どちらも150px × 150pxの正方形にしてあります。

HTML

samples/chap03/18/post.html

```
<div class="chat">
  <div class="chat-1st">
    <div class="face">
      <img src="images/speaker1.jpg" alt="">
    </div>
    <div class="talk">
      <p>学校で仕事をしているんですか？</p>
    </div>
  </div>
  <div class="chat-2nd">
    <div class="face">
      <img src="images/speaker2.jpg" alt="">
    </div>
    <div class="talk">
      <p>いいえ。子供向けの博物館で、ワークショップの運営をしています。</p>
    </div>
  </div>
  ...
</div>
```

CSS

samples/chap03/18/css/style.css

```
/* チャット */
.chat {
  margin: 30px 0;
}
.chat-1st, .chat-2nd {
  display: flex;
  margin: 15px 0;
}
.chat-2nd {
  flex-direction: row-reverse;
}
.chat-1st .face {
  flex: 0 0 70px;
  margin: 0 10px 0 0;
}
.chat-2nd .face {
  flex: 0 0 70px;
  margin: 0 0 0 10px;
}
.face img {  ← <img>に適用
  border-radius: 50%;
}
.talk {
  flex: 1 1 auto;
  padding: 1.5rem;
  border-radius: 20px;
}
...
```

▼ページに組み込まれたときの表示例

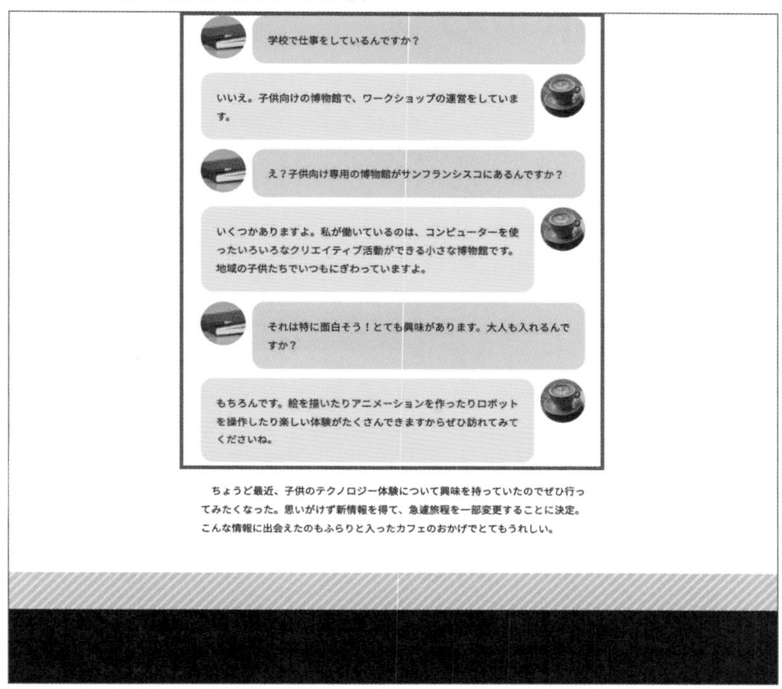

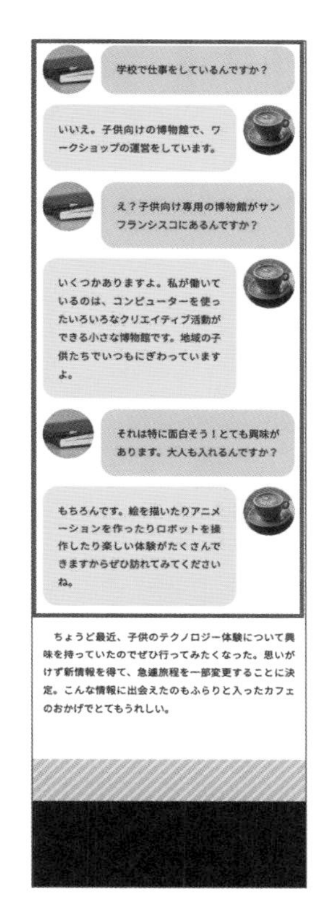

コラム

class属性の値は「グループ名」や「カテゴリー名」にする

class属性の「class」とは、**グループ**や**カテゴリー**という意味です。一般にclass属性の値（クラス名）にはそのHTML要素の名前を付けると考えがちですが、そうではなく、同じスタイルを適用する要素をグループととらえ、そのグループにふさわしい名前を付けることを心がけます。

クラス名がグループ名やカテゴリー名であることから、同じクラス名を複数の要素に付けることができます。また、1つの要素に複数のクラス名を付けることもできます。複数のクラス名を付けるときは、1つひとつのクラス名を半角スペースで区切って指定します。

HTML 複数のクラス名を指定するときはそれぞれを半角スペースで区切る

```
<div class="info-box flexchild">
```

Chapter 3

3-19 タブ付きボックス

タブが付いたボックスのモジュールです。タブは比較的単純なCSSで実現できるので、作り方を知っていると役に立つことも多いでしょう。

▼タブ付きボックスモジュール

Profile

桑山みなと
大手出版社の編集者を経てライターとして独立。絵本、児童文学に詳しく、小学校の教員免許を持っているため、絵本作家や教育関係者へのインタビュー経験が多い。現在シアトルに長期滞在中で、Tansaku!では「アメリカ西海岸レポート」を連載している。

Profile

桑山みなと
大手出版社の編集者を経てライターとして独立。絵本、児童文学に詳しく、小学校の教員免許を持っているため、絵本作家や教育関係者へのインタビュー経験が多い。現在シアトルに長期滞在中で、Tansaku!では「アメリカ西海岸レポート」を連載している。

「チャット型のデザイン」と似たHTML、CSS

タブ付きボックスは、タブの部分と四角く囲まれたボックスの部分で大きく分かれます。このうちボックスの部分のHTMLやCSSは、実際には3-16～3-18で取り上げた「チャット型のデザイン」とほとんど変わりません。背景色やボーダーラインのあり／なしで、似たようなソースコードでもだいぶ印象が変わりますね。

HTML

samples/chap03/19/post.html

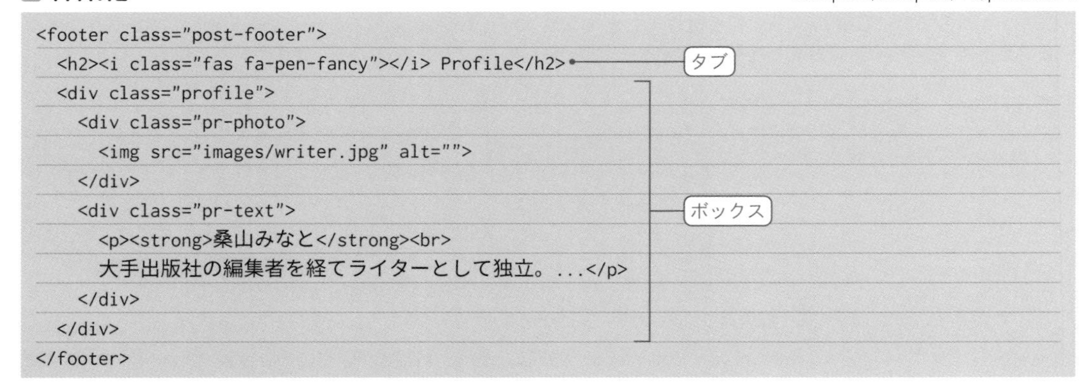

```
<footer class="post-footer">
  <h2><i class="fas fa-pen-fancy"></i> Profile</h2>
  <div class="profile">
    <div class="pr-photo">
      <img src="images/writer.jpg" alt="">
    </div>
    <div class="pr-text">
      <p><strong>桑山みなと</strong><br>
      大手出版社の編集者を経てライターとして独立。...</p>
    </div>
  </div>
</footer>
```

CSS

samples/chap03/19/css/style.css

```
.post-footer h2 {  ← タブのスタイル
  display: inline-block;
  margin: 0;  ← h2のマージンを0に
  padding: 10px 30px;
  background: #000;
  border-radius: 10px 10px 0 0;
  font-family: 'Croissant One', cursive;  ← GoogleFontsのフォントを選択
  font-weight: 400;
  font-size: 1.25rem;
  color: #fff;
}
.profile {
  display: flex;
  padding: 1rem;
  border: 1px solid #000;
}
.pr-photo {
  flex: 0 0 100px;
  margin-right: 1rem;
}
.pr-photo img {
  border-radius: 50%;
}
.pr-text {
  flex: 1 1 auto;
}
.pr-text p {
  margin: 0;
  line-height: 1.9;
}
```

(.profile 〜 .pr-text p：ボックスのスタイル)

▼ ページに組み込まれたときの表示例

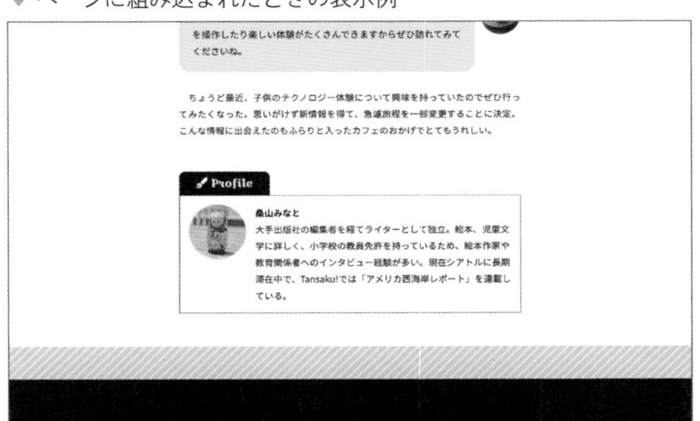

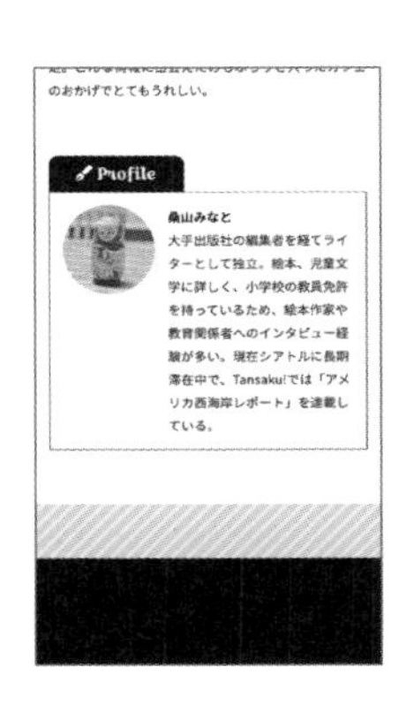

解説 ボックスの上側だけ角を丸くするには

border-radiusプロパティを使って、ボックスの4つの角をそれぞれ異なる半径で丸くすることができます。

▼ タブの半径の設定

書式：4つの角1つずつに異なる半径を設定する

```
border-radius: 左上 右上 右下 左下;
```

今回作成したタブには、左上に10px、右上に10pxの角丸の半径を指定しています。

解説 サイズを指定せずに「適度な大きさ」のブロックボックスを作る

タブを作成するために適用したスタイルには、border-radiusのほかにもいくつかのプロパティが使われています。そのうちの「display: inline-block;」は、<h2>の表示モードを**インラインブロック**に切り替えています。

インラインブロックという表示モードは、インラインボックスとブロックボックスの特性を合わせたようなものです。インラインボックスのようにコンテンツが収まるぴったりの幅になりますが、ブロックボックスのように上下マージンを設定できます。widthプロパティを使って幅を指定することもできます。

今回のタブは<h2>で作られています。そのためCSSを適用しなければ本来ブロックボックスとして表示されるわけですが、それではタブの長さが親要素の長さと同じになってしまい、意図した表現ができません。そこで、ボックスの幅を短くするために表示モードをインラインブロックに切り替えているのです。

▼ ブロックボックスとインラインブロックの表示の違い　extra/3-19/post.html

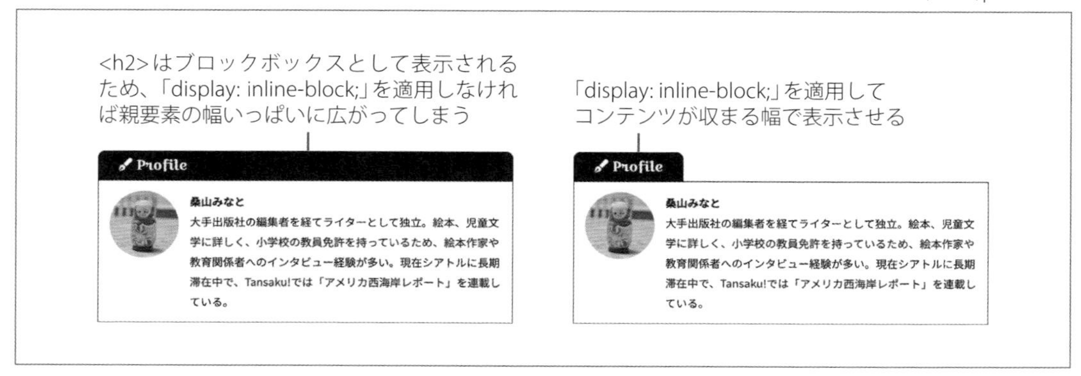

Chapter 4

ヘッダーを組み立てる

ヘッダー部分を組み立てます。ヘッダーは構造が複雑なうえに、PC向けとモバイル向けとで大きくデザインやレイアウトが異なる場所でもあります。事前にしっかりと計画を立てて、少しずつ完成させるのがポイントです。

Chapter 4

4-1 ヘッダーは画面サイズでレイアウトが変わる

ヘッダーの作成を始めます。まずはモジュールに分割するためにデザインを確認しましょう。ヘッダーは狭い面積にたくさんの要素が集中するため、レイアウトが複雑になります。またPC向けとモバイル向けで大きくレイアウトが異なるため、実現するにはさまざまなテクニックが必要です。

ヘッダーはPCとモバイルで表示が変わる

ヘッダーをモジュールに分割するために、まずはデザインを確認します。ヘッダー部分はPC向けとモバイル向けでデザインが大きく異なるのが特徴です。モバイル向けデザインのときだけ、右上のボタンをタップするとナビゲーションが開くようになっています。

▼ヘッダーコンテナ

なお、ヘッダーのすぐ下にパンくずリストがあります。本書で扱うページのデザインでは、PC向けレイアウトのときだけ表示します。このパンくずリストはヘッダーとは別のコンテナですが、「4-8 パンくずリスト」で作成方法を紹介します。

▼パンくずリストコンテナ。PC向けデザインのときだけ表示される

Chapter 4

4-2 ヘッダーをモジュールに分割する

デザインの確認が終わったら、ヘッダーコンテナの要素をモジュールに分割します。PC向けとモバイル向けでレイアウトが大きく変わるため、CSSを活用する必要があります。どのように分割したらうまくCSSが適用できるか、どんなCSSの機能を使えば実現できるかを考えながら、作業を進めます。

ヘッダーコンテナのモジュール

ヘッダーコンテナにはモバイル向けレイアウトのときだけ、ロゴとナビゲーションを開閉するボタンを表示します。ロゴとボタンを並ばせるためにフレックスボックスを使うと考えて、ヘッダー全体を囲む親要素（ナビゲーションを除く）、ロゴ、ボタンの3つのモジュールに分けます。

▼ ヘッダーモジュール。図はモバイル向けレイアウト

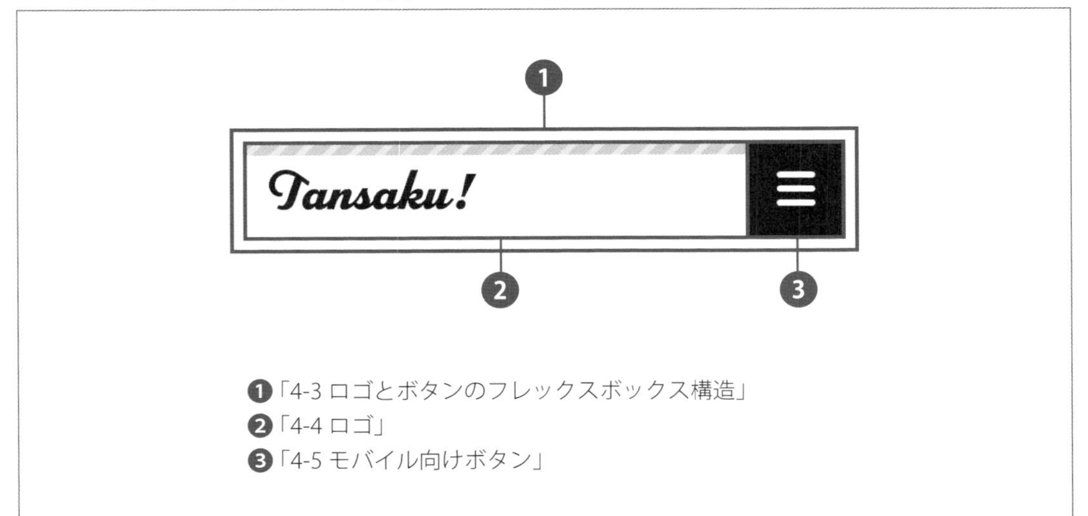

ロゴとボタンの下にはナビゲーションがあります。ナビゲーションはPC向けレイアウトのときは横に、モバイル向けレイアウトのときは縦に並びます。要素が並ぶ方向の切り替えにはフレックスボックスが使えるので、ナビゲーション全体を親要素で囲むことにして、それを1つのモジュールと考えることにします。結果的にヘッダーは、ロゴ、ボタン、それらを囲む親要素、その下にナビゲーションという、4つのモジュールに分割することになります。

▼ナビゲーション

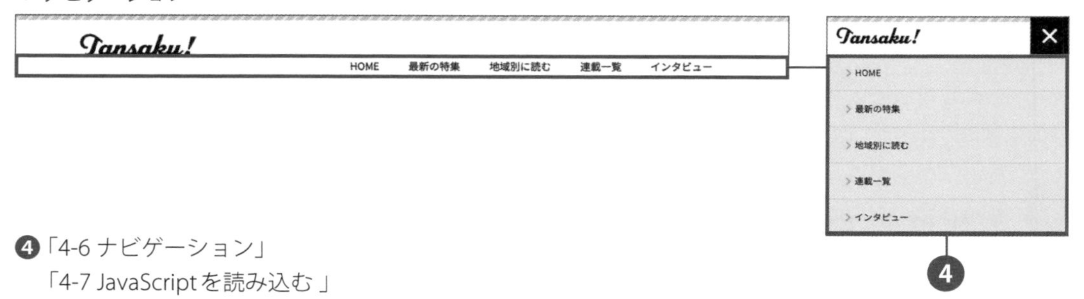

❹「4-6 ナビゲーション」
「4-7 JavaScriptを読み込む」

なお、モバイル向けレイアウトでナビゲーションを開閉する機能を実現するには、JavaScriptプログラムを読み込む必要があります。JavaScriptの読み込みは「4-7 JavaScriptを読み込む」で取り上げます。

パンくずリスト

パンくずリストコンテナの中身はこれ以上分割せず、パンくずリストモジュールとして作成します。パンくずリストはPC向けレイアウトのときだけ表示します。

▼パンくずリストは1つのモジュールで実現する

❺「4-8 パンくずリスト」

Chapter 4

4-3 ロゴとボタンのフレックスボックス構造

モジュールへの分割が終わったらコーディングに入ります。はじめにロゴとモバイル向けのボタンを配置するフレックスボックスの親要素を作成します。レイアウトを先に作りたいので、ここではロゴやボタンの画像は挿入せず、テキストで代用します。

▼ロゴとボタンのフレックスボックス構造

ロゴとボタンを配置できる構造を先に作る

モバイル向けレイアウトのときはロゴとボタンを横一列に配置し、PC向けレイアウトのときはロゴだけを表示するようにします。実際のロゴやボタンはあとで組み込みますが、表示を確認するためにここでは仮のテキストを入れておくことにします。HTMLはpost.htmlのヘッダーコンテナ内にCSSは「css/style.css」に追加します。追加するCSSには3つのポイントがあります。

- モバイル向けレイアウトのときだけロゴとボタンをフレックスボックスで横一列に並べる
- 横一列に並べるとき、ロゴはヘッダーコンテナの左端に、ボタンはヘッダーコンテナの右端に配置する
- PC向けレイアウトのとき、つまりビューポートの幅が768px以上のときボタンを非表示にする。また、フレックスボックスを解除する

まずはソースコードを確認してみましょう。

HTML

samples/chap04/03/post.html

```
<header class="page-header">
  <div class="header-container">
    <div class="sitetitle">  ← フレックスボックスの親要素
      <h1 class="header-logo">ロゴ</h1>
      <div class="navbtn">ボタン</div>
    </div>
  </div>
</header>
```

CSS

samples/chap04/03/css/style.css

```
/**
 * ****************************************
 * ヘッダー
 * ****************************************
 *
 * ヘッダーコンテナ
 */
...
/**
 * ----------------------------------------
 * ヘッダーモジュール
 */

/* ヘッダーロゴとモバイルナビボタン */
.sitetitle {
  display: flex;
  justify-content: space-between;
  align-items: center;
}
@media (min-width: 768px) {
  .sitetitle {
    display: block;
    padding: 30px 0 0 0;
  }
}

@media (min-width: 768px) {
  .navbtn {
    display: none;
  }
}
```

画面サイズが768px以上のときはボタンを非表示

▼ページに組み込まれたときの表示例

解説 モバイル向け表示ではフレックスボックスを使用しない

ヘッダーのロゴとボタンは、モバイル向けレイアウトのときはフレックスボックスを使って横一列に並べます。PC向けレイアウトのときはボタンを非表示にして、さらにフレックスボックスを解除します。

フレックスボックスを解除するには、displayプロパティの値を「block」に切り替えます。今回のサンプルではビューポートの幅が768px以上のとき<div class="sitetitle">のdisplayプロパティの値を「block」にすることで、フレックスボックスを解除しています。

CSS ビューポートの幅が768px以上のとき、ボックスの表示モードを「block」に切り替える

```
.sitetitle {
  display: flex;
  ...
}
@media (min-width: 768px) {
  .sitetitle {
    display: block;
      ...
  }
}
```

解説 ボックスの配置を設定するプロパティ

フレックスボックスは、子要素のボックスの横方向への配置（行揃え）と、縦方向の整列をコントロールできます。横方向の行列にはjustify-contentプロパティ、縦方向の整列にはalign-itemsプロパティを使用します。どちらも親要素に適用します。

justify-contentプロパティ

横一列に並ぶ要素の行揃えを決めるプロパティです。設定できるおもな値は次の表のとおりです。今回のサンプルでは値を「space-between」にしているため、ロゴは親要素（<div class="sitetitle">）の左端に、ボタンは親要素の右端に配置されます。

▼ justify-contentプロパティのおもな値

値	説明	例
flex-start	ボックスが左揃えで配置される※1。設定しなかったときの初期値	ロゴ ボタン
center	ボックスが中央揃えで配置される	ロゴ ボタン
flex-end	ボックスが右揃えで配置される	ロゴ ボタン
space-around	ボックスが均等間隔で配置される。最初のボックスの左側、最後のボックスの右側にはボックスとボックスのあいだの1/2のスペースが空く	1/2 ロゴ ボタン 1/2
space-between	ボックスが均等間隔で配置される。最初のボックスは親要素の左端に、最後のボックスは親要素の右端に配置される	ロゴ ボタン 親要素の左端・右端に配置

align-itemsプロパティ

横一列に並んでいる要素の、縦方向の整列を決めるプロパティです。設定できるおもな値は次の表のとおりです。今回のサンプルでは値を「center」にしているので、ロゴもボタンも親要素の上下中央に整列することになります。

▼ align-itemsプロパティのおもな値

値	説明	例
flex-start	親要素の上端に整列	ロゴ ボタン
center	親要素の中央に整列	ロゴ ボタン
flex-end	親要素の下端に整列	ロゴ ボタン

※1 flex-directionプロパティの値が「row」のとき（設定しなかったときの初期値）の配置です。

Chapter 4

4-4 ロゴ

ロゴを表示します。

▼ロゴ

フレックスボックスの左側子要素に画像を挿入

サイトのロゴを表示します。<h1 class="header-logo">～</h1>内にロゴ画像を挿入するほか、<h1>タグに設定されているデフォルトCSS（「コラム：デフォルトCSS」P.035）の一部をキャンセルします。ロゴに使用する画像は「images」フォルダにある「header-logo.svg」です。

ロゴを表示させても、次節で紹介するモバイル用のボタンやナビゲーションまで組み込まないと正しいレイアウトにはなりませんが、少しずつ進めましょう。

▼ロゴ画像。header-logo.svg

HTML

samples/chap04/04/post.html

```
<header class="page-header">
  <div class="header-container">
    <div class="sitetitle">
      <h1 class="header-logo">
        <a href="index.html"><img src="images/header-logo.svg" alt="Tansaku!"></a>
      </h1>
      <div class="navbtn">ボタン</div>
    </div>
  </div>
</header>
```

CSS

samples/chap04/04/css/style.css

```
/* ヘッダーロゴ */
.header-logo {
  margin: 0;
  padding-left: 15px;
  font-size: 0;
  line-height: 0;
}
.header-logo img {
  width: 130px;   画像（ロゴ）のサイズを指定
}
@media (min-width: 768px) {
  .header-logo {
    padding: 0;
  }
  .header-logo img {
    width: 180px;   画像（ロゴ）のサイズを指定
  }
}
```

▼ページに組み込まれたときの表示例

解説 h1のデフォルトCSSをリセットする

ロゴを表示するのに、サンプルでは<h1>タグで囲みました。ところが<h1>にはデフォルトで上下のマージンやフォントサイズが設定されているため、そのまま使うと思うようにロゴを配置できません。そこで、よけいなスペースができないよう<h1>の上下マージン、フォントサイズ、行間（line-height）をすべて0にします。

▼ <h1>のデフォルトCSS※2

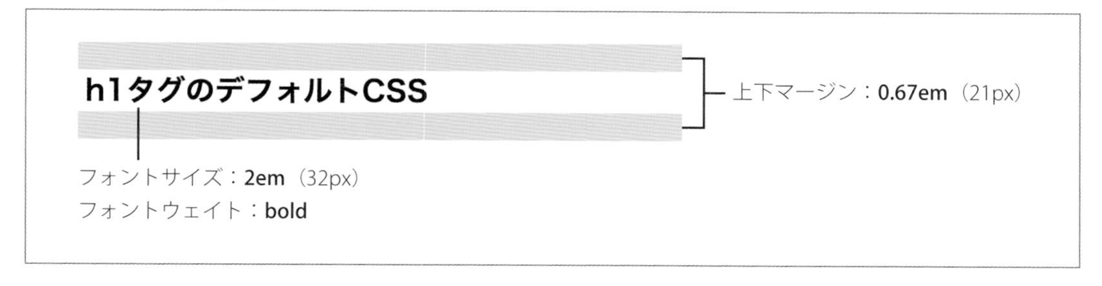

CSS <h1>のデフォルトCSSをキャンセルしているスタイル

```
.header-logo {
  margin: 0;         デフォルトCSSをキャンセル
  padding-left: 15px;
  font-size: 0;      デフォルトCSSをキャンセルし、スペースができてしまわないように0に設定
  line-height: 0;    行間の設定でスペースができてしまわないように0に設定
}
```

コラム

可能であれば画像はSVGで

このサンプルではロゴにSVGフォーマットの画像を使用しています。

SVG (Scalable Vector Graphic) は「ベクター」と呼ばれる、線や塗りが数式で表現されたグラフィックフォーマットです。SVGファイルは線や塗りをサイズに合わせて"計算"して表示するので、JPEGやPNGと違って拡大しても画質がまったく劣化しません。ただし、写真など階調が複雑で輪郭線がはっきりしないグラフィックには向きません。

表示したい画像がロゴや図など、線も塗りもはっきりしたグラフィックには、できるだけSVGファイルを用意するようにしましょう。現在Webデザインでよく使われているアプリケーション (Adobe XD、Figma、Sketchなど) は、どれもSVGの書き出しに対応しています。

※2 標準的なデフォルトCSSです。<h1>が次の4つのタグの子要素、孫要素だった場合、上下マージンやフォントサイズの値は変わります。
article, aside, nav, section

Chapter 4

4-5 モバイル向けボタン

モバイル向けレイアウトでのみ表示される、ナビゲーションを開閉するためのボタンを作成します。

▼ モバイル向けボタンモジュール

Tansaku!　　Tansaku! ≡

PC向けレイアウトでは表示されない

 タップすると切り替わるボタン画像の表示

4-5、4-6、4-7で、グローバルナビゲーション（以降ナビゲーション）の表示・非表示を切り替える機能を組み込みます。本節ではボタンを、次の4-6ではナビゲーションを作成します。最後の4-7ではナビゲーションの表示・非表示を切り替えるJavaScriptプログラムを読み込みます。なお、ナビゲーションの表示・非表示切り替えはモバイル向けレイアウトのときだけ機能します。

まずはナビゲーションの表示・非表示切り替え機能の動作を確認しましょう。ボタンを一度タップするとナビゲーションが表示され、もう一度タップすると非表示になります。このとき、ボタンの見た目も変わります。

▼ ボタンをタップするたびにナビゲーションの表示・非表示が切り替わる

非表示（ページを開いたときの初期状態）　　表示

ボタンの見た目を変えるのは、要素（<div class="navbtn"></div>）に適用する背景画像を切り替えることで実現します。次の図のとおり、<div class="navbtn">にクラス「close」を追加したり削除したりすることで、適用されるスタイルを変えるようにします。

▼ボタンの表示変化

ナビゲーションが表示されていないとき

・ボタンのHTMLは<div class="navbtn"></div>

・背景画像に ☰ nav-mobile-open.svgを表示

ナビゲーションが表示されているとき

・ボタンのHTMLは<div class="navbtn close"></div>（closeクラスが追加される）

・背景画像に  nav-mobile-close.svgを表示

要素にクラスを追加・削除するのはJavaScriptプログラムで制御しますが、背景画像の指定そのものはCSSで行います。そこで、style.cssには2つのスタイルを用意します。

- <div class="navbtn">に適用されるスタイル
- <div class="navbtn close">に適用されるスタイル

HTML

samples/chap04/05/post.html

```
<header class="page-header">
  <div class="header-container">
    <div class="sitetitle">
      <h1 class="header-logo">
        <a href="index.html"><img src="images/header-logo.svg" alt="Tansaku!"></a>
      </h1>
      <div class="navbtn"></div>
    </div>
  </div>
</header>
```

CSS

samples/chap04/05/css/style.css

```
/* ヘッダーロゴ */
...
/* モバイル向けボタン */
.navbtn {
  display: block;
  width: 60px;
  height: 60px;
  background-image: url(../images/nav-mobile-
open.svg);
  background-repeat: no-repeat;
  background-position: center center;
}
.navbtn.close {
  background-image: url(../images/nav-mobile-
close.svg);
}
@media (min-width: 768px) {
  .navbtn {
    display: none;
  }
}
```

Note　JavaScript追加前にナビゲーションの表示をテストする方法

ナビゲーションが表示されているときのボタンのCSSを編集、確認するときは、HTMLの「<div class="navbtn"></div>」に手動で「close」クラスを追加します。

▼ ページに組み込まれたときの表示例

実践のポイント　開発ツールを使って表示をテスト

今回はボタンの2つの状態を作る必要がありました。JavaScriptを読み込むまで正式の動作は確認できませんが、開発ツールを使って簡易的な表示のチェックはできます。

Chromeの場合は［Elements］タブをクリックして※3 HTMLやCSSのソースコードを表示してから、書き換えたい箇所をダブルクリックして編集します。今回の作業であれば、<div class="navbtn">の「navbtn」の部分をダブルクリックして、「close」クラスを追加したり削除したりします。ソースコードを書き換えるとページの表示も瞬時に変わるので、結果を見ながら試行錯誤することができる、というわけです。

▼ 開発ツールでソースを編集すると瞬時に表示も変わる

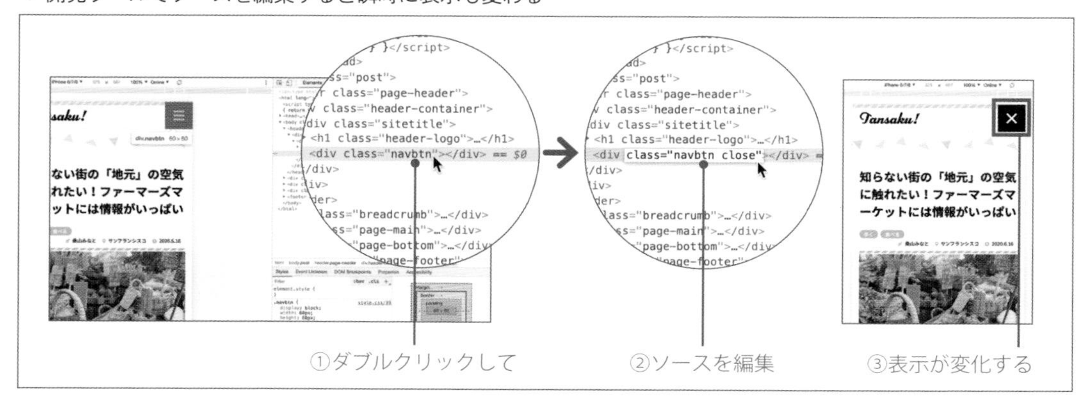

※3　ほかのブラウザでは［インスペクター］(Firefox)、［要素］(Safari、Edge) タブをクリックします。

4-6 ナビゲーション

ヘッダーのナビゲーション（グローバルナビゲーション）を作成します。PC向けとモバイル向けのレイアウトで表示が大きく変わります。

▼ナビゲーションモジュール

リストを使って作るのがナビゲーションの基本

ナビゲーションのHTMLはほぼパターン化していて、**箇条書きの<ul><li>と<a>タグを組み合わせて作成**します。また、これは必須ではありませんが、ナビゲーション全体をさらに<nav>タグで囲む場合が多いでしょう。各要素のclass属性などは必要に応じて付けます。

HTML ナビゲーションの基本的なHTML

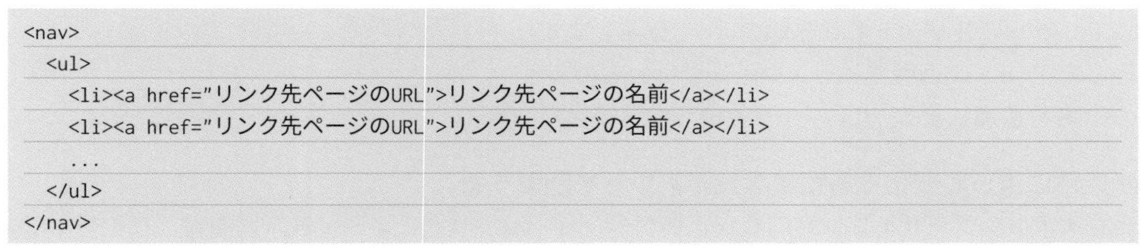

```
<nav>
  <ul>
    <li><a href="リンク先ページのURL">リンク先ページの名前</a></li>
    <li><a href="リンク先ページのURL">リンク先ページの名前</a></li>
    ...
  </ul>
</nav>
```

CSSの3つのポイント

次にCSSです。ナビゲーションを作成するときのCSSには大きく分けて3つのポイントがあります。

- <ul>からマージン、パディング、リスト先頭のマークを消す
- 条件によって変化する複雑なレイアウトをうまく制御する
- <a>タグに適切なスタイルを適用する

1つずつ、詳しく見ていきます。

<ul>のデフォルトCSSをリセットする

ナビゲーションで使用する<ul>タグには、いくつかのデフォルトCSSが適用されています。図は<ul>に適用されているおもなデフォルトCSSで、このうちのlist-styleプロパティは、リスト各項目の先頭に付くマークを設定します。値を「none」にすれば、先頭のマークは表示されなくなります。

▼ <ul>のデフォルトCSS

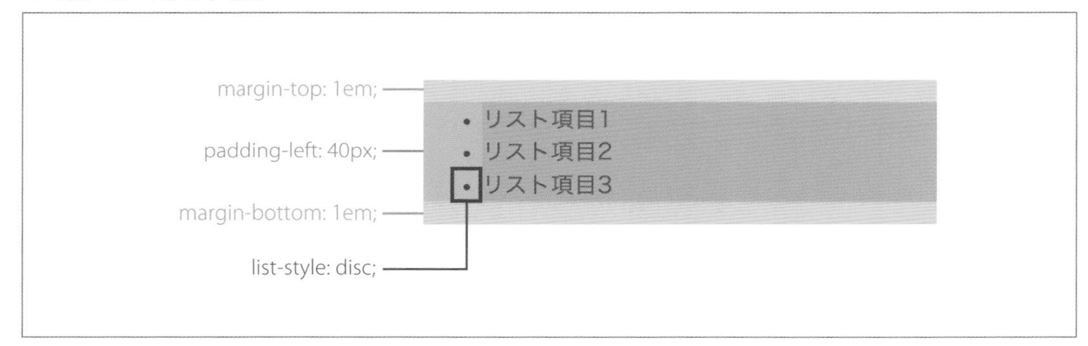

ナビゲーションを作るために、デフォルトCSSで設定されている上下マージンと左パディングを0にして、さらに各リスト項目先頭の「・」を消します。そこで、<ul>に適用されるスタイルには、右の3行のCSSを追加します。

CSS　<ul>のデフォルトCSSをリセット

```
margin: 0;
padding: 0;
list-style: none;
```

条件によって変化する複雑なレイアウトを制御する

レスポンシブデザインに対応したナビゲーションは、状態によって表示が複雑に変化します。どんな状態があるのか、一度整理しましょう。

- モバイル向けのナビゲーション。ボタンをタップする前の、**ナビゲーションのリンクが表示されていない**状態
- モバイル向けのナビゲーション。ボタンをタップして、**ナビゲーションのリンクが表示されている**状態
- PC向けのナビゲーション

表示の状態が3通りあるわけですね。そして、それぞれの状態に合わせてCSSでレイアウトを作っていくわけです。この3通りの変化のうち、モバイル向けとPC向けの表示を切り替えるにはメディアクエリが使えます。

それでは、モバイル向けのとき、ボタンをタップしてナビゲーションの表示・非表示を切り替えるにはどうすればよいでしょう？　そう、前節「4-5 モバイル向けボタン」と同じように、JavaScriptプログラムを使って、表示を切り替えたい要素にクラスを追加したり削除したりして実現します。表示を切り替えたい要素はナビゲーションの<ul>ですから、<ul>にクラスを追加・削除すればよいわけです。サンプルでは、<ul>に「collapse」クラスを追加・削除するようにします。なお、<ul>には表示・非表示以外にもナビゲーションのデザインを作るためにスタイルを適用する必要がありますから、「collapse」クラス以外に、「header-nav」クラスを付けることにします。

▼ <ul>のクラス

```
<ul class="header-nav">  ←→  <ul class="header-nav collapse">
        表示                          非表示
```

このようにしてナビゲーションの表示の状態を3通り作ります。

もう一度整理しましょう。大まかなCSSのセレクタやメディアクエリは次のようになります。

CSS 3つの表示状態を作るためのセレクタとメディアクエリ

```
.header-nav {
  モバイル向けナビゲーションのスタイル
  <ul>のデフォルトCSSをリセットするスタイル
}
.header-nav.collapse {
  ナビゲーションを非表示にするスタイル
}
@media (min-width: 768px) {
  .header-nav {
    PC向けナビゲーションのスタイル
  }
}
```

<a>タグに適切なスタイルを設定する

3つ目のポイントは、ナビゲーションのリンク（<a>）に「display: block;」を適用して、ブロックボックスとして表示させることです。ナビゲーションのリンクはデザイン上、パディングやボーダーを使用してテキストよりも大きめに作る場合が多く、サイズ調整がしやすいようにブロックボックスとして表示します。ナビゲーションのリンクを作るときの常套手段で、どんなデザインでもほぼ必ず使うテクニックです。

▼ <a>タグに「display: block;」を適用する理由

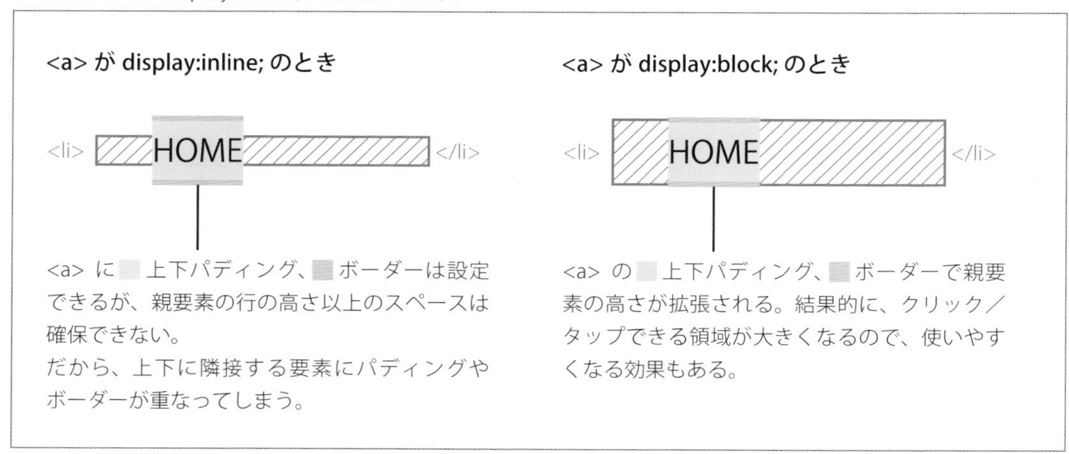

<a> が display:inline; のとき
<li>
HOME
</li>
<a> に 上下パディング、 ボーダーは設定できるが、親要素の行の高さ以上のスペースは確保できない。
だから、上下に隣接する要素にパディングやボーダーが重なってしまう。
<a> が display:block; のとき
<li>
HOME
</li>
<a> の 上下パディング、 ボーダーで親要素の高さが拡張される。結果的に、クリック／タップできる領域が大きくなるので、使いやすくなる効果もある。

HTML

samples/chap04/06/post.html

```
<header class="page-header">
  <div class="header-container">
    ...
    <nav>
      <ul class="header-nav">
        <li><a href="index.html">HOME</a></li>
        <li><a href="post.html">最新の特集</a></li>
        <li><a href="#">地域別に読む</a></li>
        <li><a href="#">連載一覧</a></li>
        <li><a href="#">インタビュー</a></li>
      </ul>
    </nav>
  </div>
</header>
```

CSS

samples/chap04/06/css/style.css

```
/* モバイル向けボタン */
...
/* ヘッダーナビゲーション */
.header-nav {
  display: flex;
  flex-direction: column;
  margin: 0;
  padding: 0;
  list-style: none;
}
.header-nav.collapse {
  display: none;
}
.header-nav li a {
  display: block;
  padding: 20px 30px;
  border-top: 1px solid #d8d8d8;
  background: #efefef;
  color: #000;
  text-decoration: none;
}
.header-nav li a:hover {
```

ナビゲーション項目を縦に並べる（flex-direction: column;）

<ul>のデフォルトCSSをキャンセル（margin: 0; padding: 0; list-style: none;）

<a>のディスプレイをblockにすることでクリック領域拡大（display: block;）

```
  background: #b8e5ea;
}
@media (min-width: 768px) {
  /* PC向けレイアウト */
  .header-nav {
    display: flex;
    flex-direction: row;        ナビゲーション項目を横に並べる
    justify-content: flex-end;  ナビゲーション項目を右揃えに
  }
  .header-nav li a {
    padding: 6px 20px 2px 20px;
    border-top: none;
    border-bottom: 4px solid transparent;
    background: none;
  }
  .header-nav li a:hover {
    border-bottom: 4px solid #73cbd6;
    background: none;
  }
}
```

実際に作成する際は、まずモバイル向けレイアウトのときにナビゲーションが表示された状態のHTMLとCSSを完成させます。その後、HTMLを編集してナビゲーションを非表示にします。非表示にするときに編集するのは次の部分です。

HTML

```
<nav>
  <ul class="header-nav collapse">
    ...
  </ul>
</nav>
```

▼ページに組み込まれたときの表示例

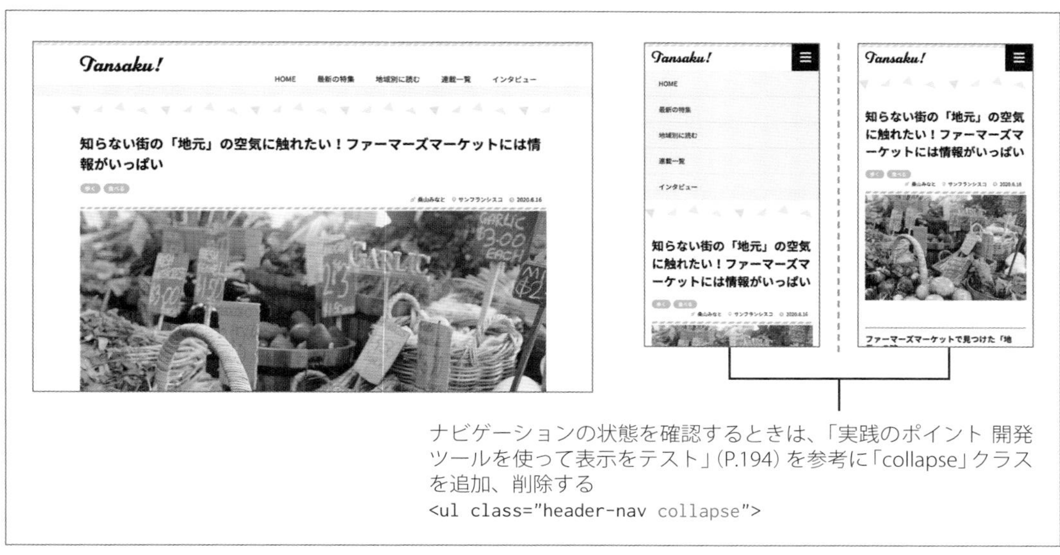

Chapter 4

4-7 JavaScriptを読み込む

モバイル向けレイアウトのときだけ表示される、ナビゲーションの表示・非表示を切り替えるボタンの動作を完成させます。重要なのは、JavaScriptプログラムファイルを読み込む<script>タグの位置です。

▼ヘッダーの表示・非表示を切り替えるボタンの完成

ボタンを機能させるためにJavaScriptファイルを読み込む

モバイル向けレイアウトのときに表示されるボタンをタップすると、ナビゲーションの表示・非表示が切り替わります。この動作を実現するために、jsフォルダにある次の2つのJavaScriptファイルを読み込みます。

- jquery-3.6.0.min.js
- script.js

JavaScriptはブラウザで動作する唯一のプログラミング言語で、ファイルの拡張子は「.js」です。HTMLファイルに読み込んで使用します。

JavaScriptファイルを読み込むには<script>タグを使用します。開始タグと終了タグのあいだには何も書きません。

書式：JavaScriptファイルを読み込む

```
<script src="JavaScrptファイルのパス"></script>
```

<script>タグは<head>～</head>内、もしくは<body>～</body>内であればどこに書いてもよいのですが、ページの読み込み速度などを考慮して、</body>終了タグの直前に追加するのが一般的です。

今回のサンプルではJavaScriptファイルを読み込むのと、レスポンシブデザインで正しく動

作するように、一部style.cssを編集します。

HTML

samples/chap04/07/post.html

```
...
<script src="js/jquery-3.6.0.min.js"></script>
<script src="js/script.js"></script>
</body>
</html>
```

CSS

samples/chap04/07/css/style.css

```
/* ヘッダーナビゲーション */
...
@media (min-width: 768px) {
  /* PC向けレイアウト */
  .header-nav {
    display: flex !important; ●── 「!important」を追加
    flex-direction: row;
    justify-content: flex-end;
  }
  ...
}
```

▼ページに組み込まれたときの表示例

解説 !important

CSSのスタイルには適用される順序があることはChapter 1で説明したとおりです。また、セレクタによって決まる優先順位によっても、適用されるスタイルが変わります（「解説　CSSのスタイルが適用される順序」（P.043））。

「!important」は、そうした順序や優先順位を無視して、必ず適用したい重要なスタイルに追加します。!importantは、どうしても適用したいCSSプロパティの値の後ろに、半角スペースで区切って追加します。

本節では、JavaScriptを読み込んで、ボタンをタップしてメニューの開閉ができようにしました。この処理の関係上、PC向けレイアウトで表示しているときにナビゲーションメニューが表示されない場合があります。それを回避し、ナビゲーションが常に表示されるように!importantを追加しています。

実践のポイント !importantは極力使わない

!importantは、CSSの順序や優先順位を考えてなくても適用できるため、急いでCSSを修正したいときや、他人から引き継いだWebサイトの更新をするときなどに多用しがちです。しかし、一度使ってしまうと、今度はそのスタイルが必要なくなったときに上書きするのが極めて困難になります。よけいに更新・修正が難しいソースコードになってしまうため、今回のようにJavaScriptの処理の関係上どうしても必要なときなどを除き、極力使用しないことをおすすめします。

Chapter 4

4-8 パンくずリスト

パンくずリストとは、見ているページがWebサイトのどこにあるかを示すリンクの一覧です。このパンくずリストをヘッダーのすぐ下に作成します。

▼ パンくずリスト。PC向けレイアウトのときのみ表示

テキストを横並びにして、あいだにマークを表示する

パンくずリストは、見ているページがWebサイトの全体の中でどこに位置しているかを示すものです。基本的には**Webサイトのホームページからリンクをクリックして、いま見ているページにたどり着くための道筋**を示していると考えてよいでしょう。

パンくずリストのHTMLには箇条書きを使います。

CSSには2つのポイントがあります。1つは<li>を横に並べること、もう1つは、リンクとリンクのあいだにマーク（>）を表示することです。マークにはFont Awesomeの文字を使用し、HTMLには追加せずCSSだけで表示させることにします。

▼ CSSの2つのポイント

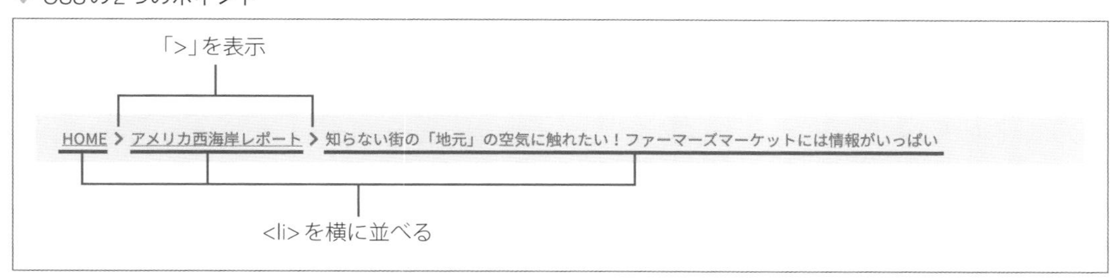

2つのポイントのうち<li>を横並びにするのは「4-6 ナビゲーション」で紹介した、フレックスボックスのテクニックと同じです。マークを表示する方法については後述します。

HTML

samples/chap04/08/post.html

```
<div class="breadcrumb">
  <div class="bc-container">
    <ul class="bc-nav">
      <li><a href="index.html">HOME</a></li>
      <li><a href="#">アメリカ西海岸レポート</a></li>
      <li>知らない街の「地元」の空気に触れたい！ファーマーズマーケットには情報がいっぱい</li>
    </ul>
  </div>
</div>
```

CSS

samples/chap04/08/css/style.css

```
/**
 * ****************************************
 * パンくずリスト
 * ****************************************
 *
 * パンくずリストコンテナ
 */
.breadcrumb {
  display: none;/* モバイルで非表示 */
}
@media (min-width: 768px) {
  /* PCだけスタイル適用 */
  .breadcrumb {
    display: block;/* display:noneの解除 */
    background: #efefef;
  }
  ...
  /**
   * --------------------------------------
   * パンくずリストモジュール
   */
  .bc-nav {
    display: flex;
    flex-direction: row;
    margin: 0;
    padding: 0;
    list-style: none;
  }
  .bc-nav li {
    font-size: .75rem;
    color:  #747474;
  }
  .bc-nav li::after {
    padding: 0 5px;
    font-family: "Font Awesome 5 Free";
    font-weight: 900;
    content: "\f054";
  }
  .bc-nav li:last-child::after {
    content: "";
  }
  .bc-nav li a {
    color:  #747474;
  }
  .bc-nav li a:hover {
    opacity: .8;
  }
}
```

<ul>のデフォルトCSSをキャンセル

Font Awesomeを使用

「>」を表示

▼ ページに組み込まれたときの表示例

解説 ::beforeと::after

「::after」は擬似要素と呼ばれるセレクタの1つで、選択した要素のコンテンツの後ろの部分に、contentプロパティで指定したテキストを挿入します。「::before」という擬似要素もあり、こちらは選択した要素のコンテンツの前に挿入します。

▼「::before」「::after」擬似要素

contentプロパティにはダブルクォート（"）で囲んで挿入したいテキストを指定します。たとえば次の例では、「ポイント有効期限は12月31日までです。」というテキストの前に、contentプロパティで指定した「重要：」が表示されます。

HTML 「::before」擬似要素の使用例　extra/4-08/before-after.html

```
<style>
.notice::before {
  content: "重要：";
}
</style>
...
  <p class="notice">ポイント有効期限は12月31日までです。</p>
```

▼ contentプロパティを使用した例

解説 ::before、::afterで表示するテキストをアイコンフォントにする

今回のパンくずリストのように、実際のWebデザインでは::before、::after擬似要素をアイコンフォントの表示に利用するケースが多いでしょう。

contentプロパティには通常のテキストだけでなく、文字の「コード値」を指定することもできます。コード値とは1文字1文字に付いているID番号のようなもので、サンプルでは「"\f054"」と指定しています。この、バックスラッシュ（\）で始まる4文字がコード値です※4。::before、::after擬似要素を使ってアイコンフォントを表示させるには、表示させたいアイコンのコード値を知る必要があります。

※4　使用するテキストエディタやOSによっては、「\」ではなく「¥」と表示される場合があります。

Font Awesomeのアイコンのコード値を調べるには

Font AwesomeのWebサイト（https://fontawesome.com）で使いたいアイコンを探して、詳細ページを開きます。詳細ページの上のほうにあるアルファベットと数字4桁の文字をクリックすると、文字のコード値をコピーできます。あとは使用するCSSの該当箇所でペーストするだけです。

▼使いたいアイコンフォントのコード値をコピーする

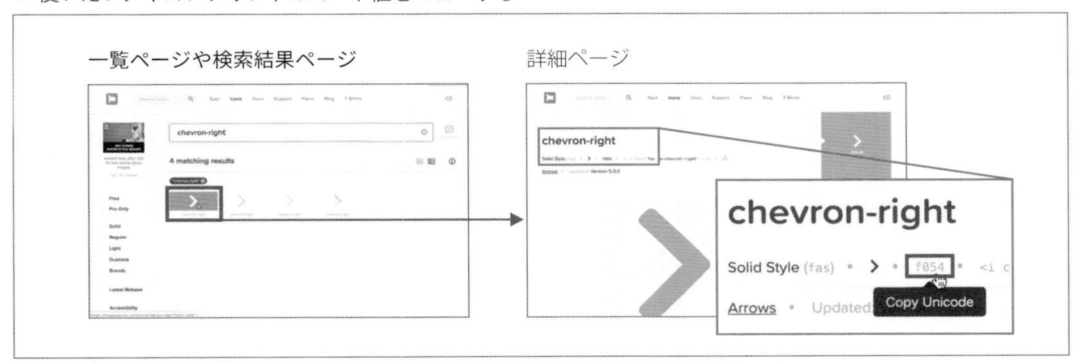

解説 :last-child

今回のサンプルでは、<ul class="bc-nav">～</ul>内にあるすべての<li>を選択し、その::afterにFont Awesomeの「>」アイコンを表示していますが、最後の<li>だけ::afterに何も表示させないようにしています。

選択した要素のうち最後の要素だけを選択するには、:last-childセレクタを使います。

▼最後の要素を選択する

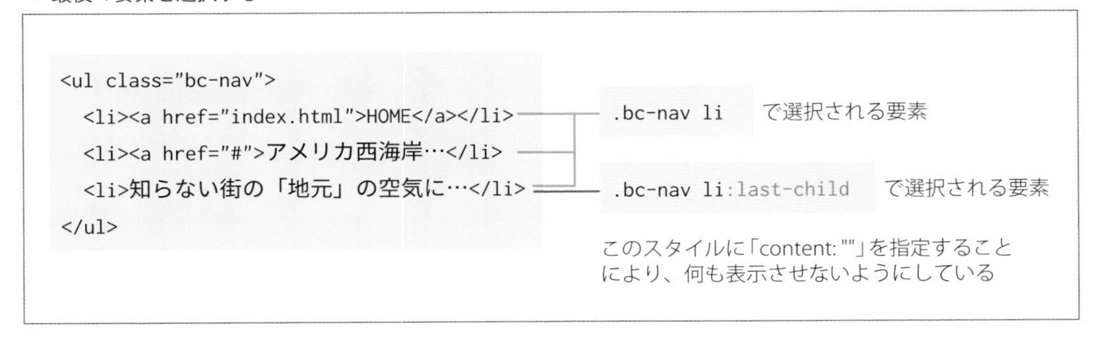

コラム

Font Awesome以外にもある、アイコンフォント

Font Awesomeはとても有名ですが、アイコンフォントはほかにもあります。「サイトのデザインにぴったりのアイコンフォントを探したい」と思ったら、ほかのアイコンフォントを試してみるのもよいでしょう。ここでは比較的使いやすい、2種類のアイコンフォントを紹介します。

Google Fonts

Webフォントで使用したGoogle Fontsでは、「マテリアルアイコン」という名前のアイコンフォントも提供しています。使い方はFont Awesomeと似ていて、<head>～</head>の中に<link>タグを追加し、アイコンを表示したいところに指定の<span>タグを挿入します。ユーザー登録が不要で手軽に使えます。

使い方など詳しくは次のURLのページをご覧ください。英語のページですがソースコードを見るだけなので難しくありません。

▼マテリアルアイコンの一覧ページ

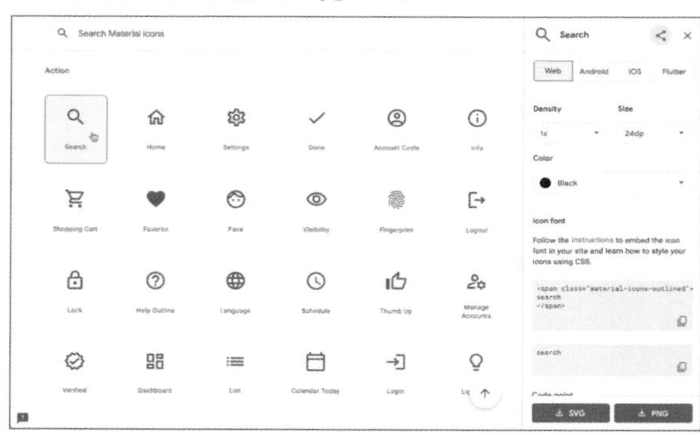

URL Icons - Google Fonts
https://fonts.google.com/icons

URL Material Icons Guide | Google Fonts | Google Developers
https://developers.google.com/fonts/docs/material_icons

Bootstrap

Bootstrapは、Twitter社が中心となって開発する、Webサイトで使用できるUIフレームワーク（パーツライブラリ）です。バージョン5.0からアイコンフォントも提供するようになりました。Google Fontsと同じくユーザー登録などは不要です。

使い方は何通りかありますが、指定のタグを使いたい場所にペーストするのが簡単です。次のURLから使いたいフォントを探してクリックすると、コピーするタグが出てきます。

▼Bootstrap Iconsで、使いたいフォントをクリックして出てくるページ

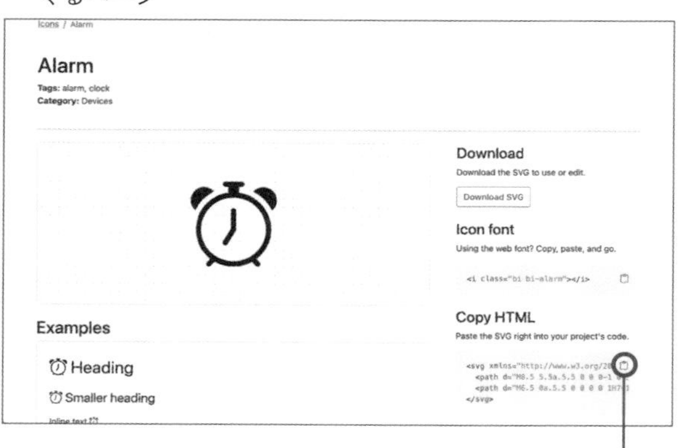

クリックしてソースコードをコピー

URL Bootstrap Icons · Official open source SVG icon library for Bootstrap
https://icons.getbootstrap.com/

Chapter 5

フッターを組み立てる

フッターはヘッダーほどには複雑ではありません。新しいCSSの機能を駆使しながら、できるだけシンプルなソースコードになるよう組み立てましょう。

Chapter 5

5-1 フッターはカラムや行揃えの制御がポイント

フッターの作成を始めます。まずはモジュールに分割するために、デザインを確認します。フッターはヘッダーほど複雑でなく、比較的シンプルなモジュール構成になることが多いでしょう。

フッターのデザインは比較的シンプル

ページのフッター部分は比較的シンプルなデザインになることが多く、HTML、CSSとも一般的にはそれほど複雑なものにはなりません。それでも、バナーやボタンのようなパーツを横に並べたり、ページの中央に配置したり、ある程度のCSSテクニックを駆使します。

サンプルデザインでは、フッター部分が2つのコンテナに分かれています。1つが**ページ下部コンテナ**、もう1つが**フッターコンテナ**です（「2-2 コンテナに分割する」参照）。この2つのコンテナをモジュールに分割しましょう。

まずはページ下部コンテナのデザインを確認します。バナーがビューポートの幅に応じて横に並んだり縦に並んだりするのが特徴です。バナー以外の、SNSボタンや一番下のページトップに戻るボタンの配置は変わりません。ただし、どちらもビューポートの左右中央揃えになっています。

▼ ページ下部コンテナ

次にフッターコンテナのデザインを確認します。こちらは主要なページへのリンクやコピーライトなどが掲載された、シンプルで標準的なものです。

▼ フッターコンテナ

フッターコンテナに含まれる主要なページへのリンクは、PC向けレイアウトのときは横一列に、モバイル向けレイアウトのときは縦に並んでいます。それ以外のロゴやその他のページへのリンク、コピーライトにはレイアウト変更がありません。そして、すべての要素が中央揃えになっているようです。

ページ下部コンテナ、フッターコンテナともに、中央揃えで配置されるコンテンツが多く、そのうちの一部はPC向けとモバイル向けでレイアウトが変わっています。デザインからこれらのことを読み取って、どのようにモジュールに分割するかを考える材料にします。

コラム

できるだけ多くの環境で動作確認しよう

そろそろpost.htmlができあがるので、ちょっと気が早いですが動作確認について話をしておきます。ページのコーディングがだいたい終わったら、できるだけ多くのブラウザ、多くの環境で表示や動作の確認をしましょう。開発ツールでも一応の確認はできるとはいえ、特にモバイルの表示は実機での表示とは微妙に異なる場合も多いので注意が必要です。

モバイル端末の実機確認には、Preprosという無料で使えるアプリケーションが便利です。確認用のQRコードを出力してくれるので、あとは確認したい端末で撮影するだけ。Preprosの詳しい使い方は説明しませんが、操作は簡単なので試す価値はあるでしょう。

URL Prepress
https://prepros.io

▼ 作成したページをモバイル端末で表示するためのQRコード

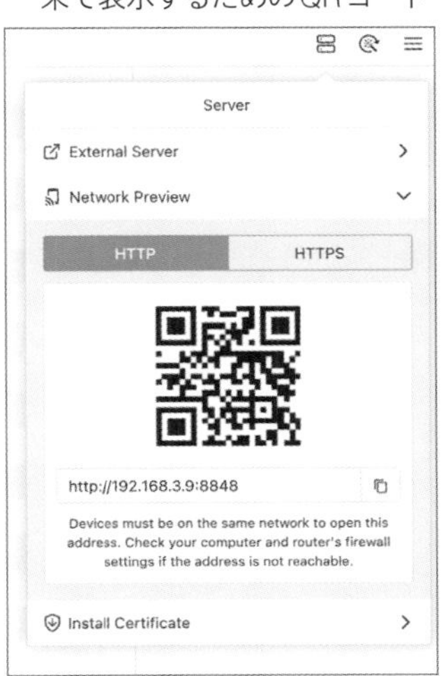

Chapter 5

5-2 フッターをモジュールに分割する

デザインの確認が終わったら、フッターの2つのコンテナ、ページ下部コンテナとフッターコンテナの要素をモジュールに分割します。比較的シンプルなデザインなので、モジュールに分割するのはそれほど難しくないでしょう。

ページ下部コンテナのモジュール

ページ下部コンテナの中身は、バナー、SNSサイトへのリンク、ページトップへ戻るボタンの3つのモジュールに分割します。このうちバナーに関しては、PC向けレイアウトのときは2つを横に並べ、モバイルのときは縦にします。それ以外のモジュールは、PC向けとモバイル向けでレイアウトの変更はしません。

▼ ページ下部コンテナのモジュール

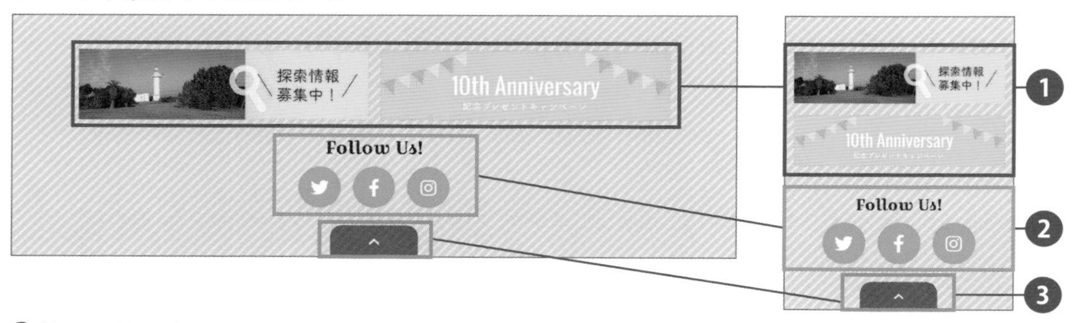

❶「5-3 複数のバナーを並べる」
❷「5-4 ボタンを横に並べる」
❸「5-5 ページトップへ戻るボタン」

フッターコンテナのモジュール

フッターコンテナの中身は4つのモジュールに分割します。ロゴ、2つのナビゲーション、コピーライトのテキストです。このうちロゴとコピーライトは「5-6 フッターのロゴとコピーライト」で同時に作成します。2つのナビゲーションは、どちらもフッターコンテナの左右中央に配置します。特殊な機能やテクニックを使うわけではありませんが、複数のリンクテキストをひとまとめにして中央に配置する場合は、マージンの設定方法をひと工夫します。

▼ フッターコンテナのモジュール

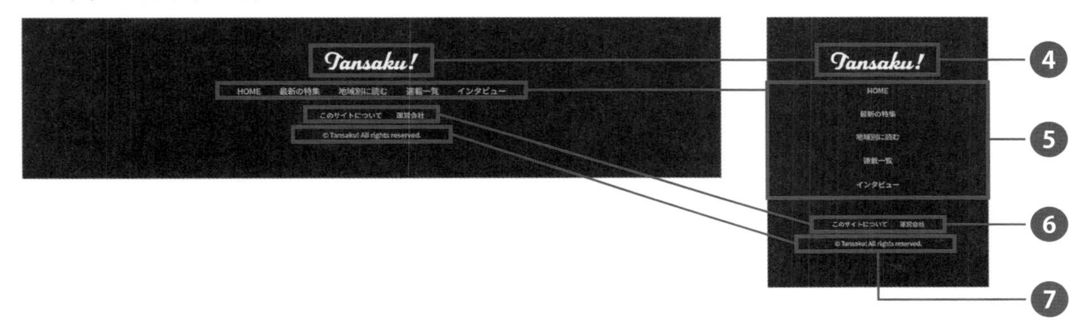

❹❼「5-6フッターのロゴとコピーライト」
❺「5-7 フッターのナビゲーション①」
❻「5-8 フッターのナビゲーション②」

Note マージンを手なずけよう

CSSの中でも、マージンをうまく制御するのはかなり難しいですね。
実際にページを作ってみたことがある方なら、よけいなところにスペースが空いてしまったり、くっつけたい要素がくっつかなかったりする経験をお持ちかもしれません。思わぬところにスペースが空いてしまう原因の1つに「マージンのたたみ込み」という、CSSの仕様があります。わかりづらい仕様ですが、正しく理解すれば落ち着いて対処できるようになります。本章では、このマージンのたたみ込みについても詳しく説明します（「5-3 複数のバナーを並べる」参照）。

Chapter 5

5-3 複数のバナーを並べる

分割してできたモジュールのコーディングを始めます。まずはページ下部コンテナに含まれる、2つのバナー画像を配置します。このバナーはPC向けレイアウトのときは横に、モバイル向けレイアウトのときは縦に並びます。フレックスボックスを使用した配置例の1つですが、バナーがくっつかないように配置するために、うまくマージンを設定する必要があります。

▼ 2つのバナーを並べる

PCとモバイルでバナーの配置を変える

2つのバナー画像を、フレックスボックスを使って並べます。PC向けレイアウトのときは横に、モバイル向けレイアウトのときは縦に並べます。並べる方向の切り替えにはフレックスボックスを使います。

ただ、並べる方向を切り替えただけではバナー同士がくっついてしまうので、各バナーにマージンを設定します。設定内容は次のとおりです。

- PC向けレイアウトのとき：左右に10pxのマージン
- モバイル向けレイアウトのとき：下に20pxのマージン

バナーのHTMLとマージンの設定は次の図のようになります。

▼バナーのHTMLとマージンの設定

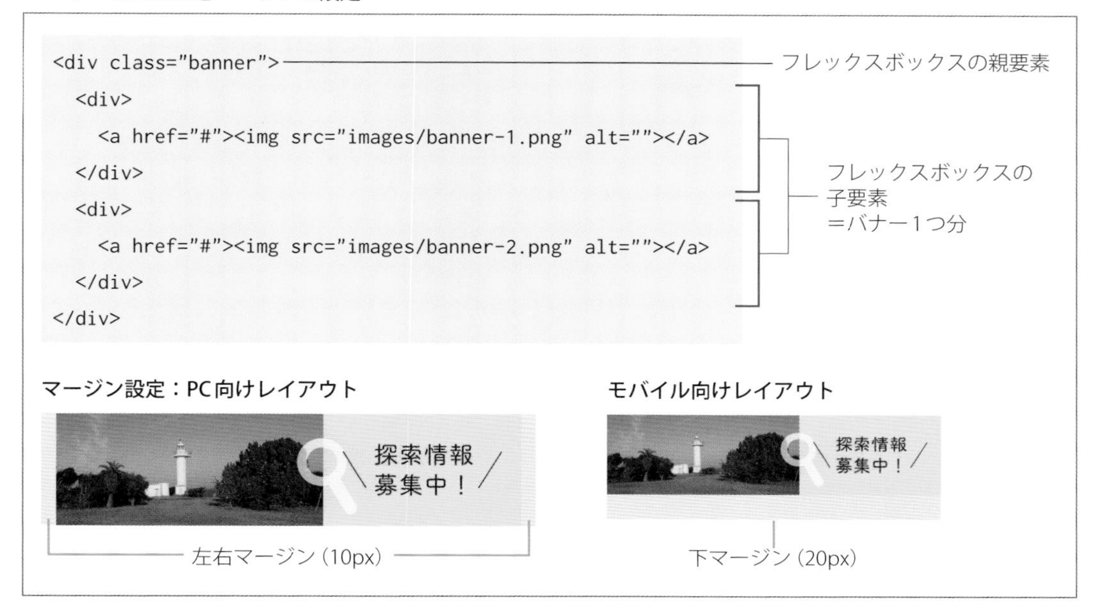

<div class="banner">
フレックスボックスの親要素
<div>
<a href="#"><img src="images/banner-1.png" alt=""></a>
</div>
<div>
<a href="#"><img src="images/banner-2.png" alt=""></a>
</div>
</div>
フレックスボックスの子要素
=バナー1つ分
マージン設定：PC向けレイアウト
モバイル向けレイアウト
探索情報
募集中！
左右マージン（10px）
下マージン（20px）

バナーを横に並べたり、縦に並べたりするのは「flex-direction」プロパティを使います。「flex-direction」プロパティを「row」にしたとき、フレックスボックスの子要素は横一列に並びます。また、フレックスボックスの初期設定の動作では、横一列に収まるように子要素の幅が縮小します。

また、flex-directionプロパティが「column」のときは子要素が縦に並びます。子要素の幅は、親要素の幅に収まるように縮小します。フレックスボックスの動作について詳しくは「3-16 チャット型のデザイン①～ボックスを2つ並べる～」、「4-6 ナビゲーション」を参照してください。

HTML

samples/chap05/03/post.html

```
<div class="page-bottom">
  <div class="bottom-container">
    <div class="banner">
      <div><a href="#"><img src="images/banner-1.png" alt=""></a></div>
      <div><a href="form.html"><img src="images/banner-2.png" alt=""></a></div>
    </div>
  </div>
</div>
```

フレックスボックスの親要素
バナー1
バナー2

CSS

samples/chap05/03/css/style.css

```
/**
 * ****************************************
 * ページ下部
 * ****************************************
...
/**
 * --------------------------------------
 * ページ下部モジュール
 */
/* 複数のバナーを並べる */
.banner {
  display: flex;
  flex-direction: column;  ← モバイルのときは縦に並べる
  margin-bottom: 30px;  ← ①
}
.banner div {
  margin-bottom: 20px;
  text-align: center;
}
.banner a:hover {
  opacity: .8;
}
@media (min-width: 768px) {
  .banner {
    flex-direction: row;  ← PCのときは横に並べる
  }
  .banner div {
    margin: 0 10px;
  }
}
```

▼ページに組み込まれたときの表示例

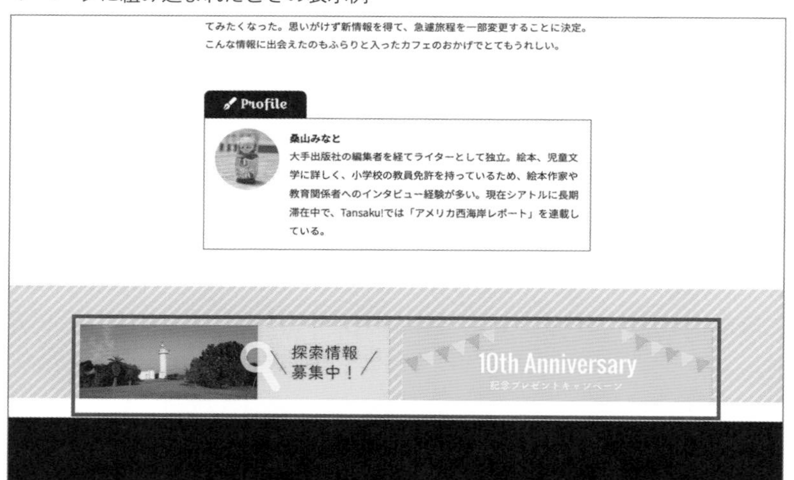

解説 マージンのたたみ込み

バナーを挿入すると、いままで問題なくくっついていたページ下部コンテナとフッターコンテナのあいだに、スペースが空いてしまいます。このスペースはいったい何でしょう？　原因は、バナーを囲む親要素（<div class="banner">～</div>）に設定した30pxの下マージンです（CSSのソースコード①の部分）。

このマージンは、次のモジュール（SNSボタン）とのあいだにスペースを作るために付けたものです。すべてのモジュールを組み込めば正しい表示になりますが、いまの段階では親要素のページ下部コンテナの下にマージンが空いているように見えます。なぜ、親要素の下マージンの部分にスペースが空いてしまうのでしょうか？

これは「マージンのたたみ込み」と呼ばれるCSSの仕様です※1。マージンのたたみ込みとは、2つの要素に設定した上下マージンが隣接するとき、どちらか大きいほうのマージンが採用されるというルールです。たたみ込まれるのは上下マージンだけで、左右のマージンが隣接してもたたみ込まれません。

▼ <div class="banner">～</div>には30pxの下マージンが設定されている

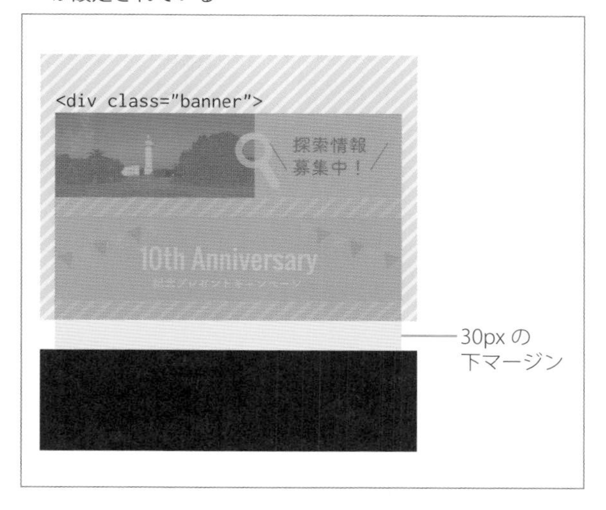

マージンのたたみ込みが発生するのは3パターンがあります。

隣接する兄弟要素のマージンのパターン

上下に隣接する兄弟要素にマージンが設定されているとき、上マージン、下マージンがたたみ込まれます。3つのパターンの中では比較的理解しやすいものといえるでしょう。

よくある例を紹介します。記事ページ中のテキストでは、見出しや段落が連続しますね。<p>タグの場合は上下に1emのマージンが設定されていますが、隣接するほかの見出しや段落のマージンとたたみ込まれることにより、たとえば<p>と<p>が連続するとき、段落と段落のあいだのマージンは2emになるのではなく、1emになります。

▼ 隣接する兄弟要素の上下マージンがたたみ込まれるパターン

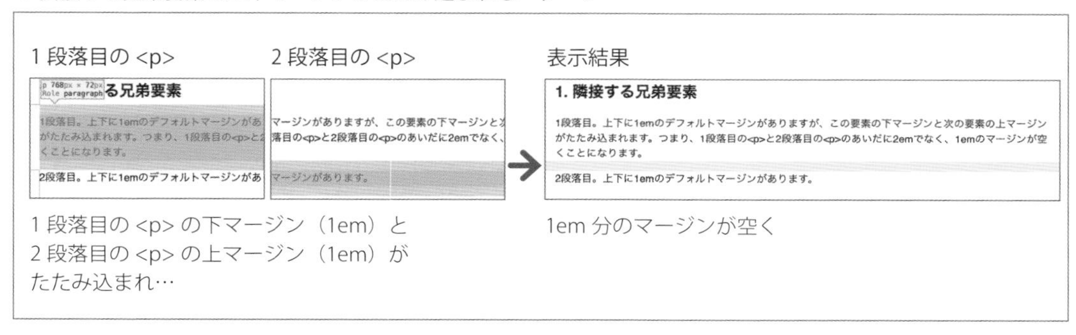

※1 「マージンの相殺」と呼ばれることもあります。

親要素と子要素のマージンのパターン

親要素の上マージンと最初の子要素の上マージン、あるいは親要素の下マージンと最後の子要素の下マージンがたたみ込まれ、なんと親要素の外側にマージンが作られます。親要素の上下マージンが0でもたたみ込まれ、子要素のマージンが親要素の外側にできます。知らないと非常に不可解な動作に感じますが、実はよく遭遇するパターンです。「あれ？　なんでこうなるの？」と思うのはたいていこのパターンではないでしょうか。

本節でバナーを追加した際にページ下部コンテナとフッターコンテナのあいだにすき間が空いたのも、このパターンです。ページ下部コンテナの下マージンと、2つのバナーを囲む<div>に設定した下マージンが隣接して、たたみ込まれたのです。

▼ 親要素と子要素のマージンがたたみ込まれるパターン

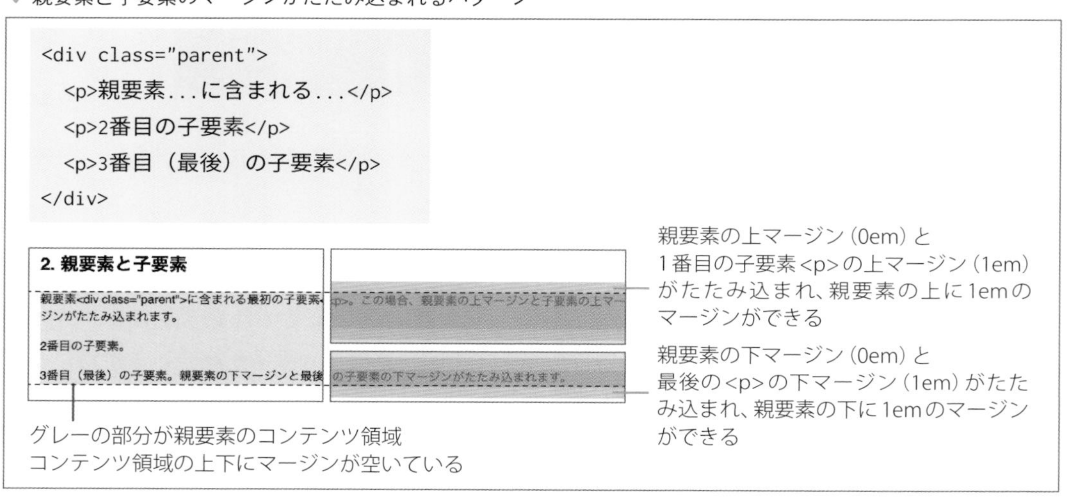

<div class="parent">
<p>親要素...に含まれる...</p>
<p>2番目の子要素</p>
<p>3番目（最後）の子要素</p>
</div>
2. 親要素と子要素
2番目の子要素。
親要素の上マージン（0em）と1番目の子要素<p>の上マージン（1em）がたたみ込まれ、親要素の上に1emのマージンができる
親要素の下マージン（0em）と最後の<p>の下マージン（1em）がたたみ込まれ、親要素の下に1emのマージンができる
グレーの部分が親要素のコンテンツ領域
コンテンツ領域の上下にマージンが空いている

ただし、親要素と子要素のマージンがたたみ込まれるのは、あくまで**マージンが隣接しているとき**だけです。そのため、たとえば親要素にボーダーやパディングが設定されていると、マージンはたたみ込まれません。

▼ 親要素にボーダーやパディングが設定されていると、マージンのたたみ込みは発生しない

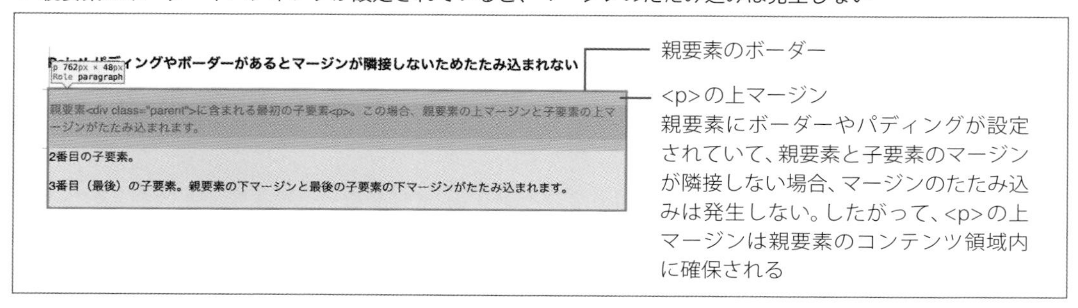

高さが0、コンテンツが空の要素自身の上マージンと下マージンのパターン

3番目のパターンはレアケースなので、簡単に説明だけしておきます。

「height: 0;」が指定されているなどして高さが「0」になっていて、かつコンテンツが空で、その要素の上下マージンが隣接する場合、たたみ込まれます。

たとえば次のようなHTMLが書かれていた場合、<p>の上下マージンがたたみ込まれ、ページに表示されるときは1em分のマージンが空きます。

HTML 高さが0、コンテンツも空の要素は、自身の上下マージンがたたみ込まれる

```
<p style="height:0;"></p>
```

ここまで、マージンのたたみ込み3パターンを紹介してきました。これらのパターンは、サンプル「extra/5-03/margin-collapse.html」で確認できます。マージンのたたみ込みは、実際に体験してみないとなかなかイメージがつかめないものです。サンプルファイルを開き、ブラウザの開発ツールを使って状態を確認してみることをおすすめします。

▼開発ツールを使って要素のマージンの状態を確認してみよう

Note たたみ込みが発生しないパターン

ボックスにフロート（float）、位置指定（position）、フレックスボックス、グリッドレイアウトなどが適用されているときは、マージンのたたみ込みが発生しません。

Chapter 5

5-4 ボタンを横に並べる

Twitter、Facebook、Instagram、3つのSNSサイトへのリンクボタンを並べます。Webフォント、アイコンフォント、フレックスボックス、要素を円形にくり抜くテクニックなど、これまでに紹介してきた機能を組み合わせて実現します。

▼ SNSボタン

これまでのテクニックを組み合わせる

Webフォントを使った装飾的な見出しと、3つのSNSボタンを表示します。特に目新しいテクニックを使うわけではありませんが、これまでに紹介したものを組み合わせてモジュールを作成します。このモジュールの表示を実現するには、おもに4つのCSSテクニックを使います。

- Webフォント…見出しの「Follow Us」を、Google Fontsの「Croissant One」というフォントを使って表示（「3-6 Webフォントの使用」参照）
- フレックスボックス…SNSボタンを横に並べる（「3-16 チャット型のデザイン①〜ボックスを2つ並べる〜」参照）
- 要素を円形に切り抜く…それぞれのSNSボタンは円形に切り抜く（「3-18 チャット型のデザイン③〜要素を円形に切り抜く〜」参照）
- アイコンフォント…SNSのアイコンにはFont Awesomeを使用（「3-13 テキストの先頭にアイコン」参照）

また、3つのSNSボタンを囲む親要素には、前節「5-3 複数のバナーを並べる」のサンプル同様30pxの下マージンを付けます。

HTML

samples/chap05/04/post.html

```
<div class="page-bottom">
  <div class="bottom-container">
    ...
    <h2 class="followus">Follow Us!</h2>
    <div class="sns">
      <div><a href="#"><i class="fab fa-twitter"></i></a></div>
      <div><a href="#"><i class="fab fa-facebook-f"></i></a></div>
      <div><a href="#"><i class="fab fa-instagram"></i></a></div>
    </div>
  </div>
</div>
```

アイコンフォント

CSS

samples/chap05/04/css/style.css

```
.followus {
  margin: 0 0 15px 0;
  font-family: 'Croissant One', cursive;
  font-weight: 400;
  font-size: 1.875rem;
  text-align: center;
}
.sns {
  display: flex;
  justify-content: center;
  margin-bottom :30px;
}

.sns div {
  margin: 0 10px;
}
.sns div a {
  display: block;
  width: 70px;
  height: 70px;
  background: #73cbd6;
  border-radius: 50%;
  font-size: 30px;
  line-height: 70px;
  text-align:center;
  color: #ffffff;
}
.sns div a:hover {
  opacity: .8;
}
```

見出し（.followus）／SNSボタンを並べる親要素（.sns）／フレックスボックス（display: flex）／下マージン（margin-bottom）／要素を円形にくり抜く（border-radius: 50%）

▼ページに組み込まれたときの表示例

Chapter 5

5-5 ページトップへ戻るボタン

ページトップへ戻るボタンを追加します。

▼ページトップへ戻るボタン

ページ内リンクで簡単に実現

ページトップへ戻るボタンを追加します。ここではもっとも基本的な、ページ内リンクを使った方法を紹介します。

ページトップへ戻るボタンを作るには、まずページの下のほうにリンクを作成します。また、ページの一番上のほうに表示される要素にid属性を追加します。サンプルではページヘッダーの<header>タグに、id名「top」を追加します。

HTML リンク先要素にid属性を追加する

```
<header class="page-header" id="top">
```

HTML ページトップへ戻るリンク。この要素をCSSでボタン状に整形する

```
<a href="#top">〜</a>
```

ボタンの上向き矢印にはアイコンフォント（Font Awesome）を使用します。

▼ 上向き矢印には「chevron-up」アイコンを使用

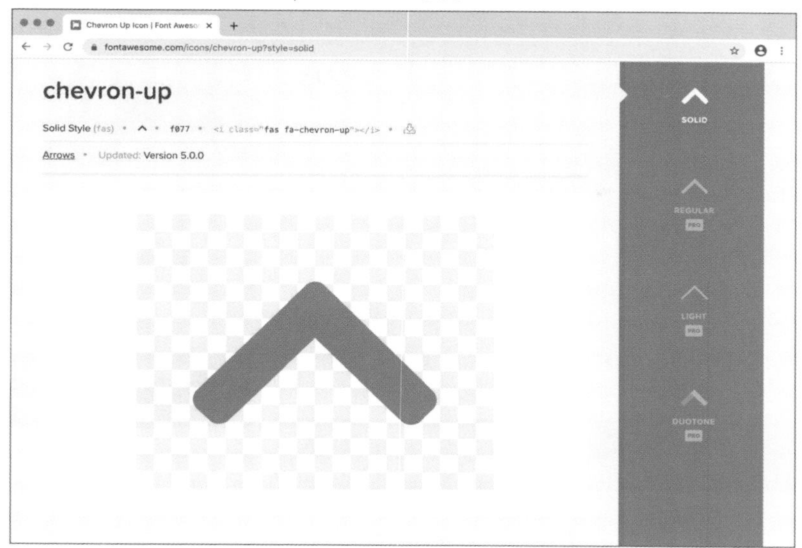

HTML

samples/chap05/05/post.html

```
<body class="post">
<header class="page-header" id="top">
...
<div class="page-bottom">
  <div class="bottom-container">
    ...
    <div class="gotop">
      <a href="#top"><i class="fas fa-chevron-up"></i></a>
    </div>
  </div>
</div>
```

CSS

samples/chap05/05/css/style.css

```
/**
 * ---------------------------------------
 * ページ下部モジュール
 */
...
/* ページトップへ戻るボタン */
.gotop {
  text-align: center;   ボタンを中央揃えに配置
}
.gotop a {
  display: inline-block;
  padding: 1rem 4rem;
  background: #000000;
  border-radius: 20px 20px 0 0;
  font-size: 1.25rem;
  text-align:center;
  color: #ffffff;
  opacity: .6;   ボタンを半透明に
}
.gotop a:hover {
  opacity: .8;
}
```

▼ページに組み込まれたときの表示例

解説　適度な幅のボタンを作るためのテクニック

ページトップに戻るボタン（<a href="#top">～</a>）には「display: inline-block;」を適用しています。これは適度な幅のボタンを作るためのテクニックです。詳しくは「3-19 タブ付きボックス」を参照してください。

実践のポイント　マージンのたたみ込み、ここでようやく解消

マージンのたたみ込みが解消され、ページ下部コンテナとフッターコンテナのあいだのすき間がなくなったことに気がつきましたか？　これは、ページ下部コンテナの親要素（<div class="page-bottom">）の下マージンと、最後の子要素（<div class="gotop">）の下マージンが、ともに0だからです。たたみ込まれるマージンが0になったのですき間が空かなくなった、というわけです。

Note　スムーズなスクロールを実現する小ネタ

ページトップへ戻るボタンをクリックして、スクロールしながら戻るようにしたいときは、html要素に適用されるCSSに次の1行を追加します（一部のブラウザでは動作しません）。

CSS　スムーズスクロール

```
html {
  scroll-behavior: smooth;
}
```

Chapter 5

5-6 フッターのロゴとコピーライト

ここから3回に分けてフッターのモジュールを組み込みます。デザイン上の順序とは異なりますが、はじめにロゴとコピーライトを追加します。どちらも中央揃えで配置します。

▼ロゴとコピーライト

ロゴとコピーライトの追加

5-6、5-7、5-8でフッターコンテナに含まれる4つのモジュールを組み込みます。まずはロゴとコピーライトを追加して、左右中央に配置します。

画像、テキスト、または<span>など、インラインボックスで表示される要素を左右中央揃えで配置するときは、そのコンテンツを囲むブロックボックス要素に、text-alignプロパティを適用します。

書式：要素に含まれるコンテンツを左右中央揃えにする

```
text-align: center;
```

それから、ロゴやコピーライトを追加する際に、デザインを見てモジュール間のスペースを計測しておく必要があります。今回の場合、ロゴの下に30pxのマージンを空けるようにします。

▼ デザインを見ながらモジュール間のスペースを計測する

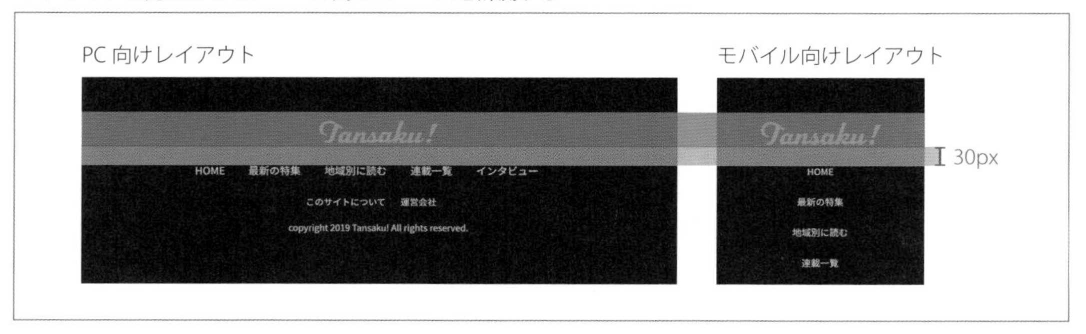

なお、ロゴの上やコピーライトの下のスペースはフッターコンテナにパディングがすでに設定してあるため、考慮する必要はありません。

HTML

samples/chap05/06/post.html

```
<footer class="page-footer">
  <div class="footer-container">
    <div class="footer-logo">
      <a href="index.html"><img src="images/footer-logo.svg" alt="Tansaku!"></a>
    </div>
    <p class="copyright">© Tansaku! All rights reserved.</p>
  </div>
</footer>
```

text-align を適用する要素

text-align を適用する要素

CSS

samples/chap05/06/css/style.css

```
/**
 * ****************************************
 * フッター
 * ****************************************
 *
 * フッターコンテナ
 */
...
/**
 * ----------------------------------------
 * フッターモジュール
 */
/* ロゴ */
.footer-logo {
  margin-bottom: 30px;
  text-align: center;
}
.footer-logo img {
  width: 160px;
}
/* コピーライト */
.copyright {
  font-size: .75rem;
  color: #d8d8d8;
  text-align: center;
}
```

▼ ページに組み込まれたときの表示例

コラム

HTML/CSSコーディングにはデザインの知識があったほうがよい

　一般に、Webサイトの構築は分業体制で行います。本書でも紹介しているとおり、ページのデザインとHTML/CSSコーディングは別々の人が作業をするケースが多いでしょう。さらに、現在はHTMLやCSSができてもそれをそのまま公開するとは限らず、CMSと呼ばれる、管理画面からコンテンツを更新するように作られたアプリケーションに組み込む場合もあります。CMSを使ってWebサイトを構築する場合には、使用するCMSを理解し使いこなせる別の人にHTML/CSSのソースコードを渡すことになりますが、ここでも分業が発生するわけですね。

　HTMLやCSSから学習を始めた人は、まず、しっかりとHTML/CSSが書けるようになることを目指しましょう。そしてある程度HTML/CSSが書けるようになったと感じたら、その次にはCMSの学習よりも、デザインの基本的な知識を習得することをおすすめします。自分でページのデザインができないまでも、デザイナーが作ったデザインの意図を理解し、それに合わせて最適なHTML/CSSが書けることはとても重要です。

Chapter 5

5-7 フッターのナビゲーション①

フッターに主要なページへのリンクを追加します。PC向けレイアウトのときはリンクを横一列に、モバイル向けレイアウトのときは縦に並べるため、配置の切り替えがしやすいフレックスボックスを使用します。

▼主要なページへのリンク（ナビゲーション）

ナビゲーションのテキストを中央揃えで配置する

5項目のリンクテキストを作成し、PC向けレイアウトのときは横一列に、モバイル向けレイアウトのときは縦に並べて表示します。CSSはフレックスボックスを使いますが、全体を中央揃えにするために、リンク同士のスペースを空けるマージンの設定を工夫します。

フレックスボックスの子要素を横に並べつつ中央揃えにするときは、各子要素の左右に同じ大きさのマージンを作ります。なぜでしょう？　左だけ、もしくは右だけにマージンを付けると、正確な中央揃えにならないからです。細かいことですが意外と目立つので注意しましょう。

ここでは、各リンクテキストが含まれる<li>の左右に1rem（1文字分）のマージンを設定しています。

▼ 中央揃えにするときは、要素の左右に同じ大きさのマージンを作る

各リンクテキストが含まれる <li> の左右に同じ大きさのマージンを設ける
<li>
Tansaku!
HOME
最新の特集
地域別に読む
連載一覧
インタビュー
左右どちらかだけマージンを設定すると、正確な中央揃えにならない

PC向けとモバイル向けレイアウトで子要素が並ぶ方向を変えるには、「5-3 複数のバナーを並べる」で紹介した、flex-directionプロパティを使ったテクニックを利用します。

HTML

samples/chap05/07/post.html

```
<footer class="page-footer">
  <div class="footer-container">
    ...
    <ul class="footer-nav1">
      <li><a href="index.html">HOME</a></li>
      <li><a href="post.html">最新の特集</a></li>
      <li><a href="#">地域別に読む</a></li>
      <li><a href="#">連載一覧</a></li>
      <li><a href="#">インタビュー</a></li>
    </ul>
    <p class="copyright">©Tansaku! All rights reserved.</p>
  </div>
</footer>
```

CSS

samples/chap05/07/css/style.css

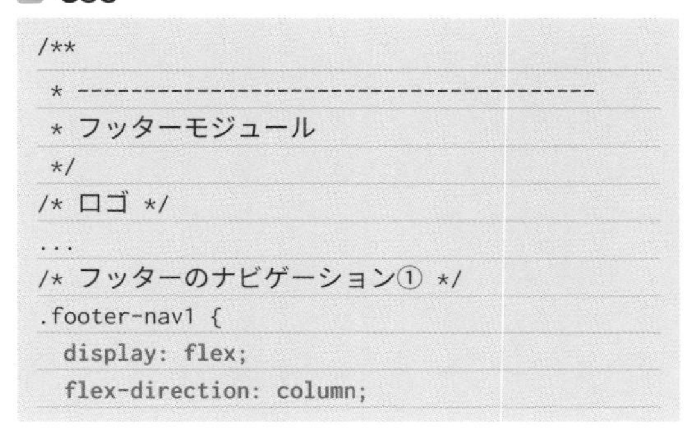

```
/**
 * ---------------------------------------
 * フッターモジュール
 */
/* ロゴ */
...
/* フッターのナビゲーション① */
.footer-nav1 {
  display: flex;
  flex-direction: column;
  align-items: center;
  margin: 0 0 30px 0;
  padding: 0;
  list-style: none;
}
.footer-nav1 li {
  margin: 0 0 2rem 0;
  font-size: .875rem;
}
```

<ul>のデフォルトCSSをリセット

```
.footer-nav1 li a {
  color:  #d8d8d8;
  text-decoration: none;
}
.footer-nav1 li a:hover {
  color: #fff;
  text-decoration: underline;
}
@media (min-width: 768px) {
  .footer-nav1 {
    flex-direction: row;
    justify-content: center;
  }
  .footer-nav1 li {
    margin: 0 1rem; ← 左右に1remのマージンを設定
  }
}
/* コピーライト */
...
```

▼ ページに組み込まれたときの表示例

Chapter 5

5-8 フッターのナビゲーション②

主要なページ以外へのリンクをフッターに追加します。リンクテキストを横に並べるためフレックスボックスを使いますが、PC向けとモバイル向けでレイアウトの変更はしません。これで記事ページのpost.htmlは完成です。

▼ 主要なページ以外のリンク

リンクテキストを2つ追加する

前節で取り上げた主要なページへのリンクの下に、その他のページへのリンクテキストを2つ追加します。今回追加するリンクテキストはPCでもモバイルでも横に並べたまま、レイアウトの変更はしません。レイアウトの変更がないのでメディアクエリも使わず、追加するCSSは比較的シンプルなものになります。

前節同様、リンクテキスト同士のスペースはマージンで作ります。今回は各リンクの左右に0.75rem（0.75文字分）のマージンを設けています。

HTML

samples/chap05/08/post.html

```
<footer class="page-footer">
  <div class="footer-container">
    ...
    <ul class="footer-nav1">
      ...
    </ul>
    <ul class="footer-nav2">
      <li><a href="#">このサイトについて</a></li>
```

```
      <li><a href="#">運営会社</a></li>
    </ul>
    <p class="copyright">©Tansaku! All rights reserved.</p>
  </div>
</footer>
```

CSS

samples/chap05/08/css/style.css

```
/**
 * ---------------------------------------
 * フッターモジュール
 */
...
/* ナビゲーション② その他リンク */
.footer-nav2 {
  display: flex;
  justify-content: center;
  margin: 0 0 20px 0;
  padding: 0;
  list-style: none;
}
.footer-nav2 li {
  margin: 0 .75rem 3px .75rem;
  font-size: .75rem;
}
.footer-nav2 li a {
  color:  #d8d8d8;
  text-decoration: none;
}
.footer-nav2 li a:hover {
  color: #fff;
  text-decoration: underline;
}
/* コピーライト */
...
```

<ul>のデフォルトCSSをリセット

左右に0.75remのマージンを設定

▼ページに組み込まれたときの表示例

Chapter 6

ホームのページを組み立てる

Webサイトのホーム（index.html）の作成に移ります。ホームはサイトの顔。複雑なデザイン、レイアウトが多くなるのが特徴で、ポジション配置やグリッドレイアウトなど、さまざまなテクニックを駆使してモジュールを作ります。

Chapter 6

6-1 ホームをコンテナに分割する

これから新しいページ、index.htmlを作成します。新しいページを作るときはまずデザインを確認し、コンテナに分割するところから始めるのでしたね。

デザインを見ながらコンテナに分割する

ホームのページ（index.html）を作成するにあたり、まずはどのようにコンテナに分割するかを考えます。サンプルデータに付属のファイル（design/index-pc.png、design/index-mob.png）を開いてデザインを確認します。

▼ ホームページのサンプルデザイン（ヘッダーとフッターを除く）

新しいページの作成に取りかかるときは、まずコンテナに分割できるところを探します。サンプルデザインを見ると、ヘッダーとフッター（ページ下部コンテナを含む）は記事ページのpost.htmlと同一なので、それ以外の部分を確認します。

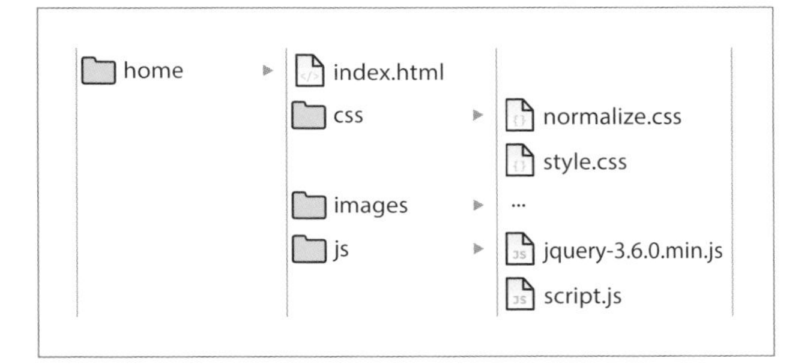

▼ index.htmlのフォルダ／ファイル構成

「2-1「ゼロ」からWebページを組み立てるには」で紹介した分割の法則を適用して、背景や幅が変わる部分を見つけます。するとホームのデザインのうちヘッダーとフッターを除いた部分には、背景や幅が切り替わっているところが2箇所あります。

そのうち1つ目は大きな**ヒーロー画像**が表示されている部分とそれより下の部分です。ヒーロー画像の部分はそれより下の部分と幅も違いますし、背景も不要なので分割します。分割したコンテナはそれぞれ、**ヒーローコンテナ**、**メインコンテナ**と呼ぶことにします。

背景が切り替わる2つ目は「News」見出しの上ですね。「News」の部分は背景色で塗りつぶされているので分割します。分割したNewsの部分のコンテナは**ニュースコンテナ**と呼ぶことにします。

▼ 背景が切り替わる部分（PC、モバイル共通）

最終的に、index.htmlのヘッダーとフッターに挟まれた部分は3つのコンテナに分割できます。

▼ホーム (index.html) のコンテナ

3つのコンテナの幅、パディング、ボーダー、マージンを調べる

分割した3つのコンテナの、それぞれの幅、パディング、ボーダー、マージンを調べます。

ヒーローコンテナ

まずヒーローコンテナを見てみましょう。このコンテナはPC向け、モバイル向けともに写真が端から端まで広がっていて、上にあるヘッダーコンテナとのあいだにスペースもありません。また、下のメインコンテナの背景が写真のすぐ下から始まっているので、上下左右どの場所にもスペースはありません。幅も設定しないので、ヒーローコンテナにサイズやスペースを調整するCSSは不要、ということになります。

▼ヒーローコンテナの幅、パディング、ボーダー、マージン

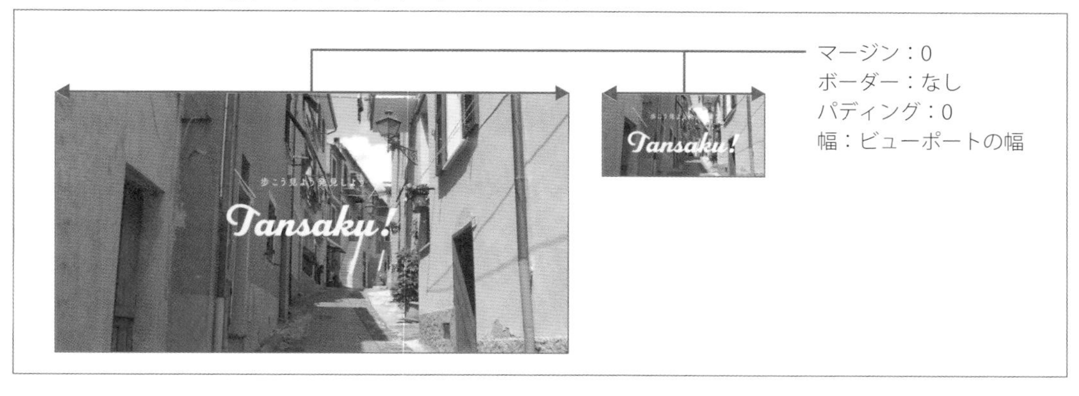

■ メインコンテナ

次にメインコンテナを見てみましょう。基本的な考え方はpost.htmlのコンテナを作成したときと同じです（Chapter 2参照）。

▼メインコンテナの幅、パディング、ボーダー、マージン

少しだけ気をつけたほうがよいのは、メインコンテナ下部のスペースをどう確保するか、です。

メインコンテナ下部には大きなスペースが空いています。このスペースをすべてコンテナの下パディングと考えることもできますが、コンテナに含まれるコンテンツのマージン（またはパディング）とコンテナのパディング、両方が適用されているものと考えることもできます。

▼ メインコンテナ下部のスペースはどうやって確保する？

Popular
カフェめぐり3年間、まじめなコーヒーと素朴なスイーツに行き着いた
ドイツの大定番プレッツェル、作ってわかった独特の形の秘密
あの名作が生まれた絵本作家のアトリエを訪ねて
News
モジュール
ページメインコンテナ下の
スペースは…
コンテナの
パディング？
モジュールのマージン
＋コンテナのパディング？

ここでメインコンテナに含まれるほかのコンテンツを確認してみます。一番上のキャッチフレーズの下と、カード型のボックスが並ぶ部分の下に、同じだけのスペース（マージン）が空いています。メインコンテナの一番下のコンテンツにも同じスペースを付けておけば部品の共通化ができ、CSSを編集しなくても順番の入れ替えが可能になります。したがって、メインコンテナの下部のスペースは、中に含まれるコンテンツ（モジュール）の下マージンと、コンテナ自体の下パディングに分けることにします。

▼ メインコンテナ下部のスペースの確保の仕方は、そこに含まれるコンテンツの状態も合わせて考えるとよい

60px
同じ大きさのスペース
Latest
60px
Popular
60px
ならば、一番下にも同じスペースを確保しておいたほうがモジュールの管理がしやすくなる
↓
メインコンテナ下のスペースは
モジュールの下マージン
＋コンテナの下パディング
に決定
120px-60px=60px

ニュースコンテナ

最後にニュースコンテナも確認します。薄いグレーの背景色が適用されていて、コンテンツ部分の幅が狭く、最大740pxになっています。左右のパディングや左右中央揃えにするためのマージンの設定はメインコンテナと同じにします。

▼ニュースコンテナの幅、パディング、ボーダー、マージン

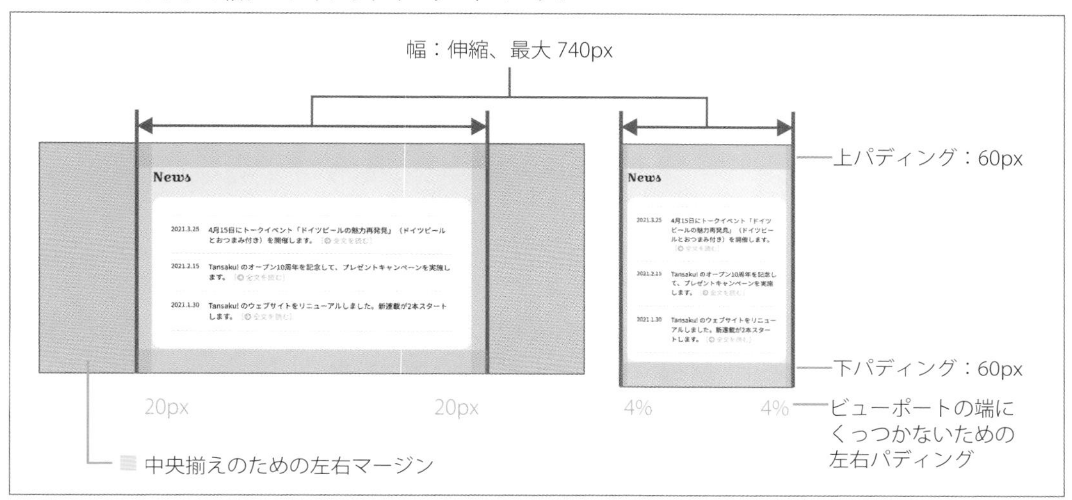

コンテナのHTML、CSSを編集する

コンテナの幅やマージンその他ボックスの状態を調べたら、HTMLとCSSを書きます。

index.htmlを作成し、各コンテナのHTMLを追加します。なお、ページのヘッダーや、ページ下部コンテナ含むフッター部分はChapter 5までに作成した記事ページと同じなので、post.htmlから該当部分のソースコードをコピーすればよいでしょう。ここには先ほど分割した3つのコンテナのソースコードを掲載しておきます。

HTML

samples/chap06/01/index.html

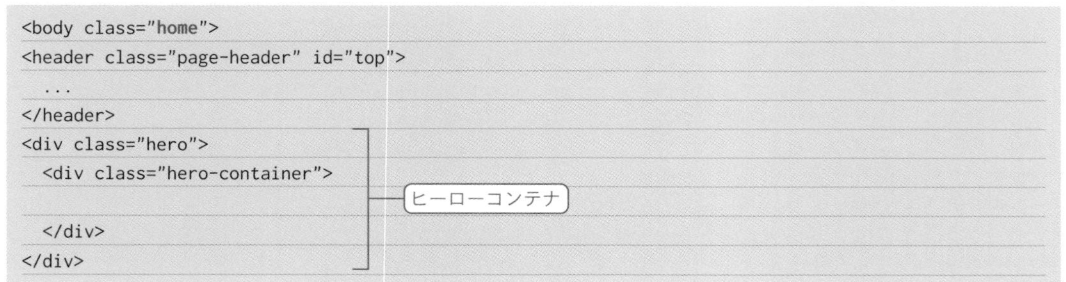

```
<body class="home">
<header class="page-header" id="top">
  ...
</header>
<div class="hero">
  <div class="hero-container">

  </div>
</div>
```

```
<div class="page-main">
  <div class="main-container">      メインコンテナ

  </div>
</div>
<div class="news">
  <div class="news-container">      ニュースコンテナ

  </div>
</div>
<div class="page-bottom">
  ...
</div>
<footer class="page-footer">
  ...
</footer>
```

CSSは引き続きstyle.cssを使用します。3つのコンテナの幅、パディング、マージン、背景の設定をします。ここで追加するスタイルの基本的な考え方は記事ページのコンテナを作成したときと同じです。忘れてしまったという方は、もう一度Chapter 2を読み返してみてください。

なおヒーローコンテナは幅やパディングなどを調節する必要がなく、背景も使わないので、いまのところ追加するスタイルはありません（あとの節で追加します）。

CSS

samples/chap06/01/css/style.css

```
/**
 * ****************************************
 * メインコンテナ
 * ****************************************
 */
/**
 * ****************************************
 *  [index.html] ホームページ
 * ****************************************
 */
/* ホーム - ヒーローコンテナ */

/* ホーム - メインコンテナ */
.home .page-main {
  background: url(../images/home-bg.svg); ← メインコンテナの背景画像
}
.home .main-container {
  padding: 60px 4%;
}
@media (min-width: 768px) {
  .home .main-container {
    max-width: 1040px;
    margin: 0 auto;
    padding: 60px 20px;
  }
}
/* ホーム - ニュースコンテナ */
.news {
  background: #efefef; ← ニュースコンテナの背景色
}
.news-container {
  padding: 60px 4%;
}
@media (min-width: 768px) {
  .news-container {
    max-width: 740px;
    margin: 0 auto;
    padding: 60px 20px;
  }
}
```

▼表示例。メインコンテナとニュースコンテナには背景が表示されている。スタイルがないためヒーローコンテナは表示されない

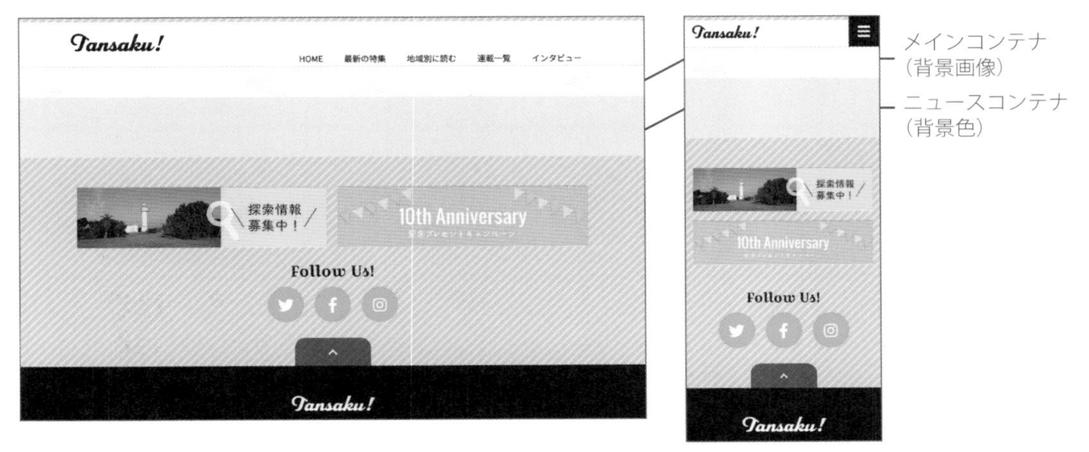

コラム

実現できないデザインを渡されたら

「デザイナーから渡されたデザインがHTMLでは実現不可能！」ということ、実はよくあります。そんなときはHTMLコーダー、デザイナー双方が話し合い、どんなデザインなら実現可能かを探ります。

ただ、コーダーが「これは実現できない」というのは、それなりに勇気がいるかもしれません。本当ならできるのに自分がその方法を知らないだけ、ということもあり得るなんて考えていたら、言い出しにくくなってしまうこともあるでしょう。

しかし、仕事をするうえでは、つまずいたらできる限り早く解決するのが一番です。時間が経てば経つほど解決が難しくなる問題はたくさんあります。実現できるかどうか微妙なデザインを渡されたらとりあえず話してみる、くらい気楽にかまえていたほうが、仕事はスムーズに進みますよ。

Chapter 6

6-2 ホームをモジュールに分割する

3つに分割してできたヒーローコンテナ、メインコンテナ、ニュースコンテナ、それぞれに含まれるコンテンツをさらに細かく、モジュールに分割していきます。どんなモジュールが作れるのか、コンテナごとに見てみましょう。

ヒーローコンテナのモジュール

ヒーローコンテナに含まれるのは1枚の大きな写真画像です。ページの上部に表示する、目を引く画像のことを**ヒーロー画像**と呼びますが[※1]、これをビューポートの幅いっぱいに伸縮するように作ります。また、CSSのポジション機能を使って写真画像の上にロゴの画像を重ねて配置します。

▼ヒーローコンテナのモジュール

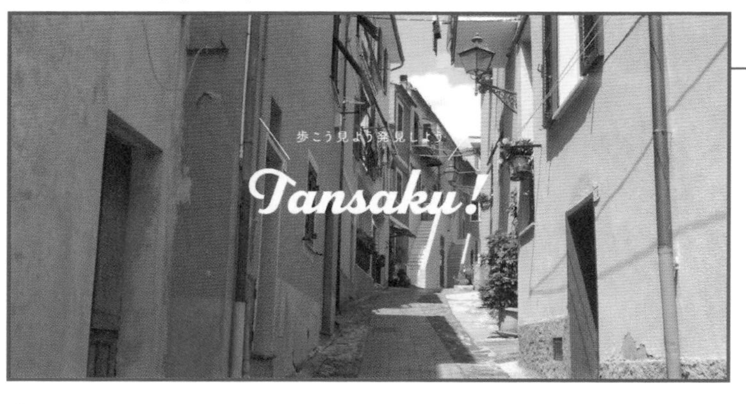

❶

❶「6-3 ヒーロー画像」
「6-4 画像に画像を重ねて表示」

メインコンテナのモジュール

メインコンテナには合計6つのモジュールがあり、さまざまなCSSテクニックを駆使して作成します。そのうち6-7で取り上げるカード型レイアウトでは、CSSの比較的新しい機能である

※1　「キービジュアル」などと呼ばれることもあります。

グリッドレイアウトを使用します。グリッドレイアウトの基本的な使い方についても詳しく解説します。

6-6でもグリッドレイアウトの機能を一部使用し、少ないCSS記述量でテキストをボックスの上下左右中央揃えで配置する方法を紹介します。

▼ メインコンテナのモジュール

❷「6-5 キャッチフレーズ」
❸「6-6 スタンプ状のテキスト」
❹「6-7 カード型レイアウト①〜全体のレイアウト〜」
❺「6-8 カード型レイアウト②〜それぞれのカードの中身〜」
❻「6-9 メディアオブジェクト」

ニュースコンテナのモジュール

ニュースコンテナには見出しとテーブル形のリスト、2つのモジュールが含まれます。両方同時に、6-10で取り上げます。このうちテーブル形のリストでは、箇条書きの一種である<dl><dt><dd>を使ったHTMLを、テーブルのように整形して表示します。実践的なWebサイトではよく使われるテクニックで、フレックスボックスを利用して2つの要素を横に並べます。

▼ニュースコンテナのモジュール

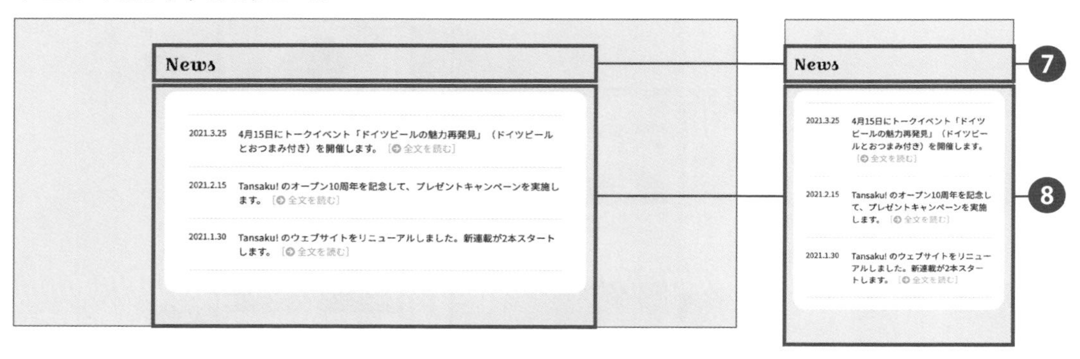

❼❽「6-10 テーブル形のリスト」

Chapter 6

6-3 ヒーロー画像

分割したモジュールのコーディングを始めましょう。ホームページ上部にページの幅いっぱいに伸縮する大きな画像（ヒーロー画像）を表示します。画像を伸縮するCSSはすでに書かれているので、ここでの作業はそう多くありません。

▼ヒーロー画像

高度なテクニックは必要なし。むしろ注意すべきは画像サイズ

ビューポートの幅いっぱいに広がるヒーロー画像は、ヒーローコンテナの中に挿入します。

今回はCSSを追加する必要はありません。レスポンシブデザイン用の、画像を伸縮させるCSSがすでにあり、そのスタイルがヒーロー画像にも適用されるからです（「1-7 共通テンプレートをレスポンシブデザイン対応にする」参照）。

CSS すべての画像に適用される、縦横比を維持しながら伸縮させる設定のCSS

```
img {
  max-width: 100%;
  height: auto;
  vertical-align: bottom;
}
```

HTMLやCSSに難しいことはありませんが、用意する画像のサイズには少し注意が必要です。ビューポートに合わせて伸縮する大きさとなると、かなり大きなサイズの画像を用意しておく必要があります。いったいどのくらいの大きさが必要なのでしょうか。

最近のPCでよく使われるディスプレイのサイズは1920px × 1080pxと1366px × 768pxで、この2つで全体の40%以上を占めるようです※2。このことから、ビューポートの幅いっぱいに伸縮する画像を用意するときは、最低でも幅1920px以上にします。

ただし、画像は大きくなるとファイルサイズも大きくなって表示に時間がかかるため、大きすぎるのも避けたほうがよいでしょう。本書のサンプルでは2400px × 1260pxの画像を使用しています。

HTML

samples/chap06/03/index.html

```
<div class="hero">
  <div class="hero-container">
    <div class="hero-image"><img src="images/home-mainphoto.jpg" alt=""></div>
  </div>
</div>
```

▼ページに組み込まれたときの表示例

※2　GlobalStats Statcounter：https://gs.statcounter.com/screen-resolution-stats/desktop/worldwide

Chapter 6

6-4 画像に画像を重ねて表示

前節で挿入したヒーロー画像の上に、別の画像を重ねて表示します。CSSのポジション機能を使って実現します。

▼画像にオーバーレイ

CSSのポジション機能で画像を重ねる

画像の上に別の画像を重ねます。上に重ねるほうの画像は、領域（ヒーローコンテナ）の上下左右中央に配置します。画像に別の画像やテキストなどの要素を重ねるには、大きく分けて3つの方法があります。

- 1つを背景画像にして、もう1つを要素（<img>）で表示する
- 1つの要素に複数の背景画像を適用する
- CSSのポジション機能を使って要素と要素を重ねる

今回は<img>タグで挿入しているヒーロー画像の上にロゴ画像を表示させたいので、CSSのポジション機能を使うことになります。

ポジション機能を使う際のポイントを見てみましょう。まずHTMLは、1つひとつの画像を

<div>などのブロックボックスで囲みます※3。

HTML ポジション機能を使うときは1つひとつの画像を<div>などで囲む

```
<div><img src="..."></div>
```

そのうえで、重ねたい画像同士を共通の親要素に含めます。このとき、ソースコードの下に出てくる画像ほど上に重なります。

HTML 画像を重ねるときの基本的なHTMLの構造

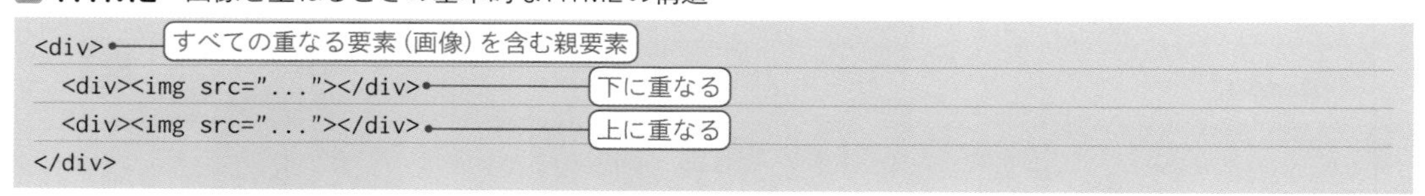

次にCSSの書き方を見てみます。ポジション機能を使う場合は、親要素に「position: relative;」を適用します。そして親要素に含まれる要素のうち、一番下になる要素以外に「position: absolute;」を適用します。

サンプルの場合、各要素に適用するCSSは図のようになります。

▼ポジション機能に関連するHTMLとCSS

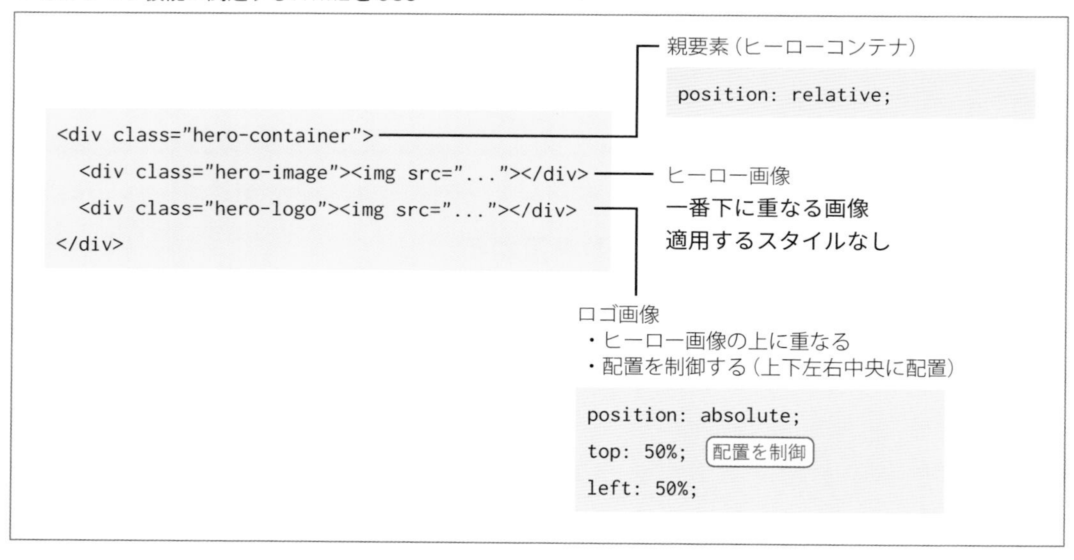

上に重なるほうの画像は、親要素（ヒーローコンテナ）の上下左右中央に配置します。

ポジションで配置する要素の位置を調整するには、その要素のサイズを知っておく必要があり

※3 <div>以外に、<ul><li>などもよく使われます。

ます。デザインを見て調べてみると、上に重ねる要素のサイズがPC向けレイアウトのとき400px × 164px、モバイル向けレイアウトのとき260px × 106pxになっています。このサイズの値をもとに、CSSに設定する値を決めます。

▼ デザイン画像を見て、上に重ねる画像のサイズを調べる

HTML

samples/chap06/04/index.html

```
<div class="hero">
  <div class="hero-container">
    <div class="hero-image"><img src="images/home-mainphoto.jpg" alt=""></div>
    <div class="hero-logo"><img src="images/home-logo.svg" alt="Tansaku!"></div>
  </div>
</div>
```

CSS

samples/chap06/04/css/style.css

```
/**
 * ****************************************
 * [index.html] ホームページ
 * ****************************************
 */
/* ホーム - ヒーローコンテナ */
.hero-container {
  position: relative;
}
...
/**
 * ----------------------------------------
 * [index.html] ホームページ - モジュール
 */
```

```
/* ヒーロー画像 */
.hero-logo {
  width: 260px;
  position: absolute;
  top: 50%;
  left: 50%;
  transform: translate(-130px, -53px);  ← 位置を調整
}
@media (min-width: 768px) {
  .hero-logo {
    width: 400px;
    transform: translate(-200px, -82px);  ← 位置を調整
  }
}
```

▼ページに組み込まれたときの表示例

解説 実践的なポジションの使い方と要素の配置

HTMLでは通常、要素の上に要素が重なることはありません。もし、要素の上に要素を重ねたいのであれば、ポジション機能を使用します。

ポジション機能を使うときのHTML構造は先に説明したとおりですが、重要な点をもう一度まとめておきます。

- **親要素に「position: relative」を設定する**
- **重ねたい要素に「position: absolute」を設定する**
- **ただし、一番下に重なる要素にはpositionプロパティを設定しない**

positionプロパティが設定された要素は4つのプロパティ（top、bottom、left、right）を使って、表示される位置を指定することができます。

これらのプロパティには、「position: relative;」が設定された親要素のボックスの左上、または右下からの距離を指定します。topプロパティ、leftプロパティを使った場合は左上からの距離、bottomプロパティ、rightプロパティを使った場合は右下からの距離を指定します。値の単位には一般的にpxもしくは%を使います。

top/left/bottom/rightプロパティの実際の使用例と、表示結果を挙げておきます。次の図の左は、top/leftにそれぞれ200px、150pxを指定したときの状態、右はbottom/rightにそれぞれ200px、150pxを指定したときの状態を表しています。

▼ top/leftプロパティは左上から、bottom/rightプロパティは右下からの距離を指定する

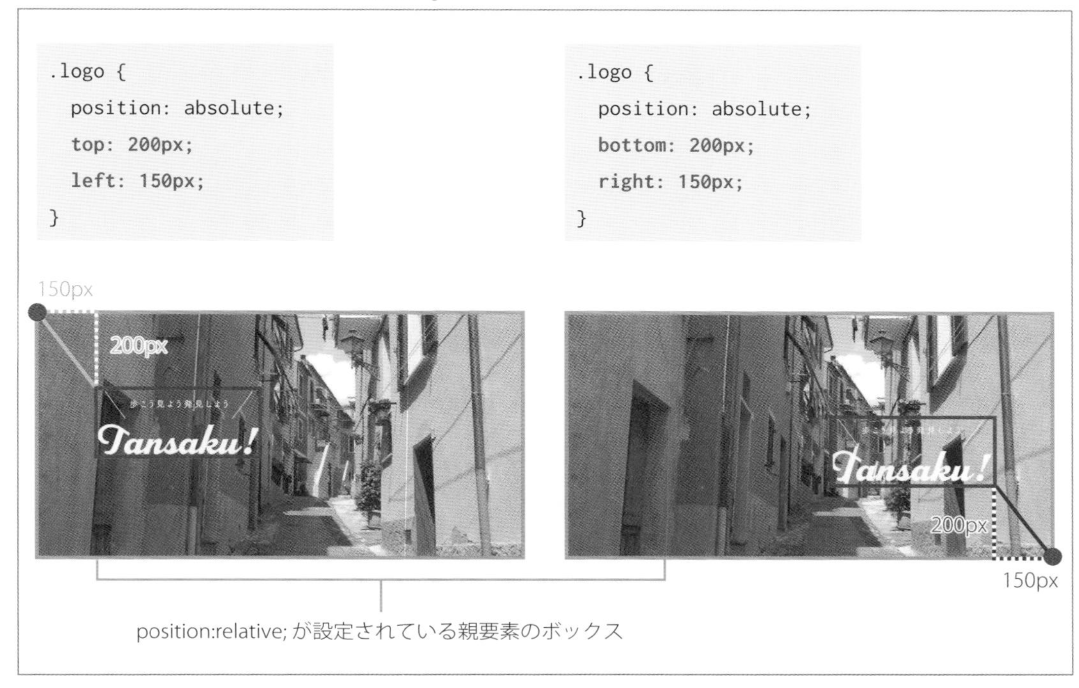

ここで1つ注目してほしいのが、**配置される要素の基準点**です。topプロパティ、leftプロパティを使った場合、要素の左上が基準点になり、そこが200px、150pxの位置に配置されます。bottomプロパティ、rightプロパティを使った場合、要素の右下が基準点になり、そこが200px、150pxの位置に配置されます。

サンプルサイトに話を戻します。サンプルではtop:50%、left:50%と指定したので、親要素（<div class="hero-container">）の幅の50%、高さの50%、つまり中央の位置に、要素（<div class="hero-logo">）が配置されます。

でも、要素の左上の点がそこに配置されるので、残念ながら"ど真ん中"に配置されているようには見えません。

▼ top:50%、left:50%で配置したところ。中央に配置されているようには見えない

そこでtransformプロパティを使って位置を調整します。このプロパティは、要素を移動(translate)、回転(rotate)、拡大縮小(scale)する機能です。このうちの移動を使い、要素を左上に移動させます。次のようなスタイルを追加すると、要素を上下左右中央に配置できます。

CSS 要素を上下左右中央に配置する

```
position: absolute;
top: 50%;
left: 50%;
transform: translate(-表示する要素の幅/2, -表示する要素の高さ/2);
```

このtransformプロパティに指定する値を決めるために、コーディングに入る前にデザインを見て表示する画像のサイズを調べておいたのですね。

▼ transformプロパティで要素を左上に移動

Chapter 6

6-5 キャッチフレーズ

ヒーロー画像の下にキャッチフレーズを追加します。HTMLもCSSも難しくはありませんが、スタイルの適用の仕方を工夫すれば、管理しやすく、修正に強いモジュールにできます。

▼キャッチフレーズ

通常のテキストとは異なるスタイルを適用する

目立つ場所に表示されるテキストには、通常のテキストとは異なる特殊なスタイルを適用するケースが多いです。サンプルでは次のスタイルを設定します（カッコ内は設定する値）。

- 幅（600px、PC向けレイアウトのみ）
- 下マージン（60px）
- 左右マージン（auto、ボックスを中央揃えにするため）
- 行揃え（中央揃え）
- フォントサイズ（1.25rem）
- 行間（2）

これらは、ボックスのサイズやマージンなどキャッチフレーズ全体の配置を決めるスタイルと、フォントサイズや行間など、テキストそのものに適用されるスタイルの、大きく2つに分けられます。

このようにボックスの設定とフォントやテキストの設定が必要な場合、管理や修正のしやすさを考えて、ボックスのサイズやマージンなどを設定するスタイルはテキストの親要素（ここでは<div>）に、テキスト自体の表示を設定するスタイルはテキスト要素（<p>）に適用します。

▼特定の役割を持つテキストモジュールを作る際の基本的なHTMLとスタイルを適用する要素の考え方

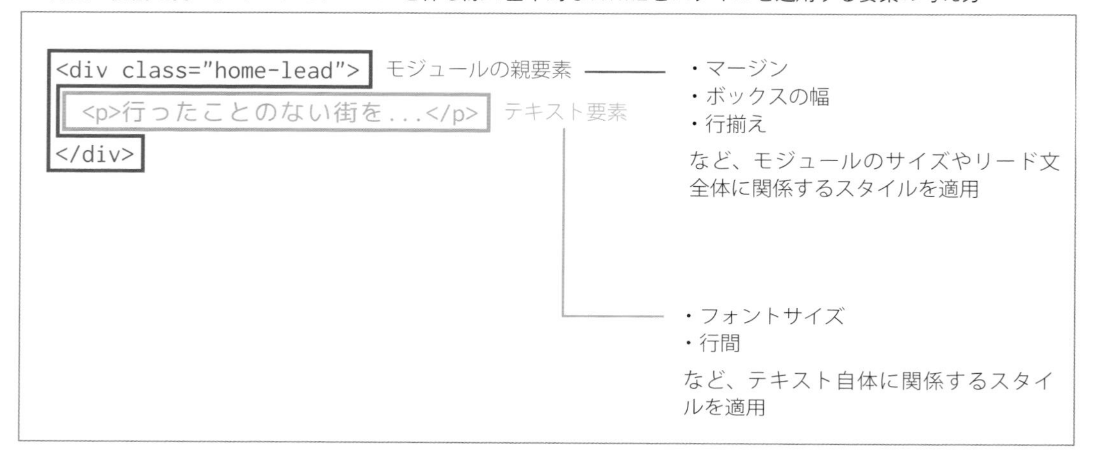

HTML

samples/chap06/05/index.html

```
<div class="page-main">
  <div class="main-container">
    <div class="home-lead">
      <p>行ったことのない街を歩いたり、知らなかった技術を学んだり、食べたことのないもの見つけたり。好奇心いっぱいの探索を。</p>
    </div>

  </div>
</div>
```

CSS

samples/chap06/05/css/style.css

```
/**
 * ----------------------------------------
 *  [index.html] ホームページ - モジュール
 */
...
/* キャッチフレーズ */
.home-lead {
  max-width: 600px;
  margin: 0 auto 60px auto;
  text-align: center;
}
.home-lead p {
  margin: 0;
  font-size: 1.25rem;
  line-height: 2;
}
```

▼ ページに組み込まれたときの表示例

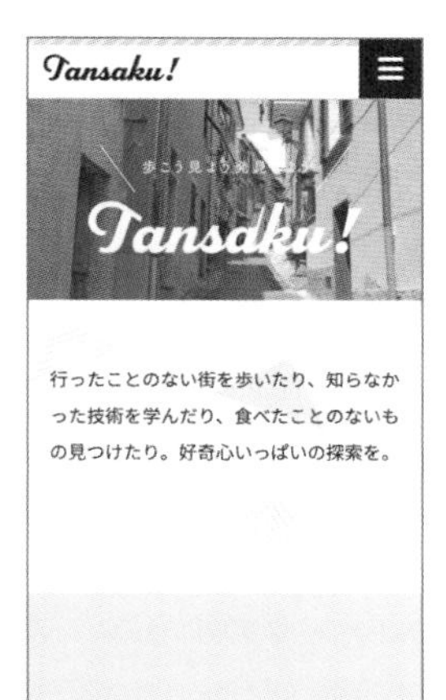

Chapter 6

6-6 スタンプ状のテキスト

テキストと背景を組み合わせて、スタンプのような見出しを作成します。ボックスのサイズを設定して背景画像を適用し、見出しのテキストを上下左右中央に配置します。

▼テキストと背景を組み合わせる

背景の中央にテキストを配置する

マークのような、スタンプのようなデザインの見出しを作成します。タグには<h2>を使用し、130px × 130pxのボックスを作成して、ビューポートの中央に配置します。下マージンは30pxに設定して、隣接するほかのモジュールとくっつかないようにします。

▼モジュールの基本的なサイズと配置

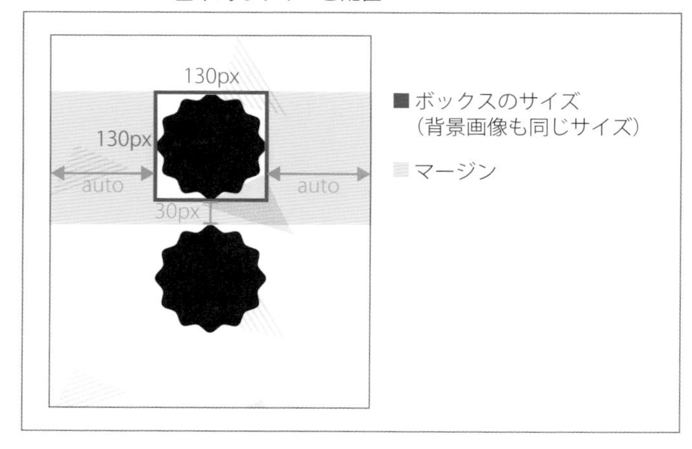

さらに、テキストをボックスの上下左右中央に配置します。要素を上下左右中央に配置する方法はいくつかあるのですが、その中でもシンプルなCSSで実現できる、グリッドレイアウトを使った方法を紹介します。

HTML

samples/chap06/06/index.html

```
<div class="page-main">
  <div class="main-container">
    ...
    <!--- 最新記事 --->
    <h2>Latest</h2>

    <!---  /最新記事 --->
```

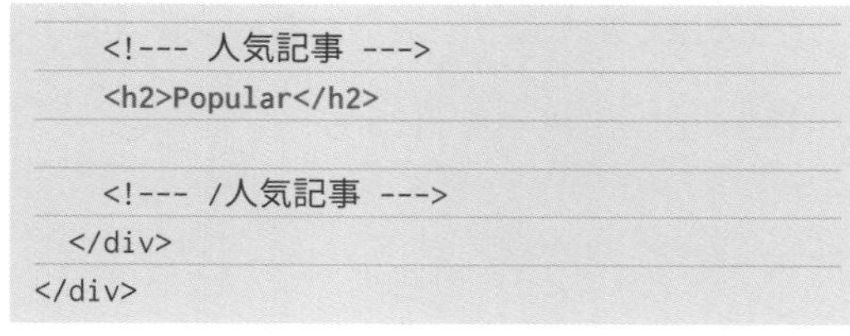

```
    <!--- 人気記事 --->
    <h2>Popular</h2>

    <!--- /人気記事 --->
  </div>
</div>
```

CSS

samples/chap06/06/css/style.css

```
/* テキストと背景を組み合わせる */
.home .main-container h2 {
  display: grid;
  place-items: center;
  margin: 0 auto 30px auto;
  width: 130px;
  height: 130px;
  background: url(../images/home-titleshape.svg) no-repeat;
  background-size: 130px 130px;
  color: #ffffff;
  font-family: 'Croissant One', cursive;
  font-weight: 400;
  font-size: 20px;
}
```

- display: grid; / place-items: center; → テキストを上下左右中央に配置
- margin〜background-size → ボックスのサイズ、背景、マージンの調整
- color〜font-size → フォントの調整

▼ページに組み込まれたときの表示例

解説 要素の上下左右中央揃え

ボックスの上下左右中央に子要素（テキストも子要素です）を配置する方法は以前からさまざまな方法がありましたが、いまではたった2行で、マージンなどの計算をしなくても簡単に実現できる方法があります。上下左右中央揃えにしたい要素の親要素に、次のスタイルを適用します。

CSS 上下左右中央揃えにする

```
display: grid;
place-items: center;
```

より詳しく知りたい方は「解説 グリッドレイアウトの要素の整列」(P.292)も参照してください。

実践のポイント 背景画像はSVG形式がおすすめ

要素に背景画像を適用するときは、可能なかぎりSVG形式のファイルを用意するようにしましょう。

「コラム 可能であれば画像はSVGで」(p.191)でもSVGフォーマット画像の利点を紹介しましたが、背景画像では特にそのメリットが大きいといえます。background-sizeプロパティを使うなど、背景画像でも大きな画像を縮小して表示するテクニックはありますが、状況によっていつでも使えるとは限りませんし、スタイルの設定も煩雑になるからです。一般にファイルサイズも小さくなるので、積極的に使ってみましょう。

Chapter 6

6-7 カード型レイアウト①
〜全体のレイアウト〜

本節と次節の2回に分けて、複数のカードをタイル状に並べる「カード型レイアウト」を作成します。作成にはCSSのグリッドレイアウト機能を使い、はじめに全体の大まかなレイアウトを整えます。

▼カード型レイアウト

グリッドレイアウトでカードをタイル状に並べる

写真とテキスト情報がまとまった6つのカードを、PC向けレイアウトでは2行3列、モバイル向けレイアウトでは3行2列のタイル状に並べます。カードをタイル状に並べる「カード型レイアウト」は近年のWebデザインでよく用いられるもので、習得必須のテクニックといえます。

しかしこのカード型レイアウト、これまではちょうどよい機能がCSSになくて、どうしても裏ワザ的なテクニックを駆使しないと実現できませんでしたが、いまならグリッドレイアウト機能があります。グリッドレイアウトの基本的な使い方を見ながら、カード型レイアウトを作成しましょう。

グリッドレイアウトは、先に大枠のレイアウトを固めて、あとから中身を流し込むタイプのレイアウト手法です。もう少しHTML/CSSコーディングでの実際の作業に沿った言い方をすれば、先に空のボックスを作っておいて、そこに必要なコンテンツを追加していくという順序で作業するとわかりやすく、スムーズです。

本節のサンプルでも、まずは大枠のレイアウトを決めて空のボックスを作り、次の図のようなレイアウトを作成します。個別のボックスに入れる写真やテキストは次節で追加します。ただし、表示結果がわかるように各ボックスにボーダーラインだけは引いておきます。

▼ レイアウトの設計図

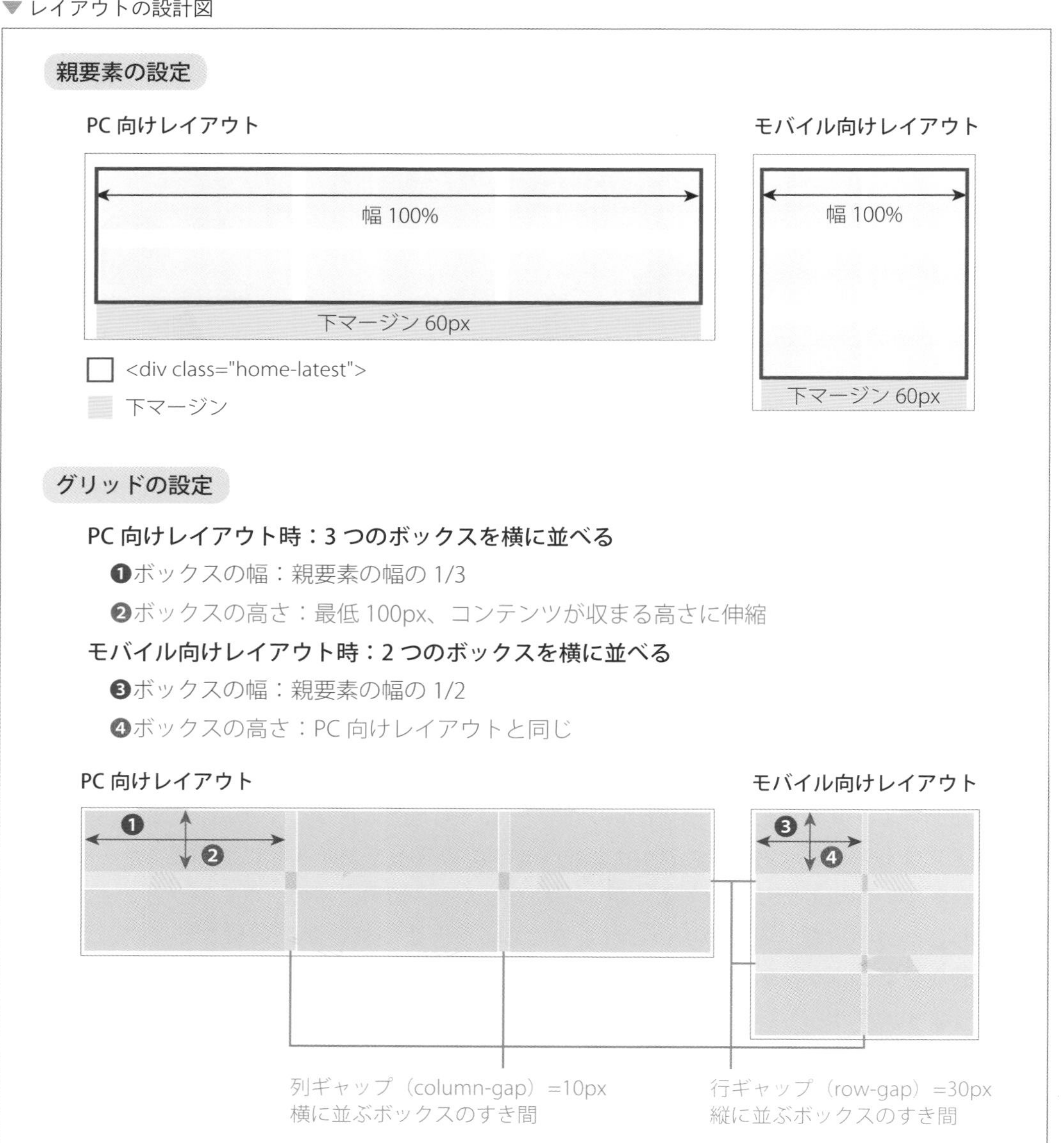

HTML

samples/chap06/07/index.html

```
<!--- 最新記事 --->
<h2>Latest</h2>
<div class="home-latest">
  <div class="latest-item"></div>
  <div class="latest-item"></div>
  <div class="latest-item"></div>
  <div class="latest-item"></div>
  <div class="latest-item"></div>
  <div class="latest-item"></div>
</div>
<!---  /最新記事 --->
```

CSS

samples/chap06/07/css/style.css

```
/**
 * -------------------------------------
 * ［index.html］ホームページ - モジュール
 */
...
/* カード型レイアウト */
.home-latest {
  margin: 0 0 60px 0;
  display: grid;
  grid-template-columns: 1fr 1fr;
  grid-auto-rows: minmax(100px, auto);
  column-gap: 10px;
  row-gap: 30px;
}
.latest-item {
  border: 1px solid #d8d8d8;
}
@media (min-width: 768px) {
  .home-latest {
    grid-template-columns: 1fr 1fr 1fr;
    column-gap: 20px;
  }
}
```

▼ ページに組み込まれたときの表示例

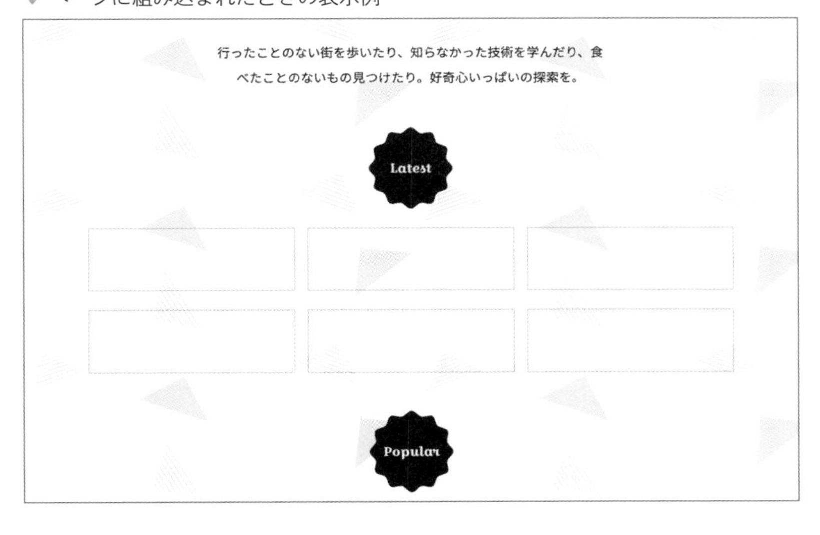

解説 グリッドレイアウト

グリッドレイアウトは、ある要素の表示領域をグリッド（マス目）状に区切り、そのマス目に沿って子要素のボックスを配置するという、これまでのHTML/CSSにはなかった、まったく新しい考え方のレイアウトシステムです。グラフィックデザインの手法をベースに開発されました。まずはグリッドレイアウトの基本的なコンセプトを把握しましょう。

ある要素に「display: grid;」を適用して、ボックスの表示モードを「グリッド」にすると、その要素のボックスに、見えないガイド線（正式にはグリッド線といいます）が引かれます。

▼ グリッドモードにした要素のボックスには、見えないグリッド線が引かれる

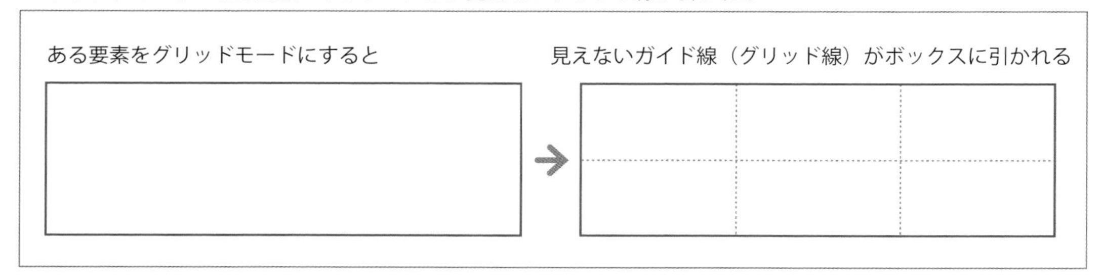

グリッド線によって分割されたそれぞれの領域を**グリッド**といいます。このグリッドには、ボックスを横方向に分割する**列グリッド**と、縦方向に分割する**行グリッド**があります。英語で列はcolumn、複数形はcolumnsです。行はrow、複数形はrowsです。グリッドレイアウトでは必ず使う単語ですが、列と行、どっちがどっちだか混乱しがちなので忘れないようにしておいてくださいね。

▼ 列グリッドと行グリッド

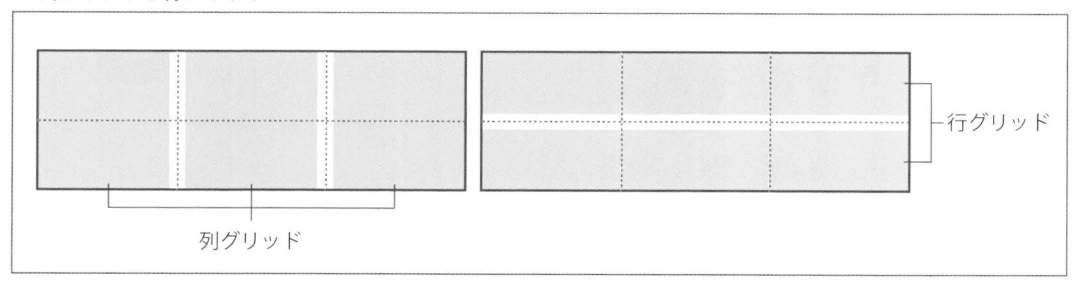

子要素はこのグリッドに沿って配置されます。もっとも基本的なレイアウトは、列グリッド、行グリッドで作られたマス目の1つに、1つの子要素が配置されるパターンです。このとき、隣接する子要素と子要素がくっつかないように**ギャップ（空き）**を作ることができます。

▼ グリッド配置の基本例。1つのマス目に1つの子要素が配置される

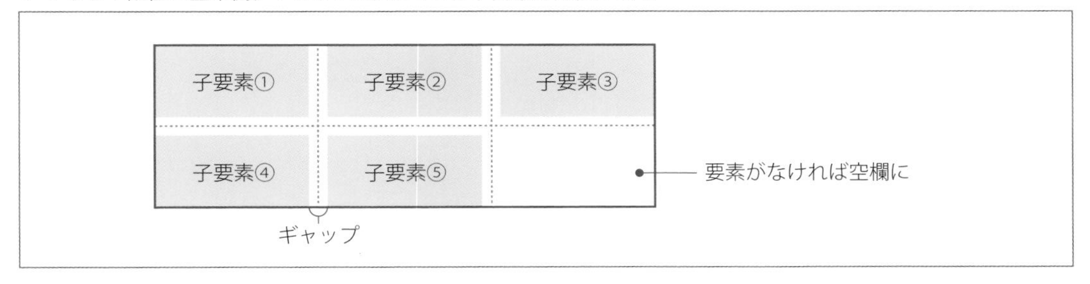

設定次第で、グリッドをまたぐ子要素を作ることができます。そこでこんなレイアウトも可能になります。

▼ グリッドをまたいだ子要素のレイアウト例

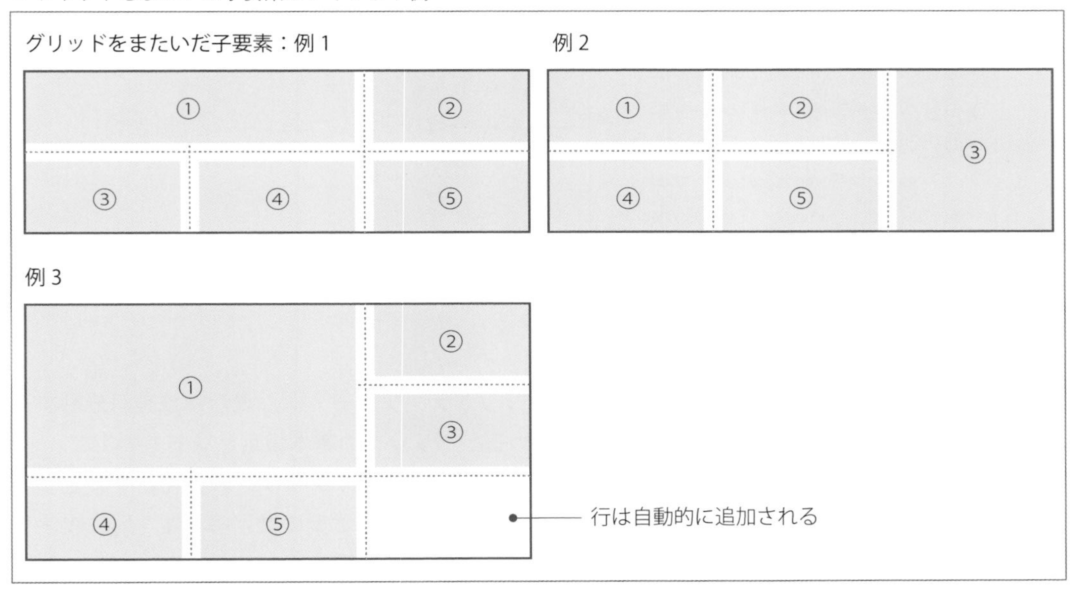

これがグリッドレイアウトの基本コンセプトです。

それではCSSの書き方に移りましょう。グリッドレイアウトを使うには、最低限次の3つの基本設定をする必要があります。

① 親要素の表示モードを「グリッド」に切り替える
② 列グリッドテンプレートを作成する
③ 列ギャップ、行ギャップを設定する

必ず行う3つの基本設定を詳細に見ていきましょう。

①親要素の表示モードを「グリッド」に切り替える

グリッドレイアウトを使ってレイアウトをしたい親要素に「display: grid;」を適用して、表示モードを切り替えます。

書式：表示モードを「グリッド」に切り替える

```
display: grid;
```

サンプルでは<div class="home-latest">～</div>にこのスタイルを適用しています。直接の子要素はすべて、グリッドレイアウトモードで配置されるようになります。

▼「display:grid;」を適用した要素の子要素は、グリッドレイアウトモードで配置される

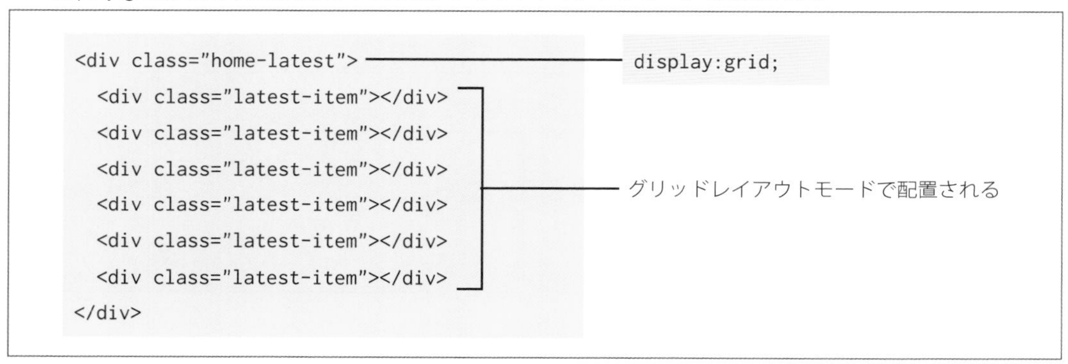

②列グリッドテンプレートを作成する

次に列グリッドテンプレートを作成します。グリッドテンプレートは、表示領域を何分割するか、1つのマス目をどんな幅や高さにするかを決める、グリッドの基本設定となるものです。

横方向のグリッド数と幅を設定する「列グリッド」と、縦方向のグリッド数と高さを設定する「行グリッド」、2つのテンプレートを設定できます。ただし、子要素の数が多くて1列に収まりきらない場合は改行して自動的に2行目が作られるので、多くの場合行グリッドテンプレートは設定しません。

サンプルを例にテンプレートの設定方法を見てみましょう。

列グリッドテンプレートを設定し、モバイル向けのときグリッドは2列、それぞれの幅が均等になるように、各グリッドの幅は親要素の1/2にします。いっぽうPC向けのときは3列、こちらも幅が均等になるように、各グリッドの幅を親要素の1/3にします。

列グリッドテンプレートの設定に使うのは「grid-template-columns」プロパティです。このプロパティには、各列グリッドの幅を半角スペースで区切って指定します。指定した値の個数で列数が決まるので、たとえば値を2個指定すれば2列になり、5個指定すれば5列になります。

サンプルではモバイル向けは2列なので、次のように書きます。

■ **書式**：2列の列グリッドテンプレートを作る

```
grid-template-columns: 第1列の幅 第2列の幅;
```

PC向けレイアウトは3列ですからこうなります。

■ **書式**：3列の列グリッドテンプレートを作る

```
grid-template-columns: 第1列の幅 第2列の幅 第3列の幅;
```

「第○列の幅」の部分は、列の幅を固定幅にしたいなら「数値+px」で指定します。伸縮にするなら単位frを使います。1frがどういう大きさかといえば、伸縮可能な親要素の幅の、「frの合計分の1」にあたります。もう少し詳しく説明します。まず、グリッドの親要素の幅のうち、もし固定幅で指定されているグリッドがあるなら、その幅を引きます。

▼ 親要素の幅から固定幅で指定された分を引く

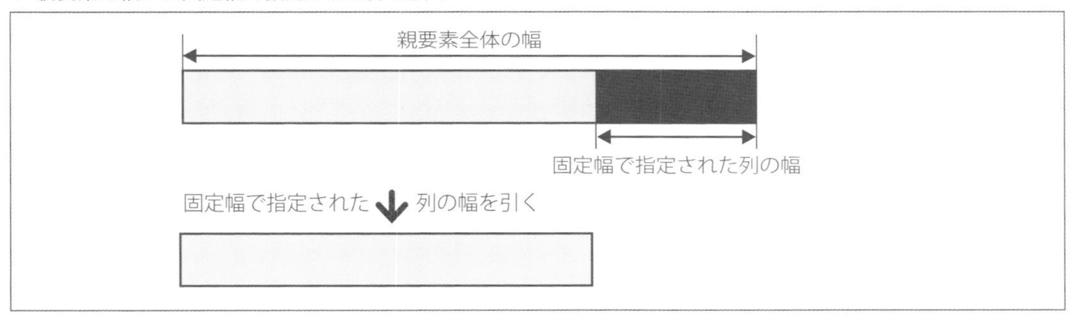

次に、単位frを使って指定されている数の合計を計算します。たとえば値が「1fr 1fr」となっているとしたら合計は2、「2fr 1fr 1fr」となっていたら合計は4です。そして、1frの大きさは「親要素の幅から固定値で指定された部分を引いて、frの合計で割った大きさ」になります。

▼ 残った部分をfrの合計値で分割する

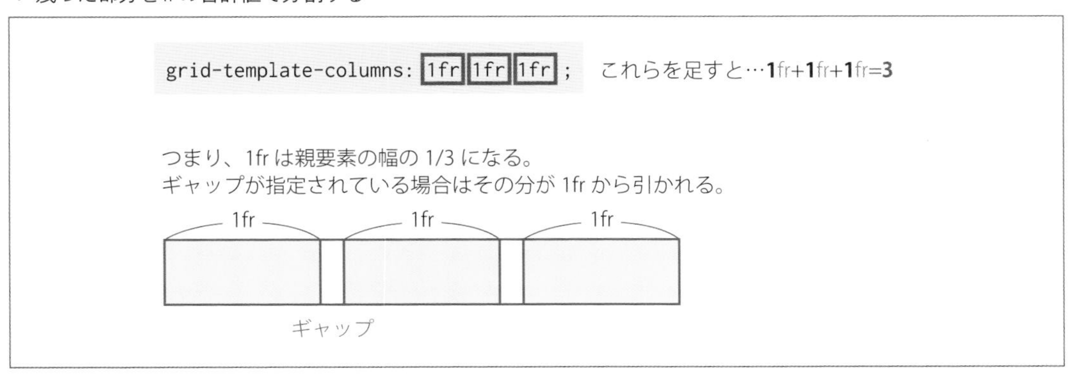

サンプルの場合、モバイル向けレイアウトの列テンプレートには「1fr 1fr」と指定したので、列グリッドの幅は2つとも親要素の1/2、PC向けレイアウトの場合は「1fr 1fr 1fr」なので3つとも親要素の1/3、ということになります。

これで列グリッドテンプレートができました。先に説明したとおり、サンプルでは行グリッドテンプレートは作成しません。ただし、各要素の高さだけは設定しています。この設定をするのが「grid-auto-rows」プロパティです。サンプルでは、最小の高さを100pxとし、あとはコンテンツが収まる高さにするようにしています。

書式：グリッドの高さを設定する

```
grid-auto-rows: minmax(最小高, 最大高);
```

最小高、最大高は「数値+px」で指定します。コンテンツが収まる高さにしたいときは値を「auto」にします。

③列ギャップ、行ギャップを設定する

テンプレートが完成したら、最後に各要素がくっつかないようにすき間を設定します。列方向、つまり横に隣りあうボックス同士のスペースはcolumn-gapプロパティ、行方向のすき間はrow-gapプロパティで設定します。どちらも値は「数値+px」で指定します。

サンプルでは列方向のスペースを10px(PC向けレイアウトのときは20px)、行方向のスペースを30pxに設定してあります。

書式：列グリッドのあいだにすき間を作る

```
column-gap: 空きスペースの幅;
```

書式：行グリッドのあいだにすき間を作る

```
row-gap: 空きスペースの高さ;
```

Chapter 6

6-8 カード型レイアウト②〜それぞれのカードの中身〜

グリッドレイアウトで配置されたボックスに、コンテンツを追加します。

▼ グリッドレイアウトで整列したカードの中身

ボックスにコンテンツを追加する

前節に引き続き、カード型レイアウトの作成テクニックを紹介します。今回は、ボックスにコンテンツを追加して、1枚1枚のカードを完成させます。

個々のカードには写真と見出し、場所などの細かい情報が含まれます。どれもこれまでに使ってきたテクニックを使ってできるもので、それほど特殊ではありません。6項目ある<div class="latest-item">〜</div>の中に、各カードのHTMLを追加します。どのカードもHTMLの構造を同じにすることで、デザインの統一性を保てるだけでなく、CSSも共通化できます。

HTML

samples/chap06/08/index.html

```
<!--- 最新記事 --->
<h2>Latest</h2>
<div class="home-latest">
  <div class="latest-item">
    <div class="latest-image">
      <a href="#"><img src="images/latest-photo1.jpg" alt=""></a>
    </div>
    <div class="latest-text">
      <h3><a href="#">知らない街の「地元」の空気に触れたい！ファーマーズマーケットには
      情報がいっぱい</a></h3>
      <div class="home-tag">
        <span><a href="#">歩く</a></span>
        <span><a href="#">食べる</a></span>
      </div>
      <div class="home-info">
        <span>サンフランシスコ／US</span>
      </div>
    </div>
  </div>
  <div class="latest-item">
    ...
  </div>
  <div class="latest-item">
    ...
  </div>
  <div class="latest-item">
    ...
  </div>
  <div class="latest-item">
    ...
  </div>
  <div class="latest-item">
    ...
</div>
<!---  /最新記事 --->
```

画像

見出し

タグ

場所の情報。フォントアイコン付き。CSS参照

CSS

samples/chap06/08/css/style.css

```
/* カード型レイアウト */
...
/* それぞれのカードの中身 */
.latest-item {
  border: 1px solid #d8d8d8;
  background: #fff;
}
@media (min-width: 768px) {
  .latest-item {
    border: none;
    background: none;
  }
}
.latest-image img {
  margin: 0 0 10px 0;
}
.latest-image img:hover {
  opacity: .5;
}
.latest-text {
  margin-bottom: 10px;
  padding: 0 10px;
}
@media (min-width: 768px) {
  .latest-text {
    padding: 0;
  }
}
.latest-text h3 {
  margin: 0 0 10px 0;
  font-size: 1rem;
  line-height: 1.5;
}
.latest-text h3 a {
  color: #000000;
  text-decoration: none;
}
.latest-text h3 a:hover {
  opacity: .5;
}
/* ホーム 共通のタグ */
.home-tag {
  margin-bottom: 1rem;
}
.home-tag span {
  margin: 0 3px 3px 0;
  padding: 2px 10px;
  border: 1px solid #73cbd6;
  border-radius: 100px;
  font-size: .75rem;
}
.home-tag span a {
  color: #73cbd6;
  text-decoration: none;
}
/* ホーム 共通の場所情報 */
.home-info {
  display: flex;
  font-size: .75rem;
}
.home-info span::before {
  padding-right: 5px;
  font-family: "Font Awesome 5 Free";
  font-weight: 900;
  color: #73cbd6;
  content: "\f3c5";
}
```

▼ページに組み込まれたときの表示例

Note フォントアイコンの表示方法

::before擬似要素を使ったフォントアイコンの表示方法は「4-8 パンくずリスト」で取り上げています。

Chapter 6

6-9 メディアオブジェクト

写真とテキストが並ぶ「メディアオブジェクト」を作成します。カード型レイアウトと並んで、現在のWebデザインではよく使われるモジュールの1つです。

▼メディアオブジェクト

Popular
カフェめぐり3年間、まじめなコーヒーと素朴なスイーツに行き着いた
ほどよい苦味が心地よいコーヒーと、卵の味が濃いドーナッツ。素朴で実直な味で繰り返し立ち寄りたくなるこのお店は、カフェ巡りが趣味だった店主の哲学から生まれました。
東京／Japan
ドイツの大定番プレッツェル、作ってわかった独特の形の秘密
日本では見たことしかなかったプレッツェルでしたが、本場ドイツで食べてすっかりファンに。地元のベーカリーでプレッツェル作りを体験して、地元おすすめの食べ方を教えてもらいました。
バイエルン／Germany
あの名作が生まれた絵本作家のアトリエを訪ねて
子どもの頃から大好きだった絵本「ぞうとくじら」の作者海川やまさん訪ねました。海の見える小高い丘の上にあるアトリエで生まれたたくさんの絵本に共通する視点とは……。
尾道／Japan

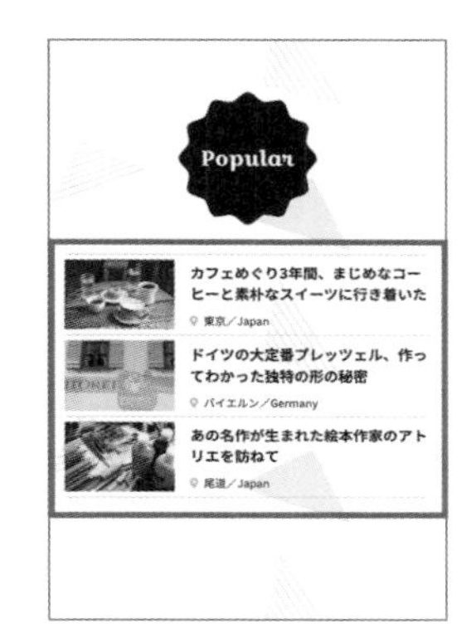
Popular
カフェめぐり3年間、まじめなコーヒーと素朴なスイーツに行き着いた
東京／Japan
ドイツの大定番プレッツェル、作ってわかった独特の形の秘密
バイエルン／Germany
あの名作が生まれた絵本作家のアトリエを訪ねて
尾道／Japan

SNSでよく見るレイアウトをフレックスボックスで実現

メディアオブジェクトというのは画像1枚とテキストが横に並ぶレイアウトのことです。TwitterやFacebookなど、SNSの投稿を表示するのによく使われています。また、本書で取り上げている「3-16 チャット型のデザイン①～ボックスを2つ並べる～」や「3-19 タブ付きボックス」などもメディアオブジェクトの一種といえるデザインです。

画像とテキストを横に並べるのはフレックスボックスでもグリッドレイアウトでも実現可能ですが、今回はフレックスボックスを使う方法を紹介します。なお作成するメディアオブジェクトでは、モバイル向けレイアウトのとき、コンパクトに見せるため一部のテキストを非表示にしています。

HTML

samples/chap06/09/index.html

```
<!--- 人気記事 --->
<h2>Popular</h2>
<div class="home-popular">
  <div class="popular-item">
    <div class="popular-photo">
      <a href="#"><img src="images/popular-photo1.jpg" alt=""></a>
    </div>
    <div class="popular-text">
      <h3><a href="#">カフェめぐり3年間、まじめなコーヒーと素朴なスイーツに行き着いた</a></h3>
      <p>ほどよい苦味が心地よいコーヒーと、卵の味が濃い……生まれました。</p>
      <div class="home-info">
        <span>東京／Japan</span>
      </div>
    </div>
  </div>
  <div class="popular-item">
    ...
  </div>
  <div class="popular-item">
    ...
  </div>
</div>
<!--- /人気記事 --->
```

CSS

samples/chap06/09/css/style.css

```
/* メディアオブジェクト */
.home-popular {
  margin: 0 0 60px 0;
  border-top: 1px solid #d8d8d8;
}
.home-popular a {
  display: block;
  color: #000000;
  text-decoration: none;
}
.home-popular a:hover {
  opacity: .5;
}
.popular-item {
  display: flex;
  align-items: center;
  padding: 5px 0;
  border-bottom: 1px solid #d8d8d8;
}
.popular-photo {
  flex: 0 0 30%;
  margin-right: 15px;
  position: relative;
}
.popular-text {
  flex: 1 1 auto;
}
.popular-text h3 {
  margin: 0 0 10px 0;
  font-size: 1rem;
  line-height: 1.5;
}
@media (min-width: 768px) {
  .popular-text h3 {
    font-size: 1.25rem;
  }
}
.popular-text p {
```

```
  margin: 0 0 10px 0;
  display: none;
}
@media (min-width: 768px) {
  .popular-text p {
    display: block;
    font-size: 0.875rem;
    line-height: 1.5;
  }
}
```

モバイルで非表示

▼ ページに組み込まれたときの表示例

ドイツの大定番プレッツェル、作ってわかった独特の形の秘密
日本では見たことしかなかったプレッツェルでしたが、本場ドイツで食べてすっかりファンに。地元のベーカリーでプレッツェル作りを体験して、地元おすすめの食べ方を教えてもらいました。
バイエルン／Germany

ドイツの大定番プレッツェル、作ってわかった独特の形の秘密
バイエルン／Germany
あの名作が生まれた絵本作家のアトリエを訪ねて
子どもの頃から大好きだった絵本「ぞうとくじら」の作者海川やまさん訪ねました。海の見える小高い丘の上にあるアトリエで生まれたたくさんの絵本に共通する視点とは……。
尾道／Japan

Chapter 6

6-10 テーブル形のリスト

ニュースの概要を掲載するために、日付を左列に、テキストを右列に分けて表示するモジュールを作成します。テーブルのように見えますが、HTMLにはテーブル関連のタグではなく、説明リストを使用します。これでホームのindex.htmlは完成です。

▼ テーブル形のリスト

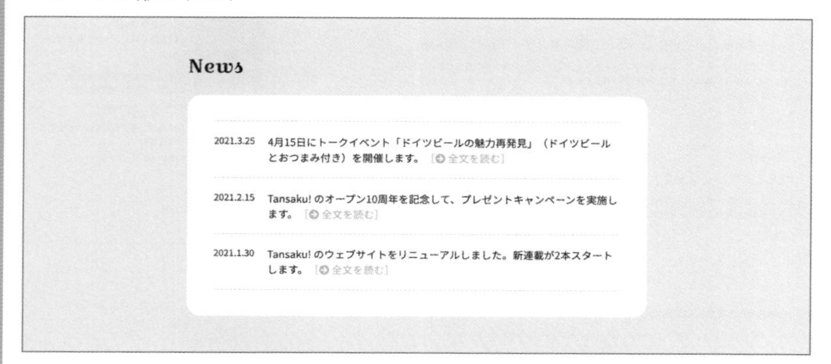

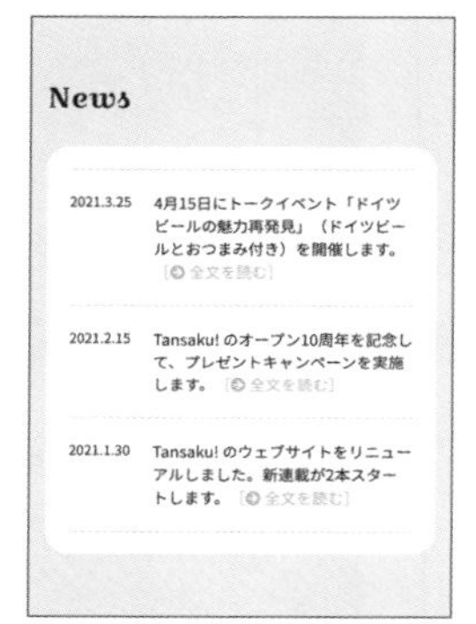

説明リストを使ってテーブル形のレイアウトを作る

<dl><dt><dd>を組み合わせて作る**説明リスト**を使って、テーブルのような見た目のレイアウトを作成します。テーブルを使うよりもHTMLが格段にシンプルになるので、好んでよく使われるテクニックの1つです。サンプルでは左列にニュースの日付、右列にテキストが並ぶように配置します。

CSSにはフレックスボックスを使います。CSSのソースコードもシンプルで、説明リストの親要素（<dl>）に「display: flex;」を適用するだけで、<dt>、<dd>が横一列に並びます。

▼ HTMLの基本的な構造と適用するCSS

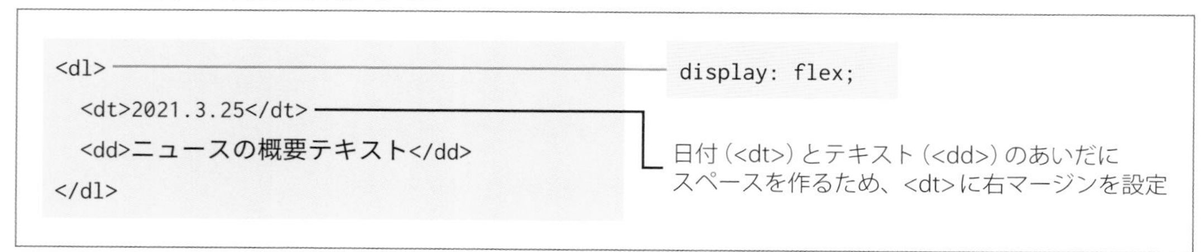

HTML

samples/chap06/10/index.html

```
<!--- ニュース --->
<div class="news">
  <div class="news-container">
    <h2>News</h2>
    <div class="home-news">
      <dl>
        <dt>2021.3.25</dt>
        <dd>4月15日にトークイベント「ドイツビールの魅力再発見」（ドイツビールとおつまみ付き）を開催します。<a href="#">［<i class="fas fa-arrow-circle-right"></i> 全文を読む］</a></dd>
      </dl>
      <dl>
        <dt>2021.2.15</dt>
        <dd>Tansaku! のオープン10周年を記念して、...</dd>
      </dl>
      <dl>
        <dt>2021.1.30</dt>
        <dd>Tansaku! のウェブサイトをリニューアル...</dd>
      </dl>
    </div>
  </div>
</div>
<!--- /ニュース --->
```

CSS

samples/chap06/10/css/style.css

```
/* テーブル形のリスト */
.news-container h2 {
  margin: 0 0 30px 0;
  font-family: 'Croissant One', cursive;
  font-weight: 400;
  font-size: 1.875rem;
}
@media (min-width: 768px) {
  .news-container h2 {
    max-width: 700px;
    margin: 0 auto 30px auto;
  }
}
.home-news {
  padding: 20px;
  background: #ffffff;
  border-radius: 20px;
}
@media (min-width: 768px) {
  .home-news {
    max-width: 700px;
    margin: 0 auto;
    padding: 40px;
  }
}
.home-news dl {
  display: flex;
  margin: 0;
  padding: 20px 0;
  border-top: 1px solid #d8d8d8;
}
.home-news dl:last-child {
  border-bottom: 1px solid #d8d8d8;
}
.home-news dt {
  margin: 0 20px 0 0;   ← 日付とテキストのあいだを空ける右マージン
  font-size: 0.875rem;
  line-height: 1.5;
}
.home-news dd {
  margin: 0;
```

```
  font-size: 1rem;
  line-height: 1.5;
}
.home-news dd a {
  color: #73cbd6;
  text-decoration: none;
}
.home-news dd a:hover {
  opacity: .5;
}
```

▼ ページに組み込まれたときの表示例

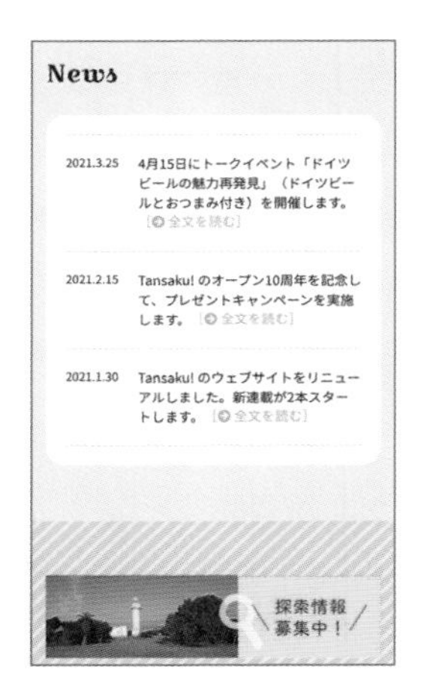

Chapter 7

カラムレイアウトとサイドバー

サイドバーのある2カラムレイアウトの作成方法と、サイドバーでよく使われるモジュールを紹介します。一般にサイドバーは表示面積が狭く、情報量の多いコンテンツが含まれるため、モジュールのレイアウトが複雑になる傾向にあります。グリッドレイアウトなどの機能を使い、シンプルなHTML、少ないCSSコード量で仕上げましょう。

Chapter 7

7-1 2カラムレイアウトのコンテナ

ここからは2カラムレイアウトのページ、sidebar-post.htmlを作成します。新しいページを作るときはいつも、デザインを見ながらコンテナに分割することから始めます。

デザインを見ながらコンテナに分割する

2カラムレイアウトのページ（sidebar-post.html）を作成するにあたり、まずはどのようにコンテナに分割するかを考えます。サンプルデータに付属のファイル（design/sidebarpost-pc.png、design/sidebarpost-mob.png）を開いてデザインを確認します。

▼ 2カラムレイアウトのサンプルデザイン（ヘッダーとフッターを除く）

サンプルデザインを見てみると、ヘッダー、フッターはこれまでのpost.htmlやindex.htmlと同じです。またページの中心となるコンテンツの中身はpost.htmlと同じで、この部分の作成方法や解説はChapter 3〜5を参照してください。

▼ sidebar-post.htmlのフォルダ／ファイル構成

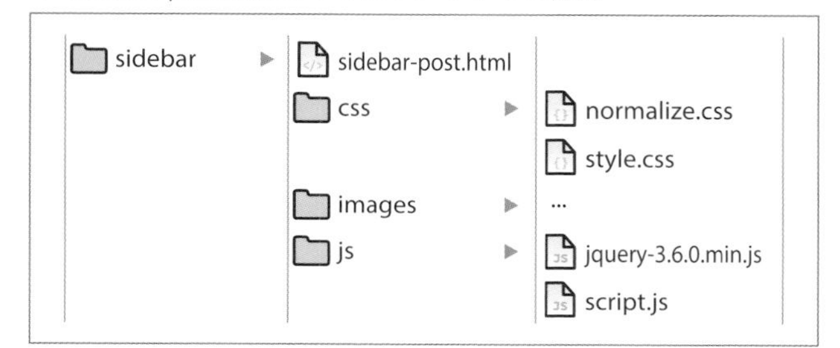

それ以外でパッと見てわかるのは、PC向けレイアウトのときだけサイドバーがあって、2カラムレイアウトになっているということです。モバイル向けレイアウトではサイドバーが中心となるコンテンツの下に移動しています。

2カラムレイアウトは昔はフロート、つい最近までフレックスボックスを使っていましたが、いまではグリッドレイアウトを使うのが簡単です。そこで、グリッドレイアウトを使う前提でコンテナに分割します。まず、ほかのページと共通のCSSを適用するために、ヘッダーとフッターを除く残りの部分を1つのコンテナとし、これを**メインコンテナ**と呼ぶことにします。メインコンテナの中に、グリッドレイアウトの親要素となる**カラムコンテナ**を作り、さらにその中に、左カラムとなる**ポストコンテナ**、右カラムとなる**サイドバーコンテナ**を作ります。デザインをコンテナに分割すると次の図のようになります。

▼ 2カラムレイアウトのコンテナ分割例

□ メインコンテナ　□ カラムコンテナ　□ ポストコンテナ　□ サイドバーコンテナ

コンテナの幅、パディング、ボーダー、マージンなどを調べる

次にコンテナの幅や、コンテナとコンテナのあいだに空いているスペースを調べます。

まず一番の親要素になるメインコンテナの設定ですが、これはpost.htmlと同じく、最大幅1040pxでビューポートに合わせて伸縮するようにして、中央揃えになるよう左右マージンを「auto」にします（「2-6 上下の空きスペースを調整する」参照）。

▼ メインコンテナの幅、パディング、マージン

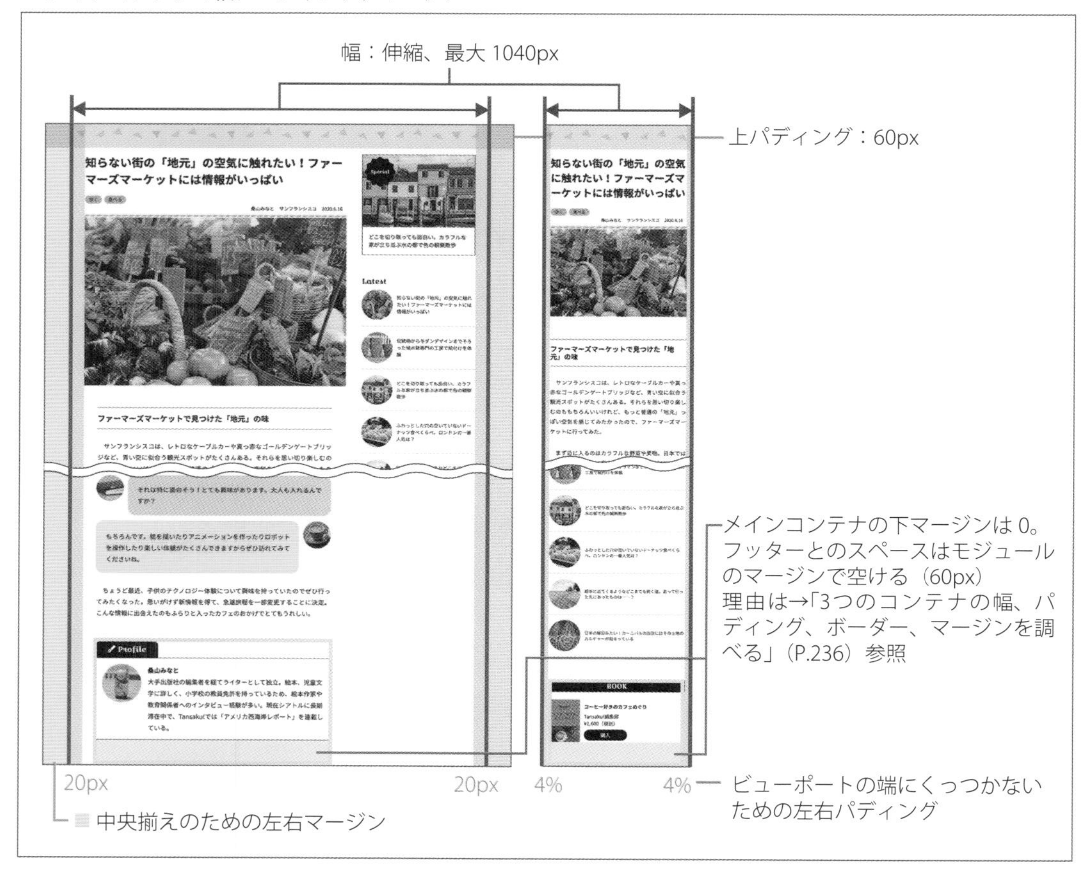

そして残る3つのコンテナ、カラムコンテナ、ポストコンテナ、サイドバーコンテナの幅や空いているスペースを見てみます。グリッドレイアウトを使用することから、列グリッドテンプレートの作成を前提に、ボックスの幅やスペースを調べます。PC向けレイアウトのときは次の図のようなサイズを、列グリッドテンプレートの設定値として使用します。

▼ 各カラムの幅と列ギャップ

カラムレイアウトになるのはPC向けレイアウトのときだけで、モバイル向けレイアウトのときはグリッドレイアウトを使いません。ただし、ポストコンテナとサイドバーコンテナが縦に並ぶことになるので、それらのあいだにスペースを設ける必要があります。そのスペースは、ポストコンテナに含まれるモジュールの下マージンで空けることにします。

▼ モバイル向けレイアウトのときはモジュールの下マージンでスペースを空ける

コンテナのHTML、CSSを編集する

ここまででデザインの調査は完了、コンテナのHTMLやCSSを書けるようになります。3つのコンテナの基本的なHTML/CSS構造は次の図のようになります。

▼基本的なHTML/CSSの構造

```
<div class="page-main">                       ── メインコンテナ
  <div class="main-container">                ── メインコンテナの幅、パディング、マージンを設定
    <div class="columns">                     ── カラムコンテナ  display: grid;
      <main class="columns-post">             ── ポストコンテナ
        ポストコンテナの中身
      </main>
      <aside class="columns-side">            ── サイドバーコンテナ
        サイドバーの中身
      </aside>
    </div>
  </div>
</div>
```

sidebar-post.htmlを作成し、各コンテナのHTMLを追加します。ページのヘッダーやフッターのHTMLはこれまで扱ってきたpost.html、index.htmlと同じです。

HTML

samples/chap07/01/sidebar-post.html

```
<div class="page-main">
  <div class="main-container">
    <div class="columns">
      <main class="columns-post">
        ...
      </main>
      <aside class="columns-side">
        ...
      </aside>
    </div>
  </div>
</div>
```

CSSはstyle.cssに追加します。

CSS

samples/chap07/01/css/style.css

```
/**
 * ****************************************
 * [sidebar-post.html] サイドバーあり記事ページ - メインコンテナ
 * ****************************************
 */
```

```
.sidebar-post .main-container {
  padding: 80px 4% 0 4%;
  background: url(../images/post-bg.svg) repeat-x;
  background-position: 0 10px;
}
@media (min-width: 768px) {
  .sidebar-post .main-container {
    max-width: 1040px;
    margin: 0 auto;
    padding: 80px 20px 0 20px;
  }
}
/* 2カラムレイアウトのコントロール */
@media (min-width: 768px) {
  .columns {
    display: grid;
    grid-template-columns: 1fr 290px;
    grid-gap: 40px;
  }
}
```

メインコンテナのCSS

カラムレイアウトのためのCSS

▼ページに組み込まれたときの表示例。ポストコンテナにはpost.htmlと同じものが、サイドバーコンテナにはレイアウトを確認するためのダミーテキストが入っている

Chapter 7

7-2 サイドバーをモジュールに分割する

2カラムレイアウトのページにある、サイドバーに含まれるコンテンツをモジュールに分割します。サイドバーでよく見るデザインが多いので、作り方を知っていれば実践でも役立つでしょう。

サイドバーのモジュール

サイドバーのコンテンツをモジュールに分割します※1。サイドバーのモジュールは3つです。PCで表示したときはサイドバーの幅が290pxになるためモバイルのほうが少しだけ幅が広くなりますが、レイアウトの変更はありません。

サイドバーに含まれるモジュールはそれぞれに特徴があります。一番上の**カードとバッジ**では、写真とテキストがセットになったカードの上に、ポジション機能を使ってバッジを重ねます。

真ん中の**記事一覧のリスト**では、写真とテキストを横に並べます。「6-9 メディアオブジェクト」と同じレイアウトですが、このモジュールではグリッドレイアウトを使った方法を紹介します。

一番下の**複数の要素で構成されるボックス**は、見出し、画像、テキスト、ボタンと、4つの要素をコンパクトにまとめて表示します。グリッドレイアウトの高度な使用例で、このモジュールの作り方を理解すれば、さまざまな場面に応用できるでしょう。

※1　ポストコンテナに含まれるコンテンツはpost.htmlと同じです。

▼サイドバーのモジュール

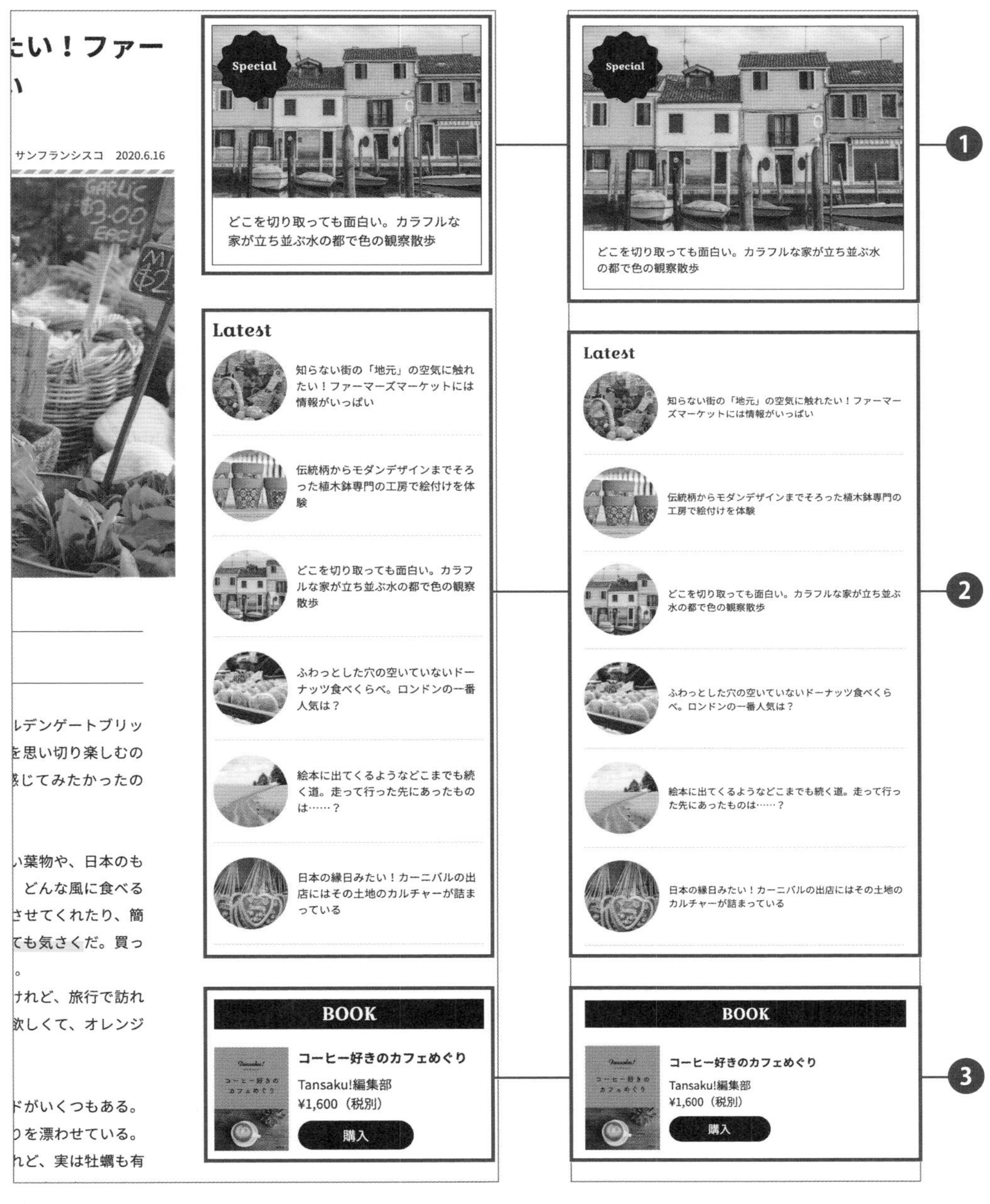

❶「7-3 カードとバッジ」
❷「7-4 記事一覧のリスト」
❸「7-5 複数の要素で構成されるボックス」

Chapter 7

7-3 カードとバッジ

画像とテキストが主体のカードを作成し、画像の上にバッジを重ねて表示します。

▼カードとバッジ

どこを切り取っても面白い。カラフルな家が立ち並ぶ水の都で色の観察散歩

カードレイアウトの写真の上にバッジを重ねる

写真とテキストが含まれるカードモジュールです。カードモジュールの作成自体は「6-8 カード型レイアウト②〜それぞれのカードの中身〜」で取り上げていますが、今回はそのバリエーションとして、カード全体にリンクを設定し、写真の上にバッジを重ねます。

<a>タグはどんな要素の親要素にもなることができるため、カード全体にリンクを設定することも可能です。実践的なWebデザインではカード全体、もしくはボックス全体をリンクにするケースも多いので、今回のようなHTMLのパターンは覚えておくとよいでしょう。

写真の上に重ねるバッジは<h2>に背景画像を適用し、テキストを上下左右中央に配置します（「6-6 スタンプ状のテキスト」参照）。図にあるようなスタイルを適用します。

▼バッジに適用するスタイルの概要

<h2>Special</h2>
ポジション：絶対位置指定
配置：上から5px、左から5px
幅：80px
高さ：80px
コンテンツ：上下左右中央揃え
背景画像：side-titleshape.svg

どこを切り取っても面白い。カラフルな家が立ち並ぶ水の都で色の観察散歩

HTML

samples/chap07/03/sidebar-post.html

```
<div class="side-popular">
  <a href="#">        ポジション配置の親要素
    <h2>Special</h2>  絶対位置指定
    <img src="images/latest-photo3.jpg" alt="">
    <p>どこを切り取っても面白い。カラフルな家が立ち並ぶ水の都で色の観察散歩</p>
  </a>
</div>
```

CSS

samples/chap07/03/css/style.css

```
/**
 * ---------------------------------------
 * [sidebar-post.html] サイドバーあり記事ページ - モジュール
 */
/* カードとバッジ */
.side-popular {
  margin-bottom: 60px;
  border: 1px solid #000;
}
.side-popular a {
  display: block;
  position: relative;

  color: #000;
  text-decoration: none;
}
.side-popular a:hover {
  opacity: .5;
}
.side-popular h2 {
  display: grid;        ┐
  place-items: center;  ┘ 上下左右中央揃え

  position: absolute;
  top: 5px;
  left: 5px;
  margin: 0;
  width: 80px;
  height: 80px;

  background: url(../images/side-titleshape.svg) no-repeat;
  color: #ffffff;
  font-family: 'Croissant One', cursive;
  font-weight: 400;
  font-size: .75rem;
```

```
}
.side-popular p {
  margin: 0;
  padding: 1rem;
  font-size: .875rem;
  line-height: 1.5;
}
```

▼ページに組み込まれたときの表示例

実践のポイント　ポジションとグリッドレイアウトは併用できる

このサンプルでは、<h2>のボックスをポジションを使って配置した上に、テキストを上下左右中央揃えで配置するためにグリッドレイアウトを使用しました。

positionプロパティとdisplayプロパティは、同一の要素（ここでは<h2>）に対して同時に適用することができます。つまり、グリッドレイアウトやフレックスボックスを使ってレイアウトしたボックスを、ポジション機能を使って絶対位置指定で配置することができるのです。

このことを知っていると、一見複雑に見えるレイアウトでも無理なく実現できるケースが増えます。今回のサンプルのようにボックスをポジションで配置しつつ、そのボックスに含まれるコンテンツの行揃えを調整することは少なくないので、応用範囲が広いテクニックといえるでしょう。

Chapter 7

7-4 記事一覧のリスト

サムネイル画像とテキストを横一列に並べるレイアウトを作成します。最新記事や人気の記事を一覧表示するときなどによく使われるレイアウトです。

▼ 記事一覧のリスト

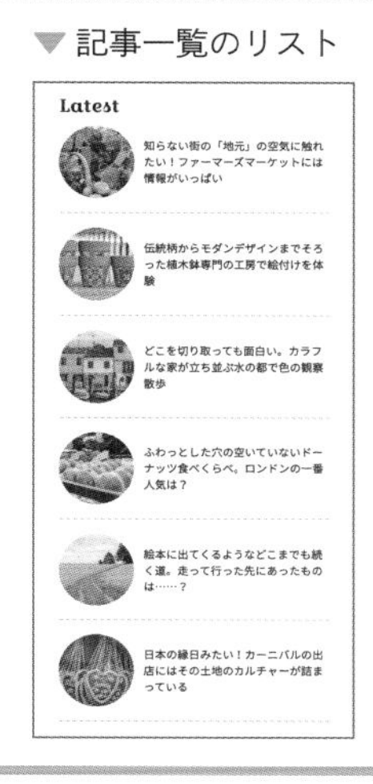

画像とテキストを横に並べる、グリッドレイアウトを使った手法

サムネイル画像とテキストを横一列に並べるレイアウトです。サンプルでは、このレイアウトを使って最新記事の一覧を表示します。レイアウト自体は「6-9 メディアオブジェクト」と似ていますが、今回はグリッドレイアウトを使った、別のコーディングのパターンを紹介します。基本的なHTMLとCSSの構造は次のようになります。

▼ グリッドレイアウトで画像とテキストを並べるときの基本構造

```
<ul>
  <li> ――――――――――――――――――――――― display: grid;
    <div><img src="..."></div> ―――――――― サムネイルのボックス
    <div><a href="#">テキスト</a></div> ――― テキストのボックス
  </li>
  ...
</ul>
```

サンプルのソースコードでは1つの<li>～</li>が、最新記事1つ分のサムネイルとテキストのセットになります。CSSのポイントは、<li>をグリッドレイアウトの親要素にすることです。つまり、<li>に「display:grid;」を適用し、列テンプレートや列ギャップなどの設定も同時に行います（「6-7 カード型レイアウト①全体のレイアウト」参照）。今回のサンプルでは、サムネイル画像を80px × 80px、列ギャップを10pxに設定します。さらに、グリッドレイアウトで配置される2つの子要素を、上下中央揃えで配置するようにします。

▼ 列テンプレートとその他スタイルの設定

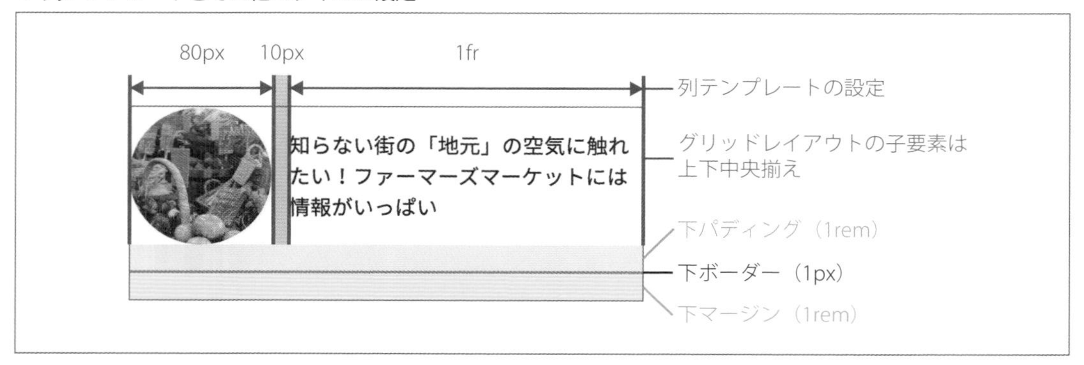

HTML

samples/chap07/04/sidebar-post.html

```
<ul>
  <li>
    <div><img src="images/latest-photo1-square.jpg" alt=""></div>
    <p><a href="#">知らない街の「地元」の空気に触れたい！…</a></p>
  </li>
  <li>
    <div><img src="images/latest-photo2-square.jpg" alt=""></div>
    <p><a href="#">伝統柄からモダンデザインまでそろった植木鉢…</a></p>
  </li>
  <li>
    <div><img src="images/latest-photo3-square.jpg" alt=""></div>
    <p><a href="#">…</a></p>
  </li>
  <li>
    <div><img src="images/latest-photo4-square.jpg" alt=""></div>
    <p><a href="#">…</a></p>
  </li>
  <li>
    <div><img src="images/latest-photo5-square.jpg" alt=""></div>
    <p><a href="#">…</a></p>
  </li>
  <li>
    <div><img src="images/latest-photo6-square.jpg" alt=""></div>
```

```
    <p><a href="#">…</a></p>
  </li>
</ul>
```

CSS

samples/chap07/04/css/style.css

```
/* 記事一覧のリスト */
.side-latest {
  margin-bottom: 60px;
}
.side-latest h2 {   ← 見出し「Latest」の設定
  margin: 0 0 10px 0;
  font-family: 'Croissant One', cursive;
  font-weight: 400;
  font-size: 1.25rem;
}
.side-latest ul {
  margin: 0;
  padding: 0;
  list-style: none;
}
.side-latest li {
  display: grid;                        ┐
  grid-template-columns: 80px 1fr;      │ グリッドレイアウトの設定
  column-gap: 10px;                     │
  align-items: center;                  ┘
  margin-bottom: 1rem;
  border-bottom: 1px solid #d8d8d8;
  padding-bottom: 1rem;
}
.side-latest img {
  border-radius: 50%;
}
.side-latest p {
  margin: 0;
  font-size: .75rem;
  line-height: 1.5;
}
.side-latest li a {
  color: #000;
  text-decoration: none;
}
.side-latest li a:hover {
  opacity: .5;
}
```

▼ ページに組み込まれたときの表示例

ファーマーズマーケットで見つけた「地元」の味

サンフランシスコは、レトロなケーブルカーや真っ赤なゴールデンゲートブリッジなど、青い空に似合う観光スポットがたくさんある。それらを思い切り楽しむのももちろんいいけれど、もっと普通の「地元」っぽい空気を感じてみたかったので、ファーマーズマーケットに行ってみた。

まず目に入るのはカラフルな野菜や果物。日本では見慣れない葉物や、日本のものと似ているけれどちょっと違う趣の根菜類などを見つけては、どんな風に食べるのかを聞いてみる。「このまま食べればいいんだよ」と味見をさせてくれたり、簡単なレシピを教えてくれたり、マーケットに立つ店主たちはとても気さくだ。買った果物をその場でカットしてもらって食べているお客さんもいる。

どんどん目移りしてついたくさん買いたくなってしまうのだけれど、旅行で訪れているときは調理する場所も時間もない。でもどうしても何か欲しくて、オレンジを1個だけ買った。

Latest

知らない街の「地元」の空気に触れたい！ファーマーズマーケットには情報がいっぱい

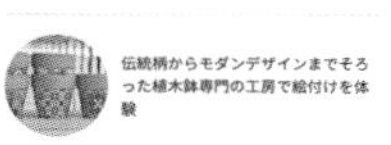

伝統柄からモダンデザインまでそろった植木鉢専門の工房で絵付けを体験

どこを切り取っても面白い。カラフルな家が立ち並ぶ水の都で色の観察散歩

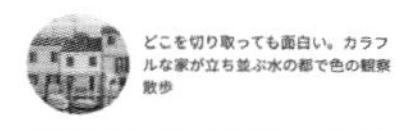

ふわっとした穴の空いていないドーナッツ食べくらべ。ロンドンの一番人気は？

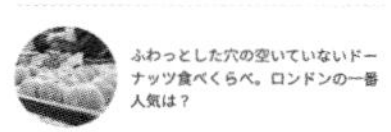

絵本に出てくるようなどこまでも続く道。走って行った先にあったものは……？

日本の縁日みたい！カーニバルの出店にはその土地のカルチャーが詰まっている

解説 グリッドレイアウトの要素の整列

グリッドレイアウトで並んだボックスは初期設定では高さが揃うようになっていますが、高さを揃えずに、上端揃え、下端揃えなどに変更することも可能です。グリッドレイアウトには上下方向の行揃えを変更するプロパティが2つあり、状況に応じて使い分けます。

- すべてのボックスの上下行揃えを一括で変更したいなら、親要素に**align-items**プロパティを適用
- 1つひとつのボックスの上下行揃えを変更したいなら、変更したい子要素に**align-self**プロパティを適用

align-itemsプロパティ

グリッドレイアウトで並んだ子要素すべての上下行揃えを一括で変更するプロパティです。親要素（「display: grid;」を適用した要素）に適用します。書式は次のとおりです。

書式：align-itemsプロパティ

```
align-items: 上下行揃えのキーワード;
```

このプロパティの値に使える、おもなキーワードを挙げておきます。

▼上下行揃えのおもなキーワード　extra/grid/align-items.html

キーワード	説明	表示例
stretch	高さが揃う。初期値	align-items: **stretch**; Lorem ipsum dolor sit amet, consectetur adipiscing elit.
start	上端揃え	align-items: **start**; Lorem ipsum dolor sit amet, consectetur adipiscing elit.
center	上下中央揃え	align-items: **center**; Lorem ipsum dolor sit amet, consectetur adipiscing elit.
end	下端揃え	align-items: **end**; Lorem ipsum dolor sit amet, consectetur adipiscing elit.

align-selfプロパティ

子要素の上下行揃えを個別に設定したいときは、行揃えを変更したい要素に「align-self」プロパティを適用します。align-selfプロパティの値にもキーワードを設定します。使えるキーワードはalign-itemsプロパティと同じです。

書式：align-selfプロパティ

```
align-self: 上下行揃えのキーワード;
```

横方向（幅）の行揃えも調整できる

グリッドレイアウトの子要素は、上下方向の行揃えだけでなく、左右方向の行揃えも調整できます。2つプロパティが用意されています。

そのうちの1つ、「justify-items」はすべての子要素の左右行揃えを一括で変更できるプロパティで、親要素に適用します。使える値はalign-itemsと同じですが、行揃えの方向が変わります。

書式：justify-itemsプロパティ

```
justify-items: 左右行揃えのキーワード;
```

▼左右行揃えのおもなキーワード　extra/grid/justify-items.html

キーワード	説明	表示例
stretch	ボックスの幅がグリッド幅と同じになる。初期値	justify-items: **stretch**; Lorem ipsum dolor sit amet, consectetur adipiscing elit.
start	左揃え	justify-items: **start**; Lorem ipsum dolor sit amet
center	中央揃え	justify-items: **center**; Lorem ipsum dolor sit amet
end	右揃え	justify-items: **end**; Lorem ipsum dolor sit amet

子要素の左右行揃えを個別に設定したいなら、行揃えを変更したい要素に「justify-self」プロパティを適用します。使用できる値はjustify-itemsプロパティと同じです。

書式：justify-selfプロパティ

```
justify-self: 左右行揃えのキーワード;
```

ショートハンドプロパティもある

上下の行揃えを設定するプロパティと、左右の行揃えを設定するプロパティを紹介しました。さらに、上下行揃え、左右行揃えをまとめて指定できるショートハンドプロパティもあります※2。それが「place-items」「place-self」プロパティです。place-itemsプロパティは親要素に、place-selfプロパティは子要素に適用します。

「6-6 スタンプ状のテキスト」でコンテンツを上下左右中央に配置するために作成したスタイルには、このショートハンドプロパティが使われていたのですね。

なお、正式な書式では上下行揃え、左右行揃えの2つの値を半角スペースで区切って指定することになっていますが、1つだけ指定した場合は上下、左右双方に同じ値がセットされます。

書式：place-itemsプロパティ

```
place-items: 上下行揃えのキーワード 左右行揃えのキーワード;
```

書式：place-selfプロパティ

```
place-self: 上下行揃えのキーワード 左右行揃えのキーワード;
```

※2 「ショートハンド」とは、複数の値を一括で指定できるプロパティです。ショートハンドにはbackground、border、paddingプロパティなどがあります。

Chapter 7

7-5 複数の要素で構成されるボックス

画像、テキスト、ボタンで構成されたボックスを作成します。一見簡単そうなレイアウトですが、写真、テキスト、ボタンの高さを合わせようとすると難しくなってきます。グリッドレイアウトの高度な機能を使って実現しましょう。これで2カラムレイアウトのsidebar-post.htmlは完成です。

▼複数の要素で構成されるボックス

レイアウトの特徴を確認する

サイドバーのモジュールの最後は、複数の要素で構成されたボックスを作成します。このモジュールの一番上の「BOOK」は見出しと考え、<h2>で作成します。それ以外の写真、テキスト、ボタンは親要素を作って1つにまとめ、グリッドレイアウトで配置することにします。

実際のコーディングに移る前に、今回扱うレイアウトの特徴を見ておきましょう。このレイアウトでは、縦長の写真とテキストが横に並んでいて、上端揃えで配置されています。テキストの下には「購入」ボタンがあり、左の写真と下端揃えで配置されています。

▼写真とテキストが上端揃え、写真とボタンが下端揃えで配置されている

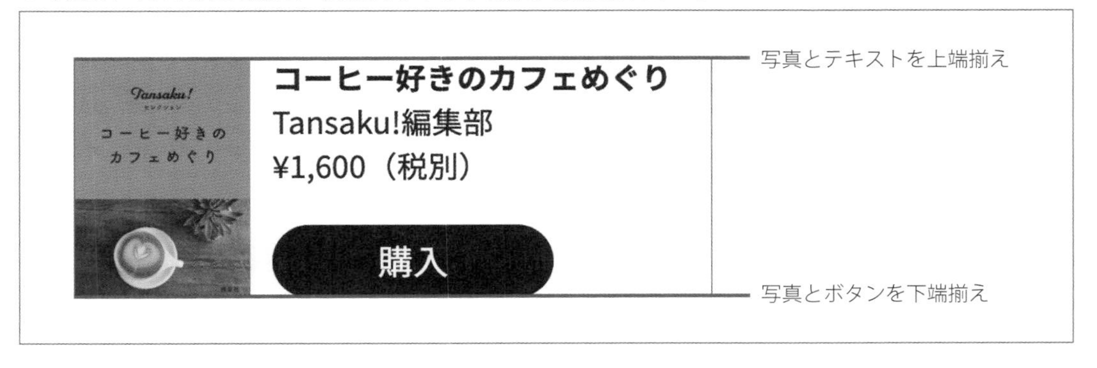

先にHTMLのソースコードを確認します。グリッドレイアウトの親要素（<div class="book-info">）に、3つの子要素が含まれるかたちになります。

HTML 基本的なHTMLの構造

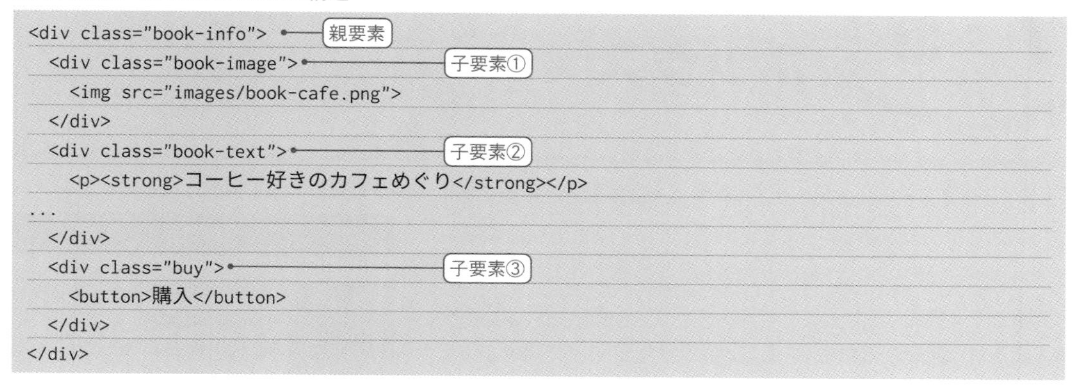

```
<div class="book-info">
  <div class="book-image">
    <img src="images/book-cafe.png">
  </div>
  <div class="book-text">
    <p><strong>コーヒー好きのカフェめぐり</strong></p>
...
  </div>
  <div class="buy">
    <button>購入</button>
  </div>
</div>
```


複数のグリッドをまたぐボックスの設定

コンテンツを上端にも下端にも整列させるために2列のグリッドを作成します。列グリッドテンプレートは次のようになります。

▼ 列グリッドテンプレートの設定

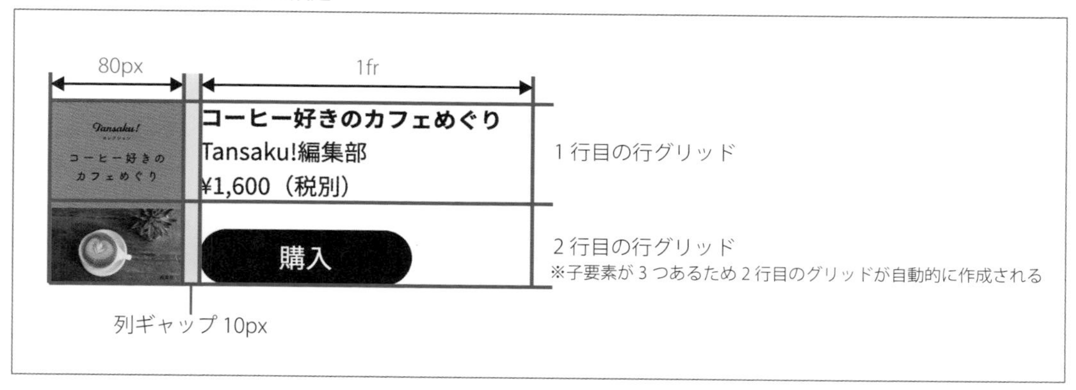

そして、グリッドの子要素3つを図のように配置します。設定方法は後述しますが、画像が含まれるグリッドの子要素①（<div class="book-image">）を、2行にまたがるように配置することになります。

▼ グリッドの子要素の配置

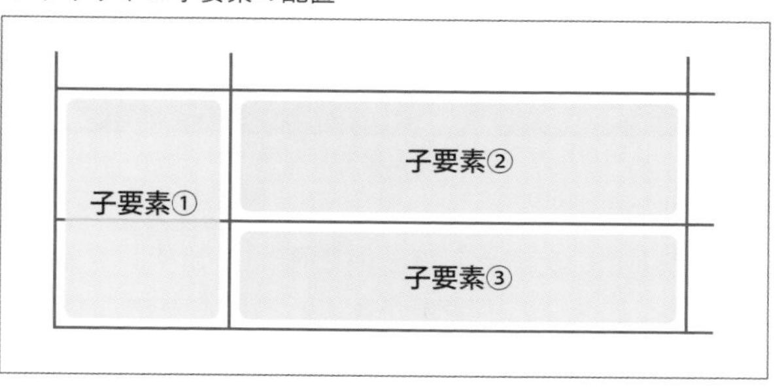

なお、ボタンが含まれるグリッドの子要素③のコンテンツはボックスの左下に配置します。コンテンツの行揃えを調整する方法については「7-4 記事一覧のリスト」を参照してください。

Chapter 7 カラムレイアウトとサイドバー

HTML

samples/chap07/05/sidebar-post.html

```
<div class="side-book">
  <h2>BOOK</h2>
  <div class="book-info">•——親要素
    <div class="book-image"><img src="images/book-cafe.png" alt=""></div>•——子要素①
    <div class="book-text">•——子要素②
      <p><strong>コーヒー好きのカフェめぐり</strong></p>
      <p>Tansaku!編集部<br>
      ¥1,600（税別）</p>
    </div>
    <div class="buy">•——子要素③
      <button type="button">購入</button>
    </div>
  </div>
</div>
```

CSS

samples/chap07/05/css/style.css

```
/* 複数の要素で構成されるボックス */
.side-book {
  margin-bottom: 60px;
}
.side-book h2 {
  margin: 0 0 20px 0;
  padding: 5px;
  text-align: center;
  font-family: 'Croissant One', cursive;
  font-weight: 400;
  font-size: 1.25rem;
  background: #000;
  color: #fff;
}
.book-info {•——親要素
  display: grid;
  grid-template-columns: 80px 1fr;
  column-gap: 10px;
}
.book-image {•——子要素①
  grid-row: 1/3;
}
```

```
.book-text {•——子要素②
  font-size: .875rem;
  line-height: 1.5;
}
.book-text p {
  margin: 0;
}
.buy {•——子要素③
  align-self: end;
  justify-self: start;
}
.buy button {
  padding: .5rem 3rem;
  border-radius: 100px;
  border: none;
  background: #000;
  color: #fff;
}
.buy button:hover {
  opacity: .5;
}
```

▼ページに組み込まれたときの表示例

解説 複数の行・列グリッドにまたがるボックスを作成するには

グリッドレイアウトの子要素は、通常はグリッドの1マスにつき1つの子要素が、左から右、上から下に並ぶようになっています。たとえば今回のサンプルのように列グリッドが2列で子要素が3つあるときは、図のように配置されます。

▼子要素は通常、左から右、上から下に配置される

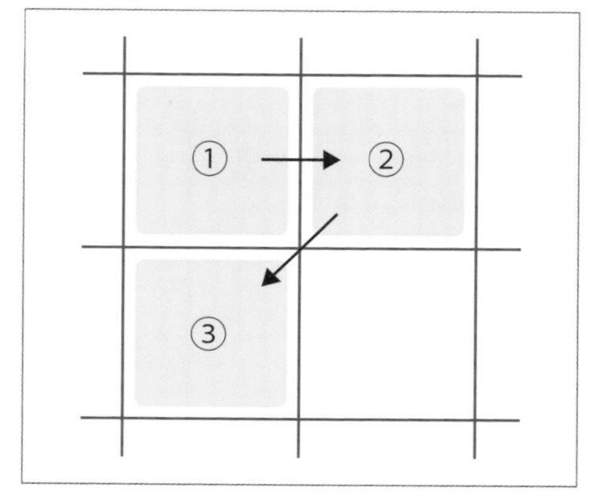

この通常配置の設定を変更して、「子要素①のボックスを2列分の幅にしたい」とか「子要素②のボックスを2行分の高さにしたい」とか、複数の列、行にまたがるボックスを作ることができます。そのためには**グリッド線**を理解すること、それから「grid-column」プロパティと「grid-row」プロパティの使い方を知る必要があります。

グリッド線とは

グリッド線とはグリッドの列、行を区切る線のことで、左から右に、上から下に向かって1本1本番号がついています。

たとえば3列のグリッドテンプレートで子要素が4つある場合、3列2行のグリッドができますね。このとき、列方向のグリッド線 (grid-column) は4本、行方向のグリッド線 (grid-row) は3本できます。そして、それぞれの線に1から順番に番号がつきます。

▼グリッド線と番号の例。3列2行のグリッドであれば、列グリッド線は4本、行グリッド線は3本できる

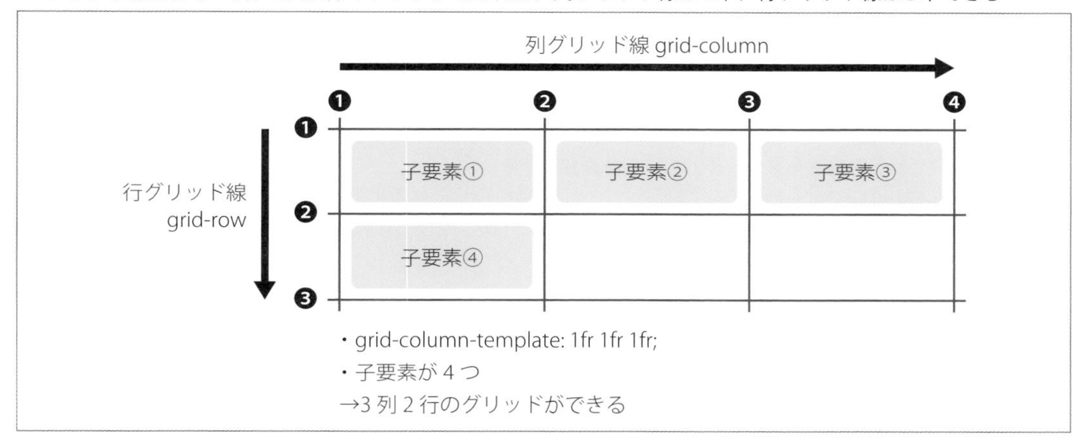

複数の列や行にまたがる子要素を作りたいときは、このグリッド線の番号を使います。

複数の"列"にまたがるボックスを作る～grid-columnプロパティ～

複数の列にまたがるボックスを作るときは、そのボックスに対してgrid-columnプロパティを適用します。

書式：grid-columnプロパティ

```
grid-column: ボックスが開始する列グリッド線 / ボックスが終了する列グリッド線;
```

たとえば、上の図の子要素①を、グリッドの左上から2列分の幅にしたいときは、列グリッド線❶から開始し❸で終了することになるので、次のスタイルを適用します。

CSS グリッド左上から2列分の幅にする

```
grid-column: 1/3;
```

そうすると子要素①の幅が広がって、その他の子要素は空いているスペースの左から右、上から下に、次の図のように配置されます。

▼ 子要素①を２列分の幅にする

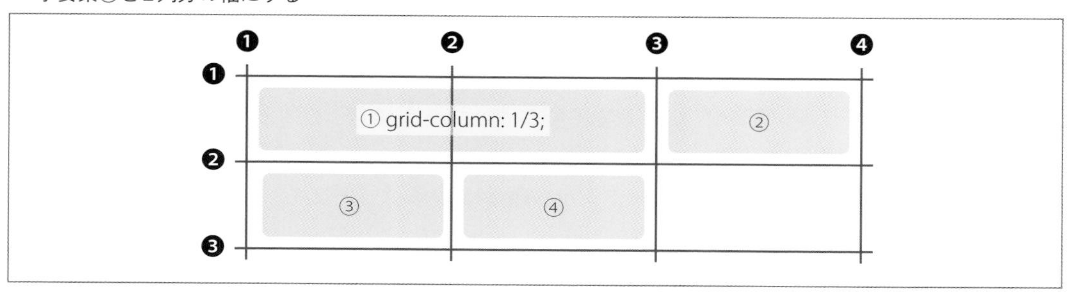

もし、子要素②を２列分の幅にするのなら、列グリッド線❷から開始し、❹で終了することになりますから、子要素②に次のスタイルを適用します。

CSS 列グリッド線❷からスタートして2列分の幅にする

```
grid-column: 2/4;
```

▼ 子要素②を２列分の幅にする

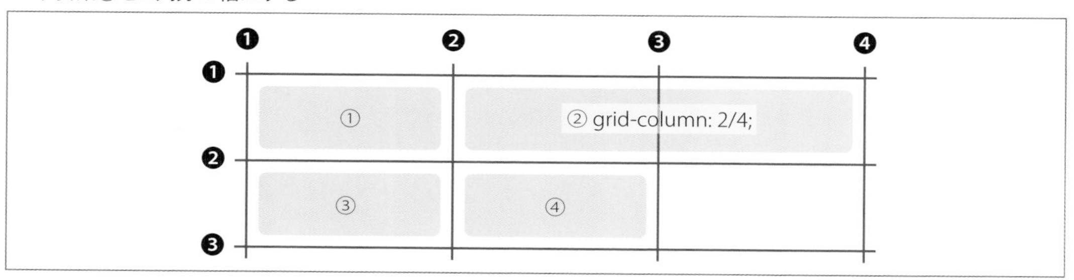

複数の"行"にまたがるボックスを作る〜grid-rowプロパティ〜

次に、複数の行にまたがるボックスの作り方を見てみます。

複数の行にまたがるボックスを作るときは、そのボックスに対してgrid-rowプロパティを適用します。

書式：grid-rowプロパティ

```
grid-row: ボックスが開始する行グリッド線 / ボックスが終了する行グリッド線;
```

先の図の子要素①を１列分の幅、２行分の高さにしたいときは、行グリッド線❶から開始し、❸で終了することになるので、次のスタイルを適用します。

CSS グリッド左上から2行分の高さにする

```
grid-row: 1/3;
```

▼ 子要素①を2行分の高さにする

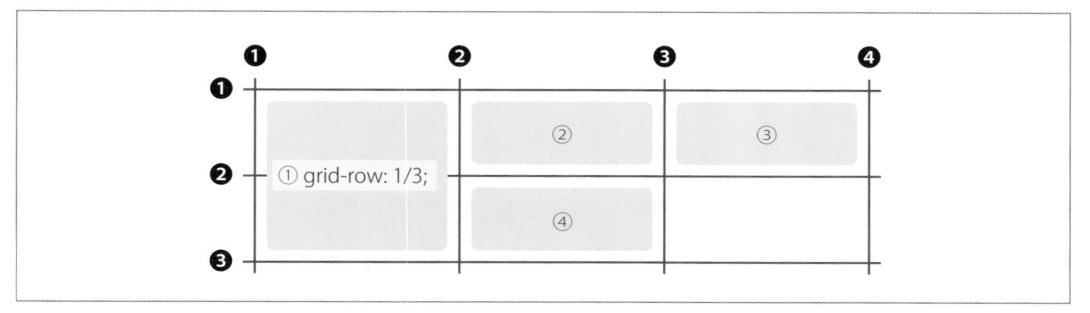

それでは最後に、子要素①を2列分の幅、2行分の高さにすることを考えてみましょう。この場合はgrid-columnプロパティ、grid-rowプロパティの両方を子要素①に適用します。

CSS 子要素①を2列分の幅、2行分の高さにする

```
grid-column: 1/3;
grid-row: 1/3;
```

空きスペースがなくなるので子要素④は改行して、3行目のグリッドに配置されます（行グリッド線も1本増えます）。

▼ 子要素①を2列分の幅、2行分の高さにする

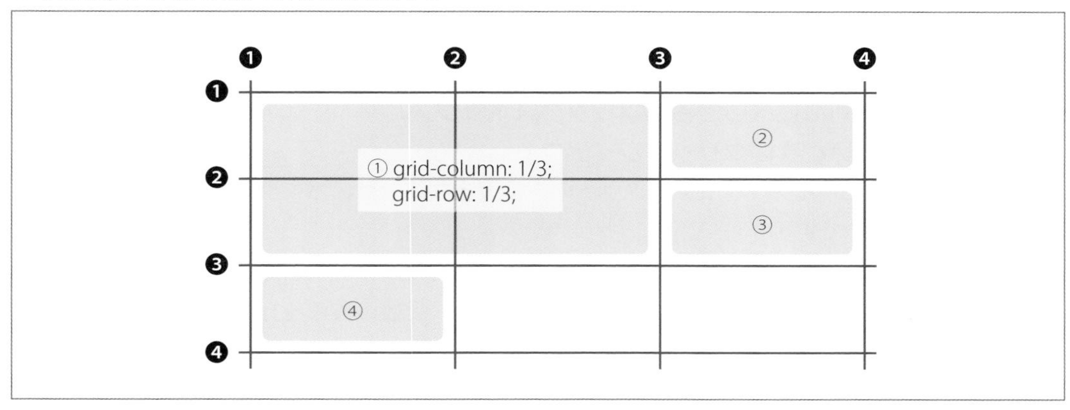

ここまで見てきたように、グリッドレイアウトでは複数の列・行にまたがる子要素を簡単に作成できるようになっています。グラフィックデザインの「グリッドシステム」と呼ばれるデザイン手法と同じような使い方もできますし、大きさの違う写真を敷きつめるおしゃれなフォトギャラリーも作れます。

複数列・行にまたがるボックスを使用したサンプルをダウンロードデータに含めておきました（サンプル：extra/grid/multi-cr.html）。ソースコードを見て、参考にしてみてください。

▼ 複数列・行にまたがる子要素を使った例　extra/grid/multi-cr.html

グリッドレイアウトの例
列グリッドテンプレート：3列
子要素の数：6

標準

1番目の子要素を2列2行に

6番目の子要素を2列2行に

実践のポイント　グリッドレイアウトとフレックスボックス、どうやって使い分ける？

グリッドレイアウトとフレックスボックスは、どちらもボックスを横に並べることができ、一部の機能はよく似ています。どう使い分けたらよいのでしょうか？

ボックスを横一列に並べるときはフレックスボックス、複数行に並べたいときはグリッドレイアウト

フレックスボックスとグリッドレイアウトの一番大きな違いは、ボックスを複数行にわたって配置できるかどうかです。

フレックスボックスは原則として、ボックスが横一列または縦一列に並びます※3。また、横一列に並んだボックスを左揃えにしたり均等配置にしたり、配置の方法を比較的柔軟に設定できるのも特徴です。

それに対してグリッドデザインは、横にも縦にもボックスを並べることができます。また、ボックスの幅だけでなく高さも制御しやすいため、本節で紹介したような、横にも縦にも入り組んだレイアウトを作る場合はグリッドレイアウトが圧倒的に有利です。

※3　フレックスボックスでも設定次第で複数行にボックスを並べることは可能ですが、グリッドレイアウトに比べるとレイアウトの自由度に欠けます。

ボックスのサイズをガッチリ決めたいならグリッドレイアウト、サイズ自体は柔軟に対応したいならフレックスボックス

フレックスボックスでは、1つひとつの**ボックスのサイズは原則としてコンテンツの長さで決まります**。そのため、横一列に並べたいけれども、各ボックスのサイズはコンテンツに応じて長くなったり短くなったりしてよいときに有利です。

それに対してグリッドレイアウトは、はじめにグリッドテンプレートを作って列数とサイズ（幅）を決めることからもわかるように、最初からレイアウトが決まっていて、そこにコンテンツをはめ込んでいくようなときに威力を発揮します。

最後に、フレックスボックスが向いているケース、グリッドレイアウトが向いているケースをまとめておきます。

フレックスボックスで組みやすいレイアウトのパターン

- ナビゲーションメニュー（「4-3 ロゴとボタンのフレックスボックス構造」、「4-6 ナビゲーション」参照）
- バナー画像やボタンなど小さなパーツを横一列に並べる（「5-4 ボタンを横に並べる」参照）
- 個々のボックスのサイズは決めないが、横には並べたいレイアウト（「6-10 テーブル形のリスト」参照）

グリッドレイアウトで組みやすいレイアウトのパターン

- カード型レイアウト（「6-7 カード型レイアウト①全体のレイアウト」参照）
- 縦横にボックスが複雑に入り組んだレイアウト（「7-5 複数の要素で構成されるボックス」参照）
- カラムレイアウト（「7-1 2カラムレイアウトのコンテナ」参照）

どちらでもよいパターン

- メディアオブジェクトやそれに類するデザイン（「3-16 チャット型のデザイン①～ボックスを2つ並べる～」、「6-9 メディアオブジェクト」、「7-4 記事一覧のリスト」参照）

コラム

Webサイト制作のチーム構成とコーディング以外にあったほうがよい能力

Webサイトの制作は、1人ですべての業務を担当する場合もありますが、通常はチームを組んで行います。企業サイトや製品・商品紹介サイトを作る場合を例にすると、Webサイトがほしい企業もしくは企業の依頼を受けた広告代理店から制作会社が業務を受注して、制作業務全般を担当します。

制作会社では、プロデューサーやディレクターといった、発注側企業との折衝や制作メンバー、予算などを決める担当者と、デザイナー、HTML/CSSコーダー、バックエンドエンジニアなど実際にWebサイトを構築する担当者がいます。1つのプロジェクトに取り組む標準的なメンバー構成は次の図のようになります。

▼ Webサイトを制作するときの標準的なメンバー構成

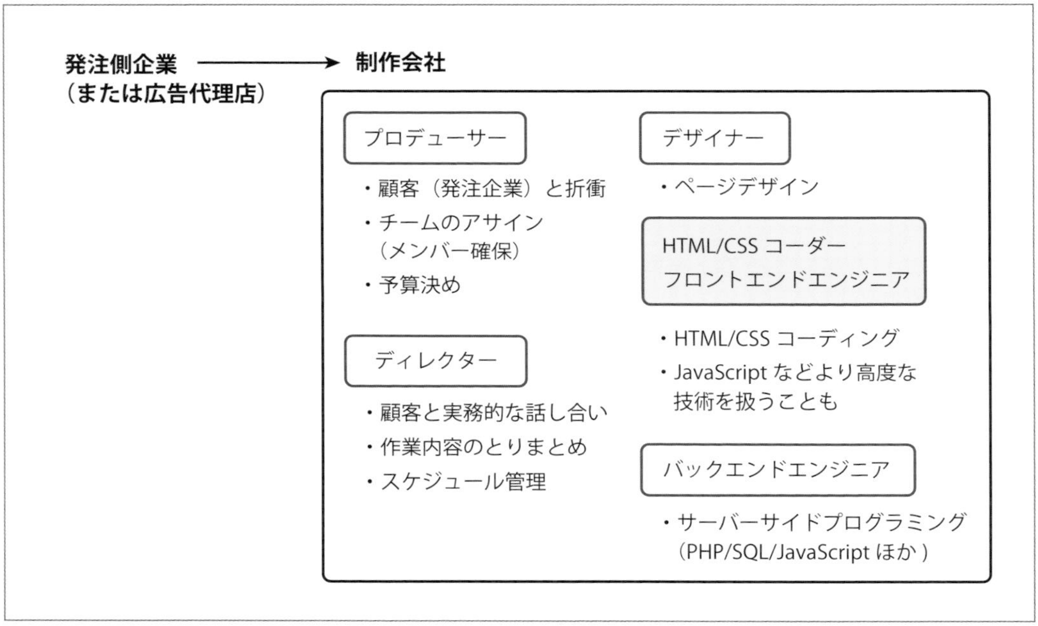

制作会社の中では、以前はかなりはっきりとした分業体制で仕事を進めるケースが多かったように感じますが、最近はそれほどでもなく、1人で複数の業務を兼任することが増えている印象です。そのため、図で示したようなメンバー構成になっていないプロジェクトもあるでしょう。ただ、どんな体制、どんな役割分担で取り組むにしても、HTMLやCSSのコーディングスキルだけでなく、チームメンバーとうまく連絡が取り合えることや、顧客企業のニーズを理解して作業を進める力も、すごく得意である必要はありませんがある程度はあったほうがプラスになります。そのためには、まずはどんなページが来てもコーディングできる能力を身につけ、自信をつけるのが一番の早道です。

Chapter 8

フォームが含まれるページ

フォームが含まれるページを作成します。テキストフィールドからチェックボックスまで、フォーム部品にはいろいろな種類がありますが、どれもHTMLはほぼ同じパターンでコーディングできます。効率的な手法をマスターしましょう。

Chapter 8

8-1 フォームのページのコンテナ

フォームのページ、form.htmlを作成します。今回もまずはデザインを見ながら、ページをコンテナに分割します。

デザインを見ながらコンテナに分割する

フォームのページ（form.html）を作成するにあたり、まずはどのようにコンテナに分割するかを考えます。サンプルデータに付属しているファイル（design/form-pc.png、design/form-mob.png）を開いてデザインを確認します。

▼ フォームのページのサンプルデザイン（ヘッダーとフッターを除く）

パッと見ただけでわかるとおり、このページには上部のテキストが書かれている部分と、フォームが含まれています。

入力フォームの部分は<form>タグで囲まれることから、**フォーム全体は常に1つのコンテナと考えます**。そのことも考慮してデザインを確認すると、PC向けレイアウト時の幅の違いから、上部のテキストがある部分とフォームの部分で2つのコンテナに分割できることがわかります。そこで、上部のコンテナ、下部のコンテナ、それぞれを**キャッチフレーズコンテナ**、**フォームコンテナ**と呼ぶことにします。

▼ form.htmlのフォルダ／ファイル構成

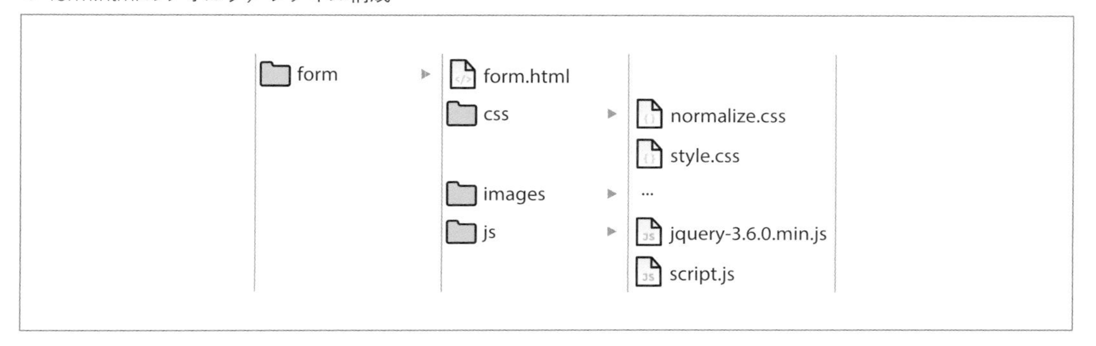

▼ フォームページは2つのコンテナに分割する

コンテナの幅、パディング、ボーダー、マージンなどを調べる

キャッチフレーズコンテナ、フォームコンテナの幅やスペースを確認しましょう。キャッチフレーズコンテナは、post.htmlやsidebar-post.htmlの**メインコンテナ**と同じく、パディングを含む最大幅1040pxで伸縮するようにします。そのパディングは、これもほかのページ同様、モバイル向けレイアウトのときはビューポート幅の4%、PC向けレイアウトでは20pxにします。

▼ キャッチフレーズコンテナの幅、パディング、マージン

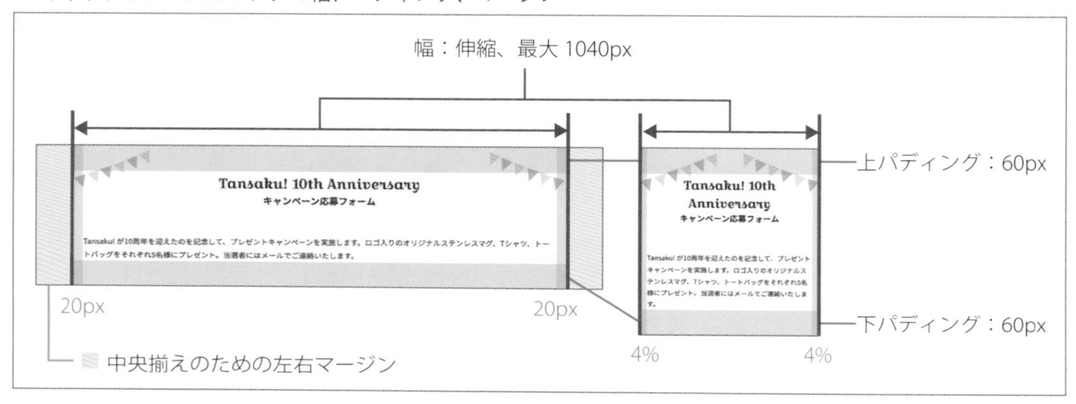

次にフォームコンテナですが、モバイル向けレイアウトはキャッチフレーズコンテナと変わりません。PC向けレイアウトのときは、最大640px、左右に20pxのパディングを設けることにします。

▼ フォームコンテナの幅、パディング、マージン

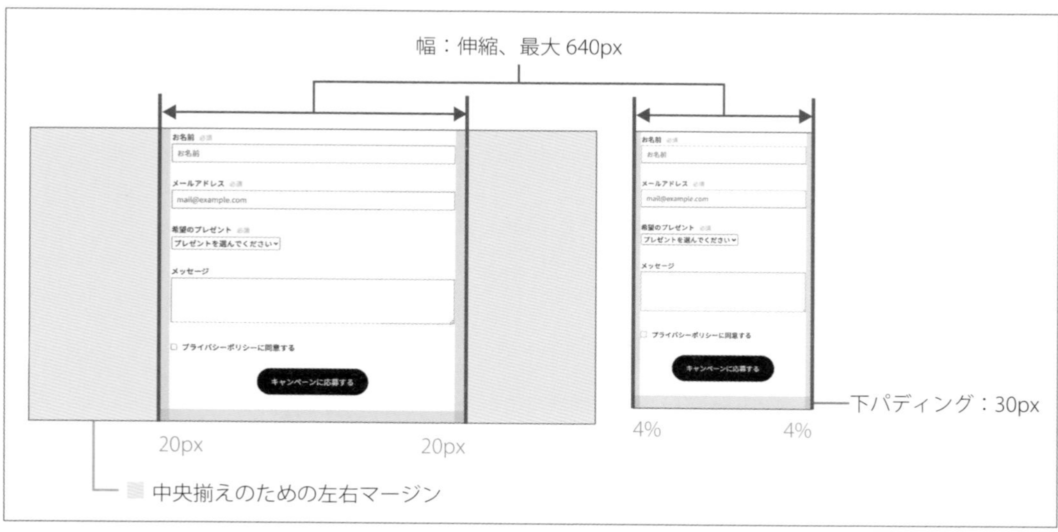

フォームコンテナで少し注意が必要なのは上下パディングの設定です。上パディングは、キャッチフレーズコンテナに60pxの下パディングをつけたので不要ですね。

それに対して下パディングは30pxにしています。しかし、先の図を見る限りボタンの下に白い余白があることから、スペースが足りないように見えます。どうしてこのようにするのでしょう？デザインを確認すると、テキストフィールドやテキストエリアなどフォーム部品の下には一律に30pxのスペースが空いています。そこで、ボタンの下にも同じだけのスペースを空けてスタイルの共通化を図り、それでも足りない分をフォームコンテナの下パディングに設定することにしました。同じ性格のモジュールに適用するスタイルは、できるだけ共通化しておくほうが少ない行数で効率的なCSSを書けます。ページを修正する必要が出たときもデザインの統一感を維持しやすくなるので、特にマージンやパディングを設定するときには共通化できるところがないか、気にしておきましょう。

コンテナのHTML、CSSを編集する

ここまででフォームのページをコンテナに分割できました。コンテナは2つと少なく、カラムレイアウトになっているわけでもないので非常にシンプルです。

なお、次に紹介するソースコードには2つのコンテナに加え、キャッチフレーズコンテナ内のコンテンツが含まれています。 コンテナの子要素（<div class="campaign-container">）には2つの背景画像を指定しているので、そこだけ注意してください。解説でも取り上げます。

HTML

samples/chap08/01/form.html

```
<div class="campaign">
  <div class="campaign-container">
    <h2 class="apply-title">
      <span>Tansaku! 10th Anniversary</span><br>
      キャンペーン応募フォーム
    </h2>
    <p class="apply-lead">Tansaku! が10周年を迎えたのを記念して、プレゼントキャンペーンを実施します。ロゴ入りのオリジナルステンレスマグ、Tシャツ、トートバッグをそれぞれ5名様にプレゼント。当選者にはメールでご連絡いたします。</p>
  </div>
</div>
<div class="present-form">
  <div class="form-container">

  </div>
</div>
```

CSS

samples/chap08/01/css/style.css

```
/**
 * ****************************************
 * [form.html] フォームページ
 * ****************************************
 */
/* フォーム - キャッチフレーズコンテナ */
.apply .campaign-container {
  margin: 0 auto;
  padding: 60px 4%;
  max-width: 1040px;
  background-image: url(../images/form-title-
  bg1.svg), url(../images/form-title-bg2.svg);
  background-position: left top 10px, right top
  10px;
  background-repeat: no-repeat;
}
@media (min-width: 768px) {
  .apply .campaign-container {
    padding: 60px 20px;
  }
}
/* フォーム - フォームコンテナ */
.apply .form-container {
  margin: 0 auto;
  padding: 0 4% 30px 4%;
  max-width: 640px;
}
@media (min-width: 768px) {
  .apply .form-container {
  padding: 0 20px 30px 20px;
  }
}

/**
 * ----------------------------------------
 * [form.html] フォームページ - モジュール
 */
/* 見出しとテキスト */
.apply-title {
  margin: 0 0 60px 0;
  text-align: center;
  font-size: 1.25rem;
  line-height: 1.5;
}
.apply-title span {
  font-size: 1.875rem;
  font-family: 'Croissant One', cursive;
  font-weight: 400;
}
.apply-lead {
  margin: 0;
  line-height: 1.9;
}
```

▼ 表示例

解説 1つの要素に複数の背景を指定する

キャッチフレーズコンテナの子要素（<div class="campaign-container">～</div>）には、2つの背景画像を指定しています。1つはボックス左上に表示されるform-title-bg1.svg、もう1つは右上に表示されるform-title-bg2.svgです。

また、それぞれの画像は左上から10px、右上から10pxの位置に、繰り返しをしないで配置しています。

▼ 2つの背景画像とその設定

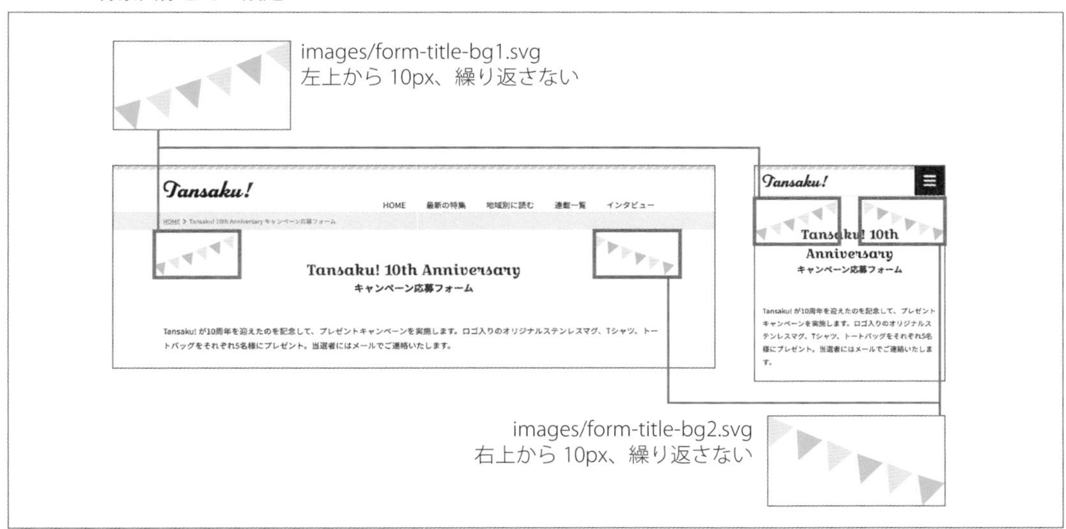

1つの要素に2つ以上の背景画像を表示するときは、背景を指定する各種プロパティにカンマで区切って複数の値を指定します。サンプルでは背景画像のファイルと配置位置を指定しています。どちらの画像も繰り返さないため、background-repeatプロパティには値を1つだけ設定しています※1。

CSS 複数の背景画像を指定する

```
background-image: url(../images/form-title-bg1.svg), url(../images/form-title-bg2.svg);
background-position: left top 10px, right top 10px;
background-repeat: no-repeat;
```

※1 カンマで区切らずに1つだけ値を指定すると、その値がすべての背景画像に適用されます。

複数の背景画像は、先に指定したものが上に重なって表示されます。今回は2つの背景画像が重ならないのでどちらを先に指定しても表示は変わりませんが、切り抜かれたPNG画像を重ねたいときなどは順番にも注意しましょう。

また、複数の背景画像を指定したうえで、背景色を設定することもできます。ただし、背景色は最後に指定しないといけません。

書式：複数の背景画像と背景色を指定する。背景色は最後に指定する

```
background: url(一番上に重なる画像ファイルのパス), url(次に重なる画像ファイルのパス), #背景色;
```

コラム

CSSのプロパティ、書式、互換性を調べるのに役立つサイト

CSSのプロパティは種類も多く書式も複雑で大変です。とてもすべて覚えていられる量ではありません。しかもかなりのハイペースで新機能が追加されるため、ちょっと目を離しただけで知らないことが増えてしまいます。いざというときにあわてないように、CSSの書式を調べたり、新しい機能を探したりするのに役立つ信頼できるサイトを紹介しておきます。

新機能や忘れてしまった機能を探したいときは

URL Index of CSS properties

https://www.w3.org/Style/CSS/all-properties.en.html

CSSの仕様を策定、公開している標準化団体W3Cのサイトの中の1ページで、CSSプロパティが一覧できます。新しく追加された機能がないか調べたり、「あの機能はなんという名前のプロパティだったっけ？」と思ったときに見るのがよいでしょう。

プロパティの使い方や書式を確認するときは

URL CSS: カスケーディングスタイルシート | MDN

https://developer.mozilla.org/ja/docs/Web/CSS

上記「Index of CSS properties」に載っているプロパティのリンクをクリックすればそのプロパティの“仕様”を読むことができ、もちろん書式なども確認できるのですが、英語で書かれているうえに難解です。実際の使い方を知りたいときは、こちらのMozilla Developer Network (MDN) のサイトを見たほうがわかりやすくて便利です。日本語に翻訳もされています。

ブラウザの互換性を調べたいときは

URL Can I use... Support tables for HTML5, CSS3, etc

https://caniuse.com/

caniuse.comはブラウザの互換性を調べるのに役立つサイトです。「このプロパティはすべてのブラウザで使えるのかな？」と思ったとき、手軽にチェックできます。

Chapter 8

8-2 フォームをモジュールに分割する

フォームコンテナをモジュールに分割します。1つの設問を1つのモジュールに分割するのがフォーム作成の基本です。

フォームのモジュール

フォームコンテナの中身をモジュール化する際は、設問ごとに分割します。サンプルデザインを見ながら、モジュールを確認しましょう。フォームコンテナは全体を囲む1つの親要素と、その中に含まれる6つの設問および送信ボタンがそれぞれモジュールになります。その結果、フォームコンテナの中身は7つのモジュールに分割できることになります。

▼フォームコンテナのモジュール

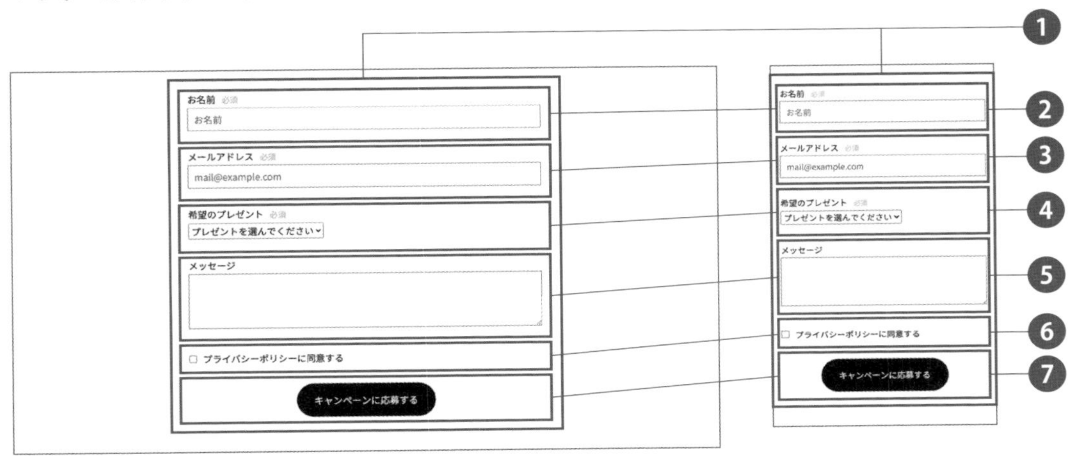

❶ 「8-2 フォームをモジュールに分割する」
❷❸ 「8-3 テキストフィールドとメールアドレスフィールド」
❹ 「8-4 メニューリスト」
❺ 「8-5 テキストエリア」
❻ 「8-6 チェックボックス」
❼ 「8-7 送信ボタン」

❶はフォーム全体を囲む親要素、<form>タグです。それ以外のモジュールは「送信ボタン」を除き、設問のラベルテキストと関連するフォーム部品をセットにしてモジュール化するのがポイントです。ラベルとフォーム部品をセットにすることで、どんな設問、どんなフォーム部品であってもHTMLの構造を共通化でき、管理がしやすくなります。設問の順番が変わったり使用するフォーム部品が変わったりしても最小限の修正で済むため、レイアウトが崩れにくく、安定した品質のページが作れます。

フォーム全体を囲む親要素、<form>タグを追加する

それでは、各種フォーム部品のモジュールを追加する前に、フォームコンテナに親要素となる<form>タグだけ追加してしまいましょう。追加するタグにCSSは適用しません。また、<form>を追加しても表示上の変化はありません。

HTML samples/chap08/02/form.html

```
<div class="campaign">
  <div class="campaign-container">
    ...
  </div>
</div>
<div class="present-form">
  <div class="form-container">
    <form id="form" class="form" action="#">

    </form>
  </div>
</div>
```

Note <form>のaction属性

<form>に追加するaction属性には、送信ボタンをクリックした後、フォームに入力された内容を送信する先のURLを指定します。今回はフォーム機能を作らないためaction属性の値を「#」にしていますが、実際のWebサイトを作成するときにはサーバーサイドエンジニアなどと相談してaction属性の値を決めます。
ちなみに値にURLを指定する属性（action属性、<a>のhref属性など）の値には、まだ正式なURLが決まっていない段階では慣例的に「#」を入れておきます。

Chapter 8

8-3 テキストフィールドとメールアドレスフィールド

テキストフィールドとメールアドレスフィールドを作成します。フォーム部品はどれも同じようなHTMLの構造で作れるので、基本的なHTMLのパターンをここでマスターしてしまいましょう。

▼テキストフィールドとメールアドレスフィールド

お名前 必須
お名前
メールアドレス 必須
mail@example.com

お名前 必須
お名前
メールアドレス 必須
mail@example.com

フォーム部品に共通するHTMLのパターン

テキストフィールドとメールアドレスフィールドを作成します。サンプルではフォーム部品に加え、設問ラベルと「必須」マークを追加します。

テキストフィールドは改行できないのが特徴で、氏名や住所など短いテキストを入力するのに使われます。メールアドレスは、メールアドレスの入力に特化したテキストフィールドです。

どんなフォーム部品を使うときも、基本的なHTMLは次の書式のようになります。<label>とフォーム部品のタグ（テキストフィールドの場合は<input>）を、<p>～</p>で囲むのがポイントです。親要素には<p>タグでなく<div>タグなどを使用してもかまいません。ラベルとフォーム部品のあいだで改行するなら
タグが必要で、改行しないならもちろん不要です。

の要不要やラベルの関連付けの方法をどうするか（「解説　<label>タグ」P.319参照）など多少のバリエーションはありますが、どんなフォーム部品を使用するときもこのコーディングパターンを守っていれば、設問やフォーム部品の入れ替えが簡単でCSSの適用もしやすく、スムーズにフォームを作成することができます。

HTML フォーム部品の基本的なHTML

```
<p>
  <label for="フォーム部品のID">設問ラベル</label><br>
  <input type="text" name="フォーム部品の名前" id="フォーム部品のID">
</p>
```

HTML

samples/chap08/03/form.html

```
<div class="present-form">
  <div class="form-container">
    <form id="form" class="form" action="#">
      <p>
        <label for="question1">お名前<span class="required">必須</span></label><br>
        <input type="text" name="question1" id="question1" placeholder="お名前" required>
      </p>
      <p>
        <label for="question2">メールアドレス<span class="required">必須</span></label><br>
        <input type="email" name="question2" id="question2" placeholder="mail@example.com" required>
      </p>
    </form>
  </div>
</div>
```

CSS

samples/chap08/03/css/style.css

```
/**
 * ---------------------------------------
 *  [form.html] フォームページ - モジュール
 */
...
/* 入力フォームのフォントサイズを大きくする */
input, textarea, label {
  font-size: 16px;
}
/* テキストフィールドとメールアドレスフィールド */
.form p {
  margin: 0 0 30px 0;
  line-height: 1.9;
```

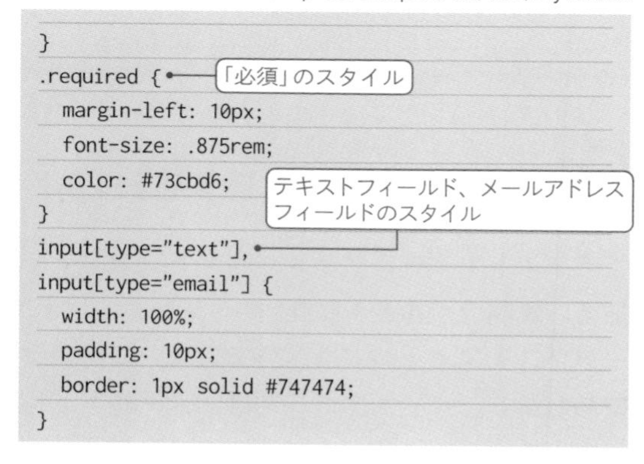

```
}
.required {
  margin-left: 10px;
  font-size: .875rem;
  color: #73cbd6;
}
input[type="text"],
input[type="email"] {
  width: 100%;
  padding: 10px;
  border: 1px solid #747474;
}
```


▼ページに組み込まれたときの表示例

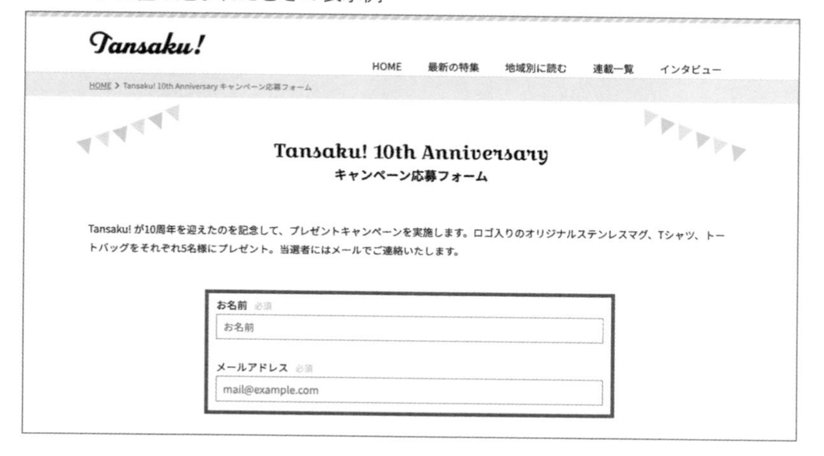

解説 <input>タグで作れるフォーム部品

<input>は、さまざまなフォーム部品を作るためのタグです。テキストフィールドからラジオボタン、チェックボックス、送信ボタンまで、フォーム部品の多くはこのタグを使って作成します。<input>タグのtype属性を変えると、さまざまなフォーム部品に変化します。type属性のおもな値は次のとおりです。

▼ <input>タグに使えるtype属性のおもな値

type属性の値	説明	表示例（Chrome[※1]）
<input type="text">	テキストフィールド	東京都千代田区100-1
<input type="email">	メールアドレス	bonjour@studio947.net
<input type="tel">	電話番号	08098765432
<input type="url">	URL	https://studio947.net
<input type="password">	パスワード	•••••••••
<input type="date">	日付	 年 / 月 / 日
<input type="datetime-local">	日時	 年 / 月 / 日 --:--
<input type="number">	数値	6
<input type="range">	範囲	

※1　フォーム部品の外観はブラウザによって多少異なります。

type属性の値	説明	表示例（Chrome[※1]）
<input type="color">	カラー	12 59 228 R G B
<input type="checkbox">	チェックボックス	
<input type="radio">	ラジオボタン	
<input type="file">	ファイルアップロード	ファイルを選択 選択されていません
<input type="submit">	送信ボタン	送信
<input type="reset">	リセットボタン	リセット
<input type="button" value="ボタン">	ボタン。テキストの表示にvalue属性が必要	ボタン
<input type="hidden">	非表示	（なし）

フォーム部品に使われるその他の属性

フォーム部品にはいろいろな属性を付ける必要があり、その多くはフォームを正しく機能させるために使います。よく使う代表的な属性をここで簡単に説明しておきます。

- type属性

フォーム部品の種類を決める属性です。詳しくは前の表を参照してください。

- name属性

フォームに入力された値はサーバーに送信され、サーバー側のプログラムで処理されます。name属性は、サーバー側プログラムで使用する、入力された値が何の値かを識別するための名前で、プログラムを正しく動作するために必要な、もっとも重要な属性です。name属性の値はサーバー側のプログラムで定義されているので、HTMLを作成するときは使用するサーバー側プログラムの仕様に従って付けることになります。

- value属性

基本的に初期値を設定する属性ですが、フォーム部品によって役割が異なります。テキストフィールドやメールアドレスでは原則として使用しません。value属性に指定する値は、サーバー側で動作するプログラムによります。

- placeholder属性

テキストフィールド、メールアドレスフィールドなどに、どんなものを入力すればよいかのヒントを表示します。

▼ placeholder属性の値はフォーム部品内に表示される

```
<input type="text" name="question1" placeholder="お名前">
```

お名前 必須

お名前

- required属性

フォーム部品を「入力必須」にします。この属性に値はなく、入力必須のフォーム部品のタグに「required」を追加するだけです。required属性が付いたフォームに入力せず送信ボタンをクリックすると、警告が表示されます。

▼ 入力必須のフォームに入力しないまま送信ボタンをクリックしたところ。警告が表示される

解説 <label>タグ

1つひとつのフォーム部品に設問ラベルを付けるのが<label>タグです。<label>～</label>の中に、設問のラベルテキストを含めます。<label>とフォーム部品は関連付ける必要があり、2通りの方法があります。

①フォーム部品にid属性、<label>にfor属性を付ける方法

フォーム部品にid属性、<label>にはfor属性を追加して、それぞれの属性に同じ値を指定すると、両者が関連付けられます。つまり、フォーム部品に「id名」を付けて、<label>のfor属性には関連する部品のid名を指定する、ということですね。

書式：フォーム部品の<label>を関連付ける例① for属性とid属性に同じ値を指定する

```
<label for="関連するフォーム部品のid名">設問のラベルテキスト</label>
<input type="text" id="フォーム部品のid名">
```

②フォーム部品を<label>タグで囲む方法

もう1つは、関連するフォーム部品を<label>タグで囲んでしまう方法です。id属性やfor属性を使わずHTMLコーディングは楽になりますが、レイアウトの自由度が落ちます※2。

書式：フォーム部品の<label>を関連付ける例② フォーム部品を<label>で囲む

```
<label>設問のラベルテキスト<input type="text"></label>
```

実践のポイント 入力フォームのフォントサイズは16px以上に

フォームに入力しようとしてタップしたとき、iPhoneではページ全体が拡大され、画面からはみ出てしまうことがあります。これはフォーム部品に設定されているフォントサイズが16pxより小さいときに起こる現象で、おそらく、字が小さくて入力しづらいことを避けるための動作と考えられます。とはいえ、あまりかっこいいとはいえないので、フォーム部品のフォントサイズは16px以上にしておくことをおすすめします。

▼フォントが16pxより小さい場合、iPhoneでは入力しようとタップするとページ全体が拡大し、フォームが画面からはみ出てしまう

※2 たとえば設問ラベルとフォーム部品を横に並べたうえで両者の間に適度なスペースを作りたいときや、PC向けとモバイル向けでレイアウトが大きく異なるときなど、CSSの機能を活用したい場合は<label>タグで囲まないほうがよいでしょう。

Chapter 8

8-4 メニューリスト

メニューリスト※3を作成します。また、メニューリストにCSSを適用する方法も紹介します。

▼メニューリスト

お名前 必須
お名前
メールアドレス 必須
mail@example.com
希望のプレゼント 必須
プレゼントを選んでください

メニューリストのHTMLとCSS適用上の注意

メニューリストは<select>タグと<option>タグで作成します。選択肢の数だけ<option>タグを作り、全体を<select>で囲む構造で、基本的なHTMLは次の書式のようになります。また、name属性は<select>に、value属性は<option>に追加する必要があるのもポイントです。

書式：メニューリスト

```
<select name="name属性の値" id="id属性の値">
  <option value="値">選択肢1</option>
  <option value="値">選択肢2</option>
  <option value="値">選択肢3</option>
</select>
```

サンプルでは選択肢が4つあるメニューリストを作成します。CSSを適用して表示をカスタマイズしますが、メニューリストの場合は特殊な設定をする必要があります。詳しくはのちの解説で説明します。

※3　プルダウンメニュー、ドロップダウンメニュー、セレクトメニューなどとも呼ばれます。

HTML

samples/chap08/04/form.html

```
<form id="form" class="form" action="#">
  ...
  <p><label for="present">希望のプレゼント</label><span class="required">必須</span><br>
    <select name="present" id="present">
      <option>プレゼントを選んでください</option>
      <option value="1" required>ステンレスマグ</option>
      <option value="2">Tシャツ</option>
      <option value="3">トートバッグ</option>
    </select>
  </p>
</form>
```

CSS

samples/chap08/04/css/style.css

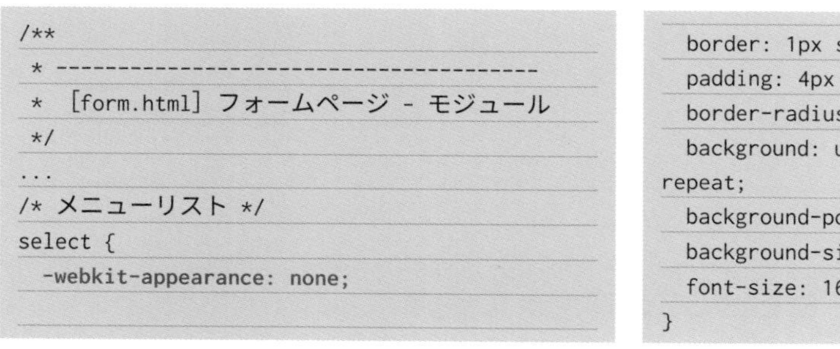

```
/**
 * ----------------------------------------
 *  [form.html] フォームページ - モジュール
 */
...
/* メニューリスト */
select {
  -webkit-appearance: none;
```

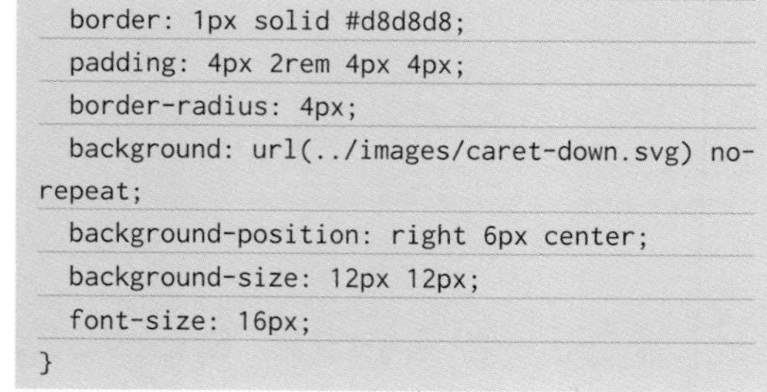

```
  border: 1px solid #d8d8d8;
  padding: 4px 2rem 4px 4px;
  border-radius: 4px;
  background: url(../images/caret-down.svg) no-repeat;
  background-position: right 6px center;
  background-size: 12px 12px;
  font-size: 16px;
}
```

▼ ページに組み込まれたときの表示例

解説 メニューリストにCSSを適用する方法

CSSを使ってメニューリストの表示をカスタマイズしたいときは、<select>に適用されるスタイルに以下の1行を含める必要があります。この1行がないと、ChromeやSafariでCSSがほとんど適用されなかったり、適用されても思ったとおりに表示を調整できないことがあります。

CSS メニューリストにCSSを適用するときはこの1行を含める

```
-webkit-appearance: none;
```

この1行さえ含めておけば、あとはおおむね自由にCSSを使ってカスタマイズできます。サンプルでは以下の項目を設定しています。

- ボーダー
- パディング
- 角丸
- 背景画像の適用
- フォントサイズの調整

なお、背景画像にはimagesフォルダ内の「caret-down.svg」を使用しています。

▼使用した背景画像。右端の下向き矢印を表示するために使用

Chapter 8

8-5 テキストエリア

長文のテキストが入力できる、テキストエリアを作成します。

▼テキストエリア

改行ができるテキスト入力欄

テキストエリアは改行ができるテキスト入力欄です。質問の内容やコメントなど、自由に記述できる欄を作るのに使われることが多いフォーム部品です。HTMLは<textarea>開始タグと終了タグを続けて書き、コンテンツには何も含めないのが基本的な書式になります。

書式：テキストエリア

```
<textarea name="name属性の値" id="id属性の値"></textarea>
```

テキストエリアには自由にCSSを適用できます。何もCSSを適用しないと小さめに表示されるので、幅や高さを設定するwidthプロパティ、heightプロパティを使って大きくすることが多いです。

HTML samples/chap08/05/form.html

```
<form id="form" class="form" action="#">
  ...
  <p>
    <label for="question3">メッセージ</label><br>
    <textarea id="question3" name="question3"></textarea>
  </p>
</form>
```

CSS

samples/chap08/05/css/style.css

```
/**
 * ---------------------------------------
 * [form.html] フォームページ - モジュール
 */
...
/* メッセージ（テキストエリア） */
textarea {
  width: 100%;
  height: 6rem;
  padding: 10px;
  border: 1px solid #747474;
  line-height: 1.5;
}
```

▼ページに組み込まれたときの表示例

お名前 必須

お名前

メールアドレス 必須

mail@example.com

希望のプレゼント 必須

プレゼントを選んでください

メッセージ

探索情報募集中！

10th Anniversary

Follow Us!

お名前 必須

お名前

メールアドレス 必須

mail@example.com

希望のプレゼント 必須

プレゼントを選んでください

メッセージ

探索情報募集中！

Note <textarea>のサイズをタグの属性で決める方法

テキストエリアのサイズは、CSSを使わずにタグの属性を使う方法もあります。cols属性で1行に入る最大の文字数を、rows属性で表示される行数をそれぞれ設定できます。これらの属性で設定する値はあくまで表示上のサイズを決めるもので、入力できる文字数が制限されるようなことはありません。デザイン上の見た目のサイズではなく、入力された文字を枠内にきれいに収めて表示したいときは、CSSではなく属性を使うことを検討してもよいでしょう。なお、日本語フォントの場合1行に入る文字数はcols属性に設定した数よりだいぶ少なくなりますが、行数は正確に反映されるようです。
次の書式は、1行に最大30文字、10行表示するサイズのテキストエリアを作成する例です。

HTML html cols属性、rows属性を使ったテキストエリア

```
<textarea name="text" cols="30" rows="10"></textarea>
```

Chapter 8

8-6 チェックボックス

チェックボックスを作成します。サンプルページでは出てきませんが、ラジオボタンの作り方や、類似するフォーム部品の使い分けについても説明します。

▼チェックボックス

お名前 必須
お名前
メールアドレス 必須
mail@example.com
希望のプレゼント 必須
プレゼントを選んでください
メッセージ
□ プライバシーポリシーに同意する

チェックボックスは<label>で囲んだほうがシンプルに書ける

「プライバシーポリシーに同意する」という項目のチェックボックスを作成します。チェックボックスは、複数の選択肢から複数の項目を選択する設問、または、「同意する」「同意しない」といった二択の設問に使われるフォーム部品です。<input>タグのtype属性を「checkbox」にすればチェックボックスを利用できますが、正しく動作させるためにはvalue属性を含めておく必要があります。

■ **書式**：チェックボックス

```
<input type="checkbox" name="name属性の値" id="id属性の値" value="チェックがついているときに送信される値">
```

チェックボックスやラジオボタンのHTML構造は、基本的にはほかのフォーム部品と変わりませんが、ラベルテキストとの関連付けについてはid属性／for属性を使わず、<label>で囲む方法をとったほうがよい場合が多いでしょう（「解説　<label>タグ」P.319）。チェックボックスやラジオボタンはフォーム部品とラベルテキストが横に並ぶケースが多く、<label>で囲んだほうがシンプルなソースコードになるからです。

HTML

samples/chap08/06/form.html

```
<form id="form" class="form" action="#">
  ...
  <p>
    <label><input type="checkbox" name="privacy" id="privacy" value="privacy" required>プライバシ
ーポリシーに同意する</label>
  </p>
</form>
```

CSS

samples/chap08/06/css/style.css

```
/**
 * ----------------------------------------
 * [form.html] フォームページ - モジュール
 */
...
}
/* チェックボックス */
input[type="checkbox"] {
  margin-right: 10px;
}
```

▼ページに組み込まれたときの表示例

キャンペーン応募フォーム

Tansaku! が10周年を迎えたのを記念して、プレゼントキャンペーンを実施します。ロゴ入りのオリジナルステンレスマグ、Tシャツ、トートバッグをそれぞれ5名様にプレゼント。当選者にはメールでご連絡いたします。

お名前 必須
お名前
メールアドレス 必須
mail@example.com
希望のプレゼント 必須
プレゼントを選んでください
メッセージ
□ プライバシーポリシーに同意する

解説 フォーム部品の使い分け

メニューリスト、チェックボックス、それからサンプルでは登場しませんでしたがラジオボタンは、どれも「選択肢の中から選ぶ」タイプのフォーム部品で、見た目や機能が似ています。

しかし、これらの部品はそれぞれに特徴があり、その特性を生かして使い分けると操作のしやすいフォームを作ることができます。それぞれの部品の特徴と、どんな設問で選ぶのがよいかを見てみましょう。

メニューリスト

メニューリストは、選択肢の中から1つ選ぶことができる部品です。選択肢が多くても1行にまとまるため場所を取りません。また、スマートフォンでは選択肢が大きく表示されるので、操作がしやすくなっています。

▼スマートフォンのメニューリスト

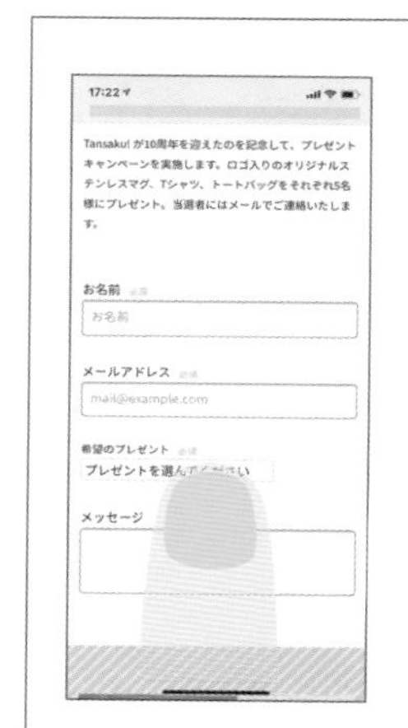

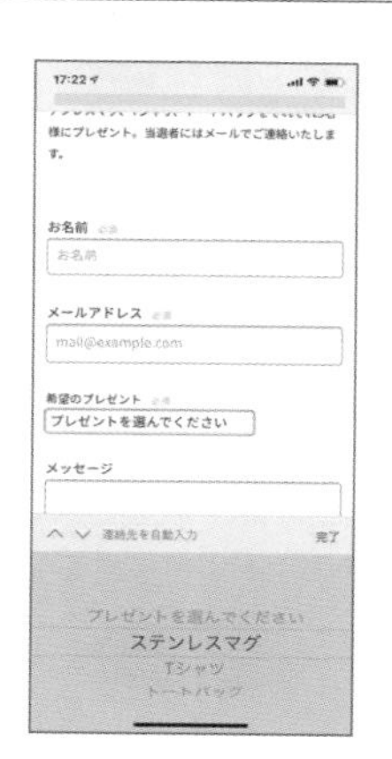

iOS。選択項目が下に表示される

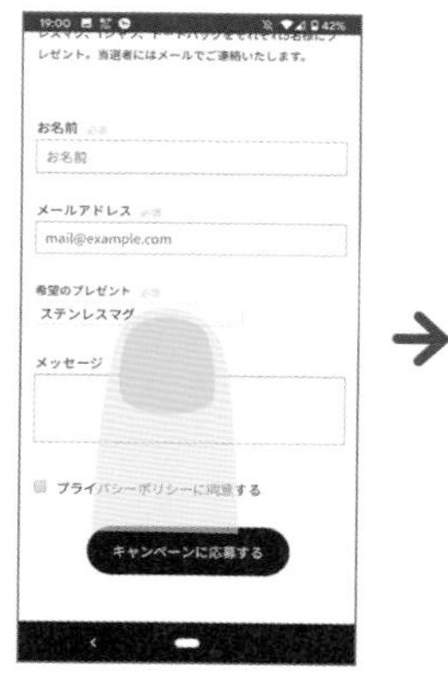

Android。選択項目が上に重なって表示される

いいところずくめのように思えますが、それは同時に短所にもなり得ます。クリック（タップ）しないと選択肢を確認できないため一覧性に乏しく、多少なりとも操作が増えてしまうのは難点かもしれません。

- メニューリストがよく使われる場面
  - 選択肢の中から1つ選ぶ設問全般に使える。汎用性は高い
  - 選択肢が多い設問。特に「都道府県を選ぶ」など、一覧できなくてもある程度選択肢の予測がつく設問

ラジオボタン

ラジオボタンは、セットになっている選択肢の中の1つだけを選べる部品です。1つだけ選べるという点では、メニューリストと機能的に似ています。場所はとりますが、クリックやタップをしなくても選択肢が一覧できるという点はラジオボタンの利点といえるでしょう。

ただし、1つの選択肢に一度チェックを付けてしまうと、すべて選択しない状態には戻れません。そのため、ラジオボタンを使った設問は、事実上回答必須になります。したがって、プライバシーポリシーや利用規約に同意するための項目など、選択肢が1つの場合には使えません。

▼ラジオボタンは、項目を選択すると何も選択しない状態には戻れない　extra/8-06/form-alt.html

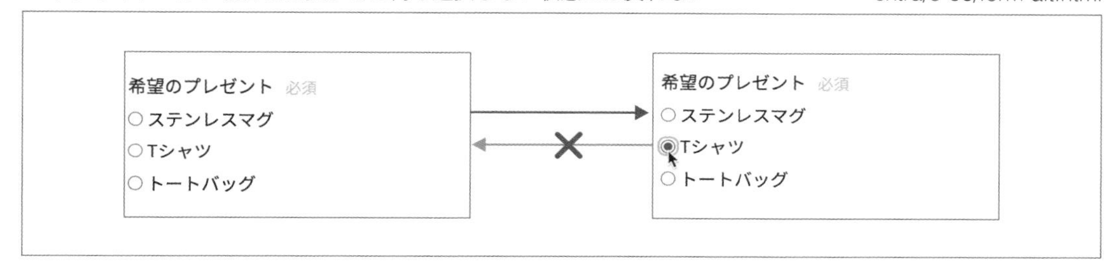

- ラジオボタンがよく使われる場面
  - 「はい」か「いいえ」で答えられる場合など、選択肢が少なく、どれか1つに当てはまるような設問
  - クイズやテスト問題など、一度選んだら「選ばない」状態に戻る必要がない設問

チェックボックス

チェックボックスは複数回答が可能な部品で、選択肢の中の複数の項目にチェックを付けることができます。また、どれにもチェックを付けない状態に戻れることも、ラジオボタンとの違いに挙げられるでしょう。そのため、選択肢が1つだけの設問にも使えます。

- チェックボックスがよく使われる場面
  - 複数回答を可能にしたい設問全般
  - 利用規約やプライバシーポリシーなどへの同意を求める、選択肢が1つだけの設問

Chapter 8

8-7 送信ボタン

左右が丸くなった、大きい送信ボタンを作成します。これでform.htmlの作成は完了、すべてのページができあがります。

▼送信ボタン

メッセージ

プライバシーポリシーに同意する

キャンペーンに応募する

メッセージ

プライバシーポリシーに同意する

キャンペーンに応募する

送信ボタンはCSSを適用しやすく、さまざまな表現が可能

フォームの仕上げ作業として、送信ボタンを作成します。書式は次のとおりです。

書式：送信ボタン

```
<input type="submit" name="name属性の値" value="ボタンのラベル">
```

value属性にはボタンの上に表示されるテキストを指定します。

デフォルトの送信ボタンの見た目はブラウザによっても使用する端末のOSによっても異なりますが、自由にCSSが適用できるため、たいていの場合はサイトのデザインに合わせてスタイルを大きく変更します。サンプルでは、ボタンの左右を半円にして、黒く大きく表示するようにしています。さらに、ボタンにホバーしたときは半透明になるようにもします。

HTML samples/chap08/07/form.html

```
<form id="form" class="form" action="#">
  ...
  <p class="form-button">
    <input type="submit" name="send" value="キャンペーンに応募する">
  </p>
</form>
```

CSS

samples/chap08/07/css/style.css

```
/**
 * ---------------------------------------
 *  [form.html] フォームページ - モジュール
 */
...
/* 送信ボタン */
.form-button {
  margin-bottom: 0;
  text-align: center;
}
input[type="submit"] {
  padding: 20px 30px;
  background-color: #000;
  border: none;
  border-radius: 40px;
  color: #fff;
}
input[type="submit"]:hover {
  opacity: .5;
}
```

▼ページに組み込まれたときの表示例。PCで表示しているときはマウスポインタが重なると色が変わる

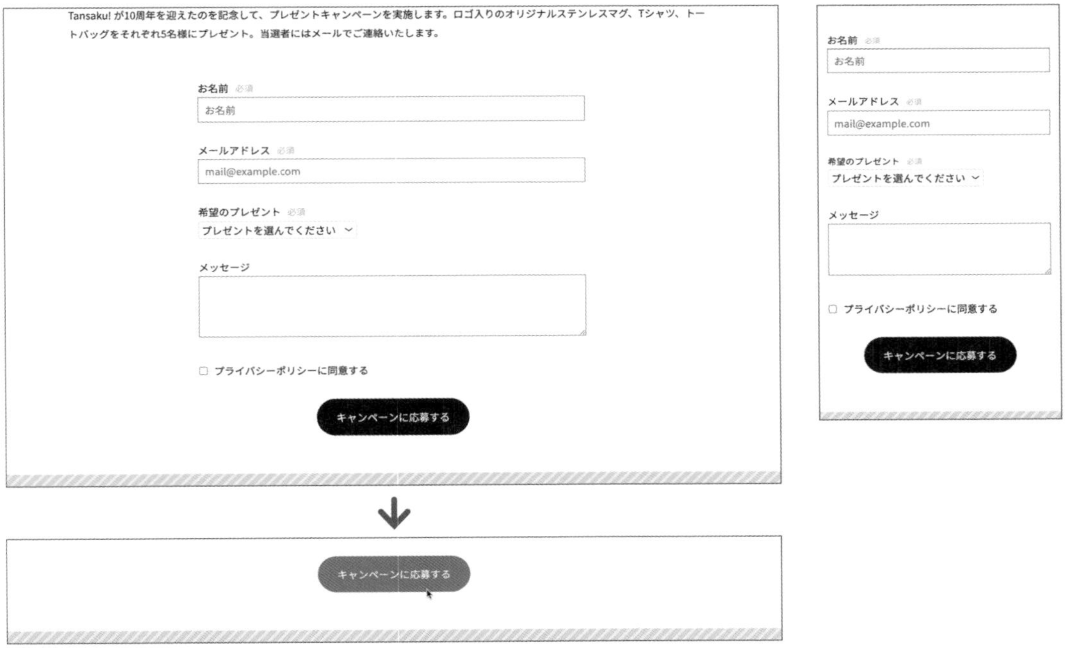

コラム

次に進む道は

Webページを作る能力の大部分は、デザインを見て、そこからHTML/CSSのソースコードに変換する力です。本書で見てきたとおり、コーディングするためのデザインの見方があって、それに沿ってデザインをより小さな部品に分割し、部品単位でコーディングしていくというのが、どんなページを作るときも基本的な力になります。本書では一般的によくあるタイプのデザインを題材にコーディングしましたが、ものによっては同じ方法では分割できないケースも出てくるでしょう。そんなときでも、考え方を思い出してください。コンテナに分割して、さらにモジュールに分割する。パーツ化してからコーディングする、この流れが頭に入っていれば、どんなデザインでも作れます。

あとは実際にWebページを作るのみです。仕事を得るチャンスがあれば果敢に挑戦し、そこまで大きなチャンスがなくても自分の興味があるテーマのサイトを作ったり、ブログサイトを作ったり、なんでもチャレンジしてみることです。

チャレンジすると、次にすべきことが見えてきます。JavaScriptをやってみる？　ブログを作るためにWordPressに挑戦する？　次の一歩は人それぞれですが、自分で見つけることが大事なのではないかとわたしは思っています。

そんな次の一歩の中で、もっと深くHTML/CSSの知識をつけたいと考えている方もいらっしゃるかもしれません。そういう方におすすめなのが、毎日少しずつでかまいませんので、サイトを見てソースコードを解読する時間を作ることです。「このレイアウトはどうやって実現しているのだろう？」と思ったら、ブラウザの開発ツールでソースコードを見てみます。CSSを解読するのには慣れが必要ですが、あきらめずに続けていたらできるようになります。知らない機能を発見したり、もっとスマートな書き方を見つけたり、ほかの人が作ったソースコードを読むのは参考になるので、ぜひ試してみてください。

ポートフォリオサイト制作はおすすめ

これから就職したい、とか、フリーランスになりたいという方には自分の作品を載せるポートフォリオサイトの制作をおすすめします。HTML/CSSコーディングスキルを深めるためにもいい題材になりますし、なにしろ自分のために作るので、いま持っているテクニックをフルに使えて楽しいのは間違いありません。

ポートフォリオサイトを作る際には、意図を持ってコーディングしましょう。面接などの際にサイトのソースコードまで見られることはないかもしれませんが、自分がした作業を説明できることは実力の証です。無理して派手なサイトを作ろうとするよりも、どんな場合も確実にコーディングできることのほうが仕事には役に立ちます。

なお、HTML/CSSコーダーは「エンジニア」というよりも「クリエイティブ」カテゴリの仕事と一般的には認識されています。HTML/CSSだけでなくJavaScriptでプログラミングもできれば別ですが、そうでなければデザイナーに近い職種と考えられている、ということですね。もちろんデザイナーではないのでページのデザインからすべて1人でできなくてもかまいませんが、ある程度見た目も整ったサイトを作れたらプラスです。デザインを見る目を養っておくことも大事ですね。

Index

著者プロフィール

狩野祐東（かのうすけはる）

UIデザイナー、エンジニア、書籍著者。アメリカ・サンフランシスコでUIデザイン理論を学ぶ。帰国後会社勤務を経てフリーランス。2016年に株式会社Studio947を設立。Webサイトやアプリケーションのユーザーインターフェースデザイン、インタラクティブコンテンツの開発を数多く手がける。各種セミナーや研修講師としても活動中。著書に『WordPressデザインレシピ集』『HTML5&CSS3デザインレシピ集』（技術評論社）『確かな力身につくJavaScript「超」入門』『スラスラわかるHTML&CSSのきほん』（SBクリエイティブ）ほか多数。

https://studio947.net

@deinonychus947

- 執筆協力　青砥愛子
- サンプルデータ作成協力　狩野さやか
- 写真提供　Kazumi Atsuta
pixabay (https://pixabay.com)

お問い合わせについて

本書に関するご質問については、本書に記載されている内容に関するもののみとさせていただきます。本書の内容と関係のないご質問につきましては、一切お答えできませんので、あらかじめご了承ください。また、電話でのご質問は受け付けておりませんので、必ずFAXか書面にて下記までお送りください。
なお、ご質問の際には、必ず以下の項目を明記していただきますようお願いいたします。

1. お名前
2. 返信先の住所またはFAX番号
3. 書名
（教科書では教えてくれないHTML&CSS）
4. 本書の該当ページ
5. ご使用のOSのバージョン
6. ご質問内容

なお、お送りいただいたご質問には、できる限り迅速にお答えできるよう努力いたしておりますが、場合によってはお答えするまでに時間がかかることがあります。また、回答の期日をご指定なさっても、ご希望にお応えできるとは限りません。あらかじめご了承くださいますよう、お願いいたします。ご質問の際に記載いただきました個人情報は、回答後速やかに破棄させていただきます。

お問い合わせの例

FAX

1 お名前
技術　太郎

2 返信先の住所またはFAX番号
03-XXXX-XXXX

3 書名
教科書では教えてくれない
HTML&CSS

4 本書の該当ページ
110ページ

5 ご使用のOSのバージョン
Windows 10
Google Chrome

6 ご質問内容
正しい結果が表示されない

お問い合わせ先

〒162-0846
東京都新宿区市谷左内町21-13
株式会社技術評論社　書籍編集部
「教科書では教えてくれないHTML&CSS」質問係
FAX番号　03-3513-6167
URL：https://book.gihyo.jp/116

教科書（きょうかしょ）では教（おし）えてくれないHTML&CSS（エイチティーエムエルアンドシーエスエス）

2021年7月30日　初版　第1刷発行
2021年9月11日　初版　第2刷発行

著者 ……… 狩野祐東（かのうすけはる）
発行者 ……… 片岡　巌
発行所 ……… 株式会社　技術評論社
東京都新宿区市谷左内町21-13
電話 ……… 03-3513-6150　販売促進部
03-3513-6160　書籍編集部
編集 ……… 荻原祐二
装丁 ……… 山浦隆史
DTP ……… BUCH+
印刷 ……… 株式会社加藤文明社

定価はカバーに表示してあります。

ISBN978-4-297-12193-8 C3055
Printed in Japan